レクチャー

量子力学（I）

―4つの基本原理から学ぶ―

石川健三 著

裳 華 房

Lectures on Quantum Mechanics (I)

— Learning from Principles —

by

Kenzo Ishikawa, Dr. Sc.

SHOKABO

TOKYO

序

本書では量子力学の多様な現状を考慮して，基本原理からシュレディンガー方程式の解法までをI巻で，近似法や多体系から遷移に関する諸問題までをII巻で扱う．

ミクロな世界における現象の理解は，19世紀末より急速に進展し現代に至っている．当初の観測や実験は，原子や分子の振る舞いの記述や理解に，マクロな世界で使われる古典力学や電磁気学は適当ではないことを示した．その後，様々な実験，理論的発展，さらに多くの応用がなされ，古典物理学とは質的に異なる量子力学が形成された．量子力学は，ミクロな世界の物質や物体の運動，変化，構造等にかかわる体系であり，現代物理学の重要な柱の1つとなっている．ミクロな世界のすべての現象は，量子力学に基づいて理解されると言える．近年，さらに量子力学がマクロな世界でも重要なはたらきをしていることがわかってきた．このように，量子力学は基礎科学として重要な位置を占めるとともに，幅広い科学の応用や技術の展開に必須な分野である．

量子力学の基礎は，20世紀前半，プランク，アインシュタイン，ボーア，ディラック，シュレディンガー，ハイゼンベルク，ド・ブロイ等の先人たちによって発展した．量子力学完成への道は，単純ではなく，右余曲折を経て現在の体系に至った．その結果量子力学は，古典力学以上にすっきりした論理体系となり数学的にもきっちりと構成されて現在に至っている．しかしながら，基本的な運動法則と観測・測定，ならびに物理量との関係は，直接的ではなく，確率を含む複雑な様相を呈する．これらに関しては，今まで曖昧にされてきた問題点が，科学・技術や測定方法の大幅な進歩によってきっちりと詰められる状況になりつつある．これにより，量子力学に特徴的な複素数を活かした応用や，原子・分子等についての新たな理解や応用等の，質的に新しい発展が現在期待されている．

物体の位置が基本方程式に従う古典力学とは異なり，量子力学では，複素ベクトルが物理状態を表し，基本方程式を満たす．この方程式は波動方程式であり，解は重ね合わせの原理を満たす．本書では，量子力学の説明を簡単な問題から始め，徐々に複雑な系に進む．座標が1次元の物理系の波動方程式を手始めに，徐々に高次元の座標系や複雑な物理系を取り上げる．代表的な物理系に，調和振動子と水素原子がある．いずれも，解析的な方法を適用して方程式の解を求めることができ，関連する物理現象は数多い．このため，調和振動子と水素原子の諸問題を十分掘り下げ，調べておくことは，大変有益である．これらの方法は，また他の問題の解法や，量子力学の特徴を理解するのに役立つ．

ミクロな世界の物理系の測定は，電磁場による実験でなされることが多い．これは，電荷や電流と電磁場が，同じ形の普遍的な相互作用をする事実に基礎をおいている．この性質があるので，電子は，いかなる状態にあっても電磁場とは同じ形で相互作用する．そのため，電子を使って電場や磁場の情報を得ることや，逆に電磁波を使って電子の情報を得ることができる．このためには，**磁場中にある荷電粒子**の量子力学，また様々な近似法，特に摂動論を理解しなければならない．摂動論の説明は，本書で詳しく行う．また，他の近似法である準古典近似（WKB 法）や，変分法についてはII巻で説明する．これらの考察から，量子力学と古典力学との相違点も明らかになるであろう．状態の遷移確率は，量子力学の与える最も基本的な物理量である．ボルンによる**確率解釈**では，波動関数が確率に対応する．しかし，古典波動との相違点に真剣な検討が与えられず，曖昧な定義が使われてきた．本書では，これを**確率原理**として整理し，遷移確率を論ずる．

第 1 章で量子力学の歴史を簡単に振り返り，第 2 章で量子力学の原理と論理構造を整理する．量子力学が，**重ね合わせの原理**，**正準交換関係**，**シュレディンガー方程式**と**確率原理**の **4 つの原理**を柱とすることを明らかにする．ここは，数学的な記述が多いので，読者は少し戸惑うかもしれない．第 3 章から以降の物理系への適用を学んだ後で，第 2 章に戻り，量子力学の全体を捉えるのが有益であろう．第 3 章から第 8 章では，具体的な物理系に第 1 原理から第 3 原理までの重ね合わせの原理，正準交換関係，シュレディンガー方程式を適用する．

量子力学の習得は，光，電子，原子や分子等の $10^{-10}\,\mathrm{m}$ 程度のミクロな現象を中心に入門的な事柄で始まる．しかし，古典物理学との大きな相違点を把握することはやさしいことではなく，多くの問題点を 1 つずつ越えながら進むことになる．本書の読者としては，量子力学の初歩を一通り学んだ人を想定しており，最終的な目標は，読者が量子力学の全体を理解・把握し，自らの考えや方法で再構成できるとともに，多様な応用ができるようになることである．

自然科学の基礎となっている**物理学**の高い普遍性と一般性を兼ね備えた方法

は，力学や電磁気学の古典物理学と量子力学でほとんど同じである．古典物理学は，関連する身近な現象がたくさんあるので，理解しやすいように見えるかもしれない．しかし，誰でも知っているニュートンの運動の第 2 法則（物体は，外部からの力に比例し，質量に反比例する加速度をもつ）において，**力**とは何であろうか？という疑問に答えるのは，容易ではない．物理学の基本法則や原理は，単純でありながら深い意味をもっている．量子力学は，古典物理学の延長にあるが，異なる点をもっている．量子力学の理解のためには，固有の論理をきっちりと把握することが大切である．しかしながら，我々の認識が主に古典物理学に基づいているため，量子力学の総合的かつ直観的な理解は難しい．しかしこれは，自然現象の深い理解のうえで必須なものである．

本書の内容には，量子波動としての固有の効果について，重要でありながら今まで考察されなかったものも含まれている．この議論では，有限かつ空間的な大きさをもつ波束が大きな役割をもつ．波束は，波動状態でありながら粒子状態を表現しているため，不確定性関係のわかりやすい説明に使われてきた．しかし，本書では，さらに自然界で波束が多々実現し，平面波ではわからない物理効果を生成し，新たな発展の基本となることを説明する．本書が読者諸賢にとって，今なお発展を続けている量子力学の理解に役立てば幸いである．

序の最後に当たり，本書の出版をすすめて頂き原稿の作成にご協力頂いた島田 誠氏と，図の作成にお世話になった飛田 豊氏に感謝の意を表します．また，仕上げにあたって大変お世話になった裳華房と三美印刷の方々にこの場を借りてお礼いたします．本書が完成に至ったのは，たくさんの人達の支援の賜物である．

石川健三

目　次

II 巻内容

1 量子力学への道

1.1 古典力学との矛盾

質点や有限な大きさをもつ物体の位置が，時間とともにどのように変動するかを解明した古典力学では，分子，原子，原子核，電子，素粒子等のミクロな世界の記述は難しい．ミクロな世界では，原子間隔のような微小なスケールの位置を測定する物差しは存在しないので，もともと位置の時間的な発展を追うことはできない．そして，古典物理学では説明できず，むしろ矛盾する様々な現象が見つかった．それらの説明のため，新しい概念と論理（数学）が必要となった．

歴史的に，ミクロな世界の特異な現象は，黒体輻射の光の分布関数，光電効果，原子の安定性と線スペクトルの存在，等の順に見つかった．これらの解明に向けて，黒体輻射でプランクが量子仮説を導入し (1900)，光電効果でアインシュタインが光量子として拡張し (1905)，原子の安定性や線スペクトルでボーアが量子の考えを電子に使い量子条件を導く (1914)，等の新たな量子概念が生まれた．量子の考えを，はじめにプランクが光に適用し，次にアインシュタインが光と電子の相互作用に適用した．最後にボーアが原子の内部における電子に適用し，ミクロな現象が説明された．これより，光が粒子性を兼ね備え，電子が波動性を兼ね備えることがわかった．その後，ハイゼンベルク，ディラック，ド・ブロイ，シュレディンガー等による閉じた論理体系としての量子力学の定式化が進んだ．

プランクによる量子概念の導入から量子力学の定式化までが，20 世紀の初めのほぼ 30 年間になされた．波動性と粒子性が共存した世界の理解に端を発した量子力学が，古典力学に代わってミクロな世界を記述する力学となった．量子力学は，ミクロな世界の諸現象や様々な物質の構成様式や性質の解明を可能にし，科学技術の大きな発展に寄与している．

1.2　光

1.2.1　黒体輻射

有限な温度で熱平衡にある物理系の性質は，その系に含まれるすべての物理状態やそれらが従う運動法則を反映する．そのため，熱的物理量は，系の内部の情報を供給する強力な手段を与える．例えば，ある温度 T で熱平衡にある輻射（電磁波）のスペクトルは，古典物理学では温度で決まる特徴的な分布をもつ．これは，黒く塗った壁で囲まれた箱の内部を温度 T に保ったときに，箱の内部に充満する固有な光（黒体輻射）の分布に現れる．箱にあけた小さな穴から放射される光の観測から，黒体の壁と熱平衡にある内部の光の分布がわかるのである．

黒体輻射の分布は，古典的な電磁波の分布になる，と当初思われていた．ところが，この測定の結果は，振動数に依存し，低温領域と高温領域で異なる分布を示した．低温での高振動数領域における分布は，振動数 ν の関数として光の速さ c，温度 T と 2 つの定数 α と β で表されるウィーン (Wien) の放射式

$$P(T,\nu)=\frac{8\pi\alpha\nu^3}{c^3}e^{-\frac{\beta\nu}{T}} \tag{1.1}$$

に従い，高温での低振動数領域における分布は，レイリー－ジーンズ (Rayleigh-Jeans) の放射式

$$P(T,\nu)=\frac{8\pi\nu^2}{c^3}kT \tag{1.2}$$

に従うことがわかった．低温で高振動数における分布は，有限温度 T においてエネルギー E をもつ状態の存在確率を表すボルツマン分布

$$P(T,E)=e^{-\frac{E}{kT}} \tag{1.3}$$

と似ているが，同一ではないし，高温では全く異なる．すなわち，これらの黒体輻射の分布は，古典物理学では全く理解できないものである．

そこでプランクは，量子仮説という大胆なことを考え，ウィーンの放射式とレイリー－ジーンズの放射式を統一的に表す低振動数領域から高振動数領域ま

で成立する公式として，プランクの放射式，

$$P(T,\nu) = \frac{8\pi h\nu^3}{c^3}\frac{1}{e^{\frac{h\nu}{kT}}-1} \tag{1.4}$$

を得た [1]．式 (1.4) は，単純なボルツマン分布 (1.3) とは全く異なる形であり，また，作用の次元（エネルギーと時間の積）をもつ新たな物理定数 h が含まれている．この物理定数 h は，プランクが導入したのでプランク定数と呼ばれている．実際，式 (1.4) で，T を小さく ν を大きくすると，近似的に

$$e^{\frac{h\nu}{kT}} - 1 \approx e^{\frac{h\nu}{kT}} \tag{1.5}$$

が成立する．これを代入して，式 (1.4) は

$$P(T,\nu) = \frac{8\pi h\nu^3}{c^3}e^{-\frac{h\nu}{kT}} \tag{1.6}$$

となり，ウィーンの放射式に一致する．また，式 (1.4) で T を大きく ν を小さくすると，近似的に

$$e^{\frac{h\nu}{kT}} - 1 \approx \frac{h\nu}{kT} \tag{1.7}$$

が成立する．これを代入して，式 (1.4) は

$$P(T,\nu) = \frac{8\pi h\nu^3}{c^3}\frac{kT}{h\nu} \tag{1.8}$$

となり，レイリー－ジーンズの放射式に一致する（図 1.1）．

　このように，プランクの放射式は，ウィーンの放射式とレイリー－ジーンズの放射式を統一的に表している．

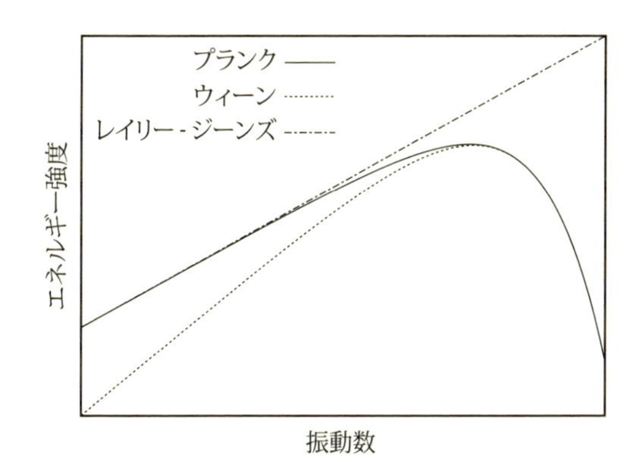

図 1.1　プランクの放射式（実線），ウィーンの放射式（点線）とレイリー - ジーンズの放射式（1 点鎖線）

では，式 (1.4) は，ボルツマン分布とは無関係であろうか．ここで，等比級数の公式

$$x\sum_{n=0}^{\infty}x^n=\frac{x}{1-x} \tag{1.9}$$

を思い出し，公比を $x=e^{-\frac{h\nu}{kT}}$ とすると

$$\frac{x}{1-x}=\frac{1}{e^{\frac{h\nu}{kT}}-1} \tag{1.10}$$

となることがわかる．これより，プランクの放射式は有限温度におけるボルツマン分布

$$P=e^{-\frac{E_n}{kT}} \tag{1.11}$$

で，エネルギーが飛びとびの値

$$E_n=nh\nu,\quad n \text{ は整数} \tag{1.12}$$

となるときに得られる式である．この n は，光の個数を表している．古典電磁気学では，光は波（電磁波）であるため，エネルギーは電磁波の強度である振幅の 2 乗に比例し，連続な値となり，また振動数にはよらないはずである．しかし，上のエネルギーは，古典電磁気学の性質とは大きく異なり，振動数に比例し，飛びとびの値である．ミクロな世界における光は，古典電磁気学のものとは全く異なることを示唆している．

1.2.2　光電効果

光量子仮説は，導入の 5 年後，アインシュタインによって光電効果に適用された [2]．

光電効果とは，光が金属に照射されたとき，金属から電子が飛び出す現象であり，古典物理学では理解できない性質を示す．そこで光の強度や振動数を変化させたとき，電子のエネルギーや総量がどのように変化するかが調べられた．その結果，電子のエネルギーは，光の強度によらず光の振動数で決まること，ならびに，電子の総量は光の強度で決まることがわかった．電子のエネルギーと振動数の関係は，図 1.2 のようになる．

古典電磁気学では，光のエネルギーは光の振幅すなわち強度に比例して，振動数には無関係である．そのため，光電効果は，古典電磁気学における光のエネルギーと電子のエネルギーの変換とは全く異なることを示している．

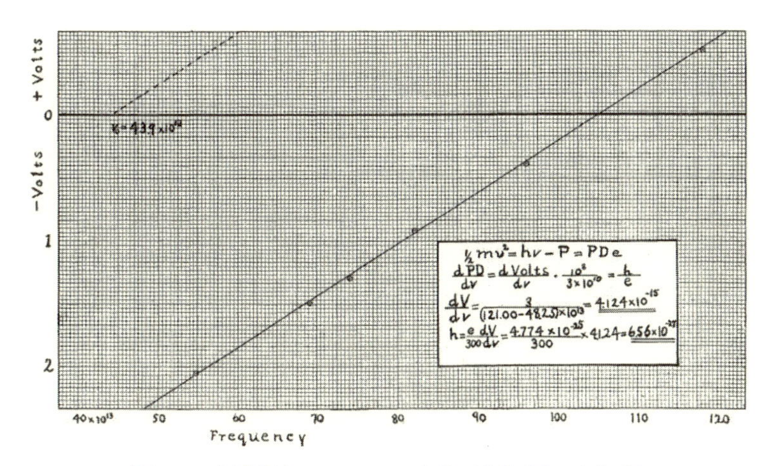

図 **1.2**　光電効果のミリカンの実験（文献 [3] より転載）

これは以下のように考えるとつじつまがあう．

(1) ミクロなプロセスでは，光は振動数に比例するエネルギーをもつこと．

$$E_{光} = h\nu \tag{1.13}$$

(2) 電子は，金属内で外部よりも一定の値（V_0）だけ低い位置エネルギーをもつ．このため，外部に放出された電子は，光のエネルギー $E_{光}$ から V_0 を差し引いたエネルギー

$$E_{電子} = E_{光} - V_0 \tag{1.14}$$

をもつ．電子が放出されるためには，$E_{電子} > 0$，すなわち $E_{光子} > V_0$ が必要である．

光電効果において保存されるのは，光と電子のエネルギーの和であり，前者は振動数で決まり，後者は金属内の位置エネルギーを含む．光のエネルギーは，プランクの量子仮説におけるエネルギー $n \times h\nu$ で，$n = 1$ を代入した値である．これが電子のエネルギーに変換される際，エネルギー保存則が成立している．このようにして，古典電磁気学で波である光が，ミクロな世界では，1 個，2 個と個数を数えられる粒子的な性質をもつことがわかった．この粒子的な光を光子と呼ぶ．

黒体輻射や光電効果から，古典物理学では波である光は，ミクロな世界で粒子的な性質をもつことがわかった．この粒子性の定量的な値を決めるのは，新たな物理定数であるプランク定数 h である．

1.3　電子

1.3.1　原子から放射される光の線スペクトル

原子から放射される光のスペクトルにも，古典物理学とは異なる振る舞いが見つかった．引力ポテンシャル中にある束縛された質点の運動は，負のエネルギー解として記述される．この解の軌道は，有限領域に制限されている．この束縛状態がマクロな物差しより小さい場合，粒子の位置を各時刻で直接測定することはできない．しかし，電荷をもつ電子は，光を放射させることができる．この光を測定することにより，ミクロな束縛状態についての情報が得られた．アインシュタインの光電効果の理論は，振動数 ν の光がミクロな振動子とみなせ，エネルギー

$$E = h\nu \tag{1.15}$$

をもつことを示す．電子がエネルギーを δE 失う際，出てくる光の振動数 ν は，

$$\delta E = h\nu \tag{1.16}$$

となるはずである．そのため，放射される光の振動数を測定することにより，電子状態のエネルギーがわかる．

ところで，実験結果は，図1.3のような線スペクトルが存在することを示した．さらに，線スペクトルは水素原子の場合では，ある定数 c を使い，

$$\delta E = c\left(\frac{1}{n^2} - \frac{1}{m^2}\right), \quad n, m \text{ は整数} \tag{1.17}$$

のような簡単な関係式を満たしていた．これは，電子のエネルギーが不連続になっていて，特別な値が実現していることを示唆している．

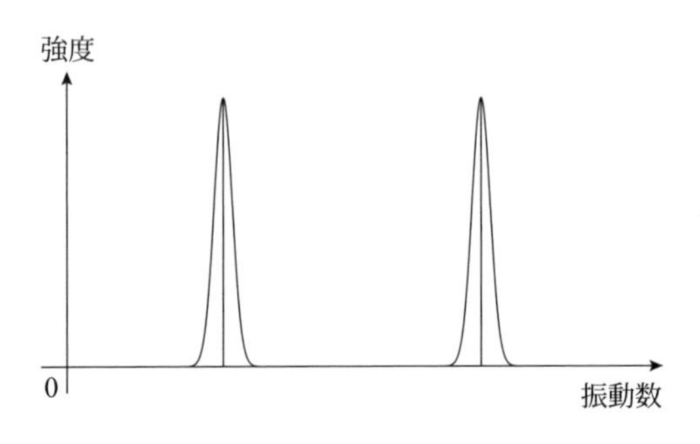

図1.3　原子から放射される線スペクトル

束縛された波が飛びとびの振動数をもつことは，マクロな弦の振動等で頻繁に見られることである．例えば，端が固定された長さ l の弦の振動では，端で変位がゼロになるように境界条件を満たすのは，波長 λ が

$$\lambda \times l = 2\pi N, \quad N \text{ は整数} \tag{1.18}$$

を満たす場合だけである．境界条件を満たすとき，弦の振動を解く問題は，微分演算子の固有値を求める固有値問題と等価となる．

原子内に束縛された電子の問題も，何らかの固有値問題となりそうである．エネルギーが飛びとびの値をとることから，原子から放射される光に線スペクトルがあることが理解できる．ミクロな世界における電子の束縛状態でも，同じことが実現している．つまり，マクロな世界の束縛状態では，電子が波のように振る舞う．

ボーアは，半古典的な方法で，物理系のパラメーターをゆっくり変えたときに不変に保たれる物理量のことである断熱不変量が量子条件を満たすことを要請して，この事情を明らかにした [4]．電子の束縛状態における波動の効果を調べるにはどうするか．ボーアは，断熱不変量を使い古典力学の枠組みと矛盾しないように量子化条件を課して，原子の飛びとびのエネルギー準位を導いた．

ばね定数 $k(t)$ が時間とともに変動する振動子は，ラグランジアンと運動方程式

$$L = \frac{m}{2}\{\dot{x}(t)\}^2 - \frac{k(t)}{2}x(t)^2, \quad \frac{d}{dt}\{m\dot{x}(t)\} + k(t)x(t) = 0 \tag{1.19}$$

で記述される．ここで，ばね定数は $k(t) = k(1 + dt)$ で変化率 d が無限小の数 $(O(\epsilon))$，つまり，ばね定数は極めてゆっくり変動する．

$d = 0$ の場合，質量 m，ばね定数 k の振動子は，変数 $x(t)$ を用いてラグランジアン L と運動量 $p(t)$ が

$$L = \frac{m}{2}\dot{x}(t)^2 - \frac{k}{2}x(t)^2, \quad p(t) = m\dot{x}(t) \tag{1.20}$$

と記述される．解は，一定の振幅 A と角速度 $\omega = \sqrt{\frac{k}{m}}$ を用いて

$$x(t) = A\sin\omega t \tag{1.21}$$

となり，運動エネルギーと位置エネルギーの和

$$E = \frac{p(t)^2}{2m} + \frac{k}{2}x(t)^2 = \frac{k}{2}A^2 \tag{1.22}$$

は時間によらないことがわかる．

次に $d=\epsilon$ の場合を考えよう．今度は振幅や角速度が $\dot{A}(t), \dot{\omega}(t)=O(\epsilon)$ である関数が

$$x(t)=A(t)\sin\{\omega(t)t\} \tag{1.23}$$

となり，$\ddot{A}(t)=\ddot{\omega}(t)=0$ である．さらに，条件式

$$\begin{cases} m\omega(t)^2-k(1+dt)=0 \\ 2\dfrac{\dot{A}(t)}{A(t)}+\dfrac{\dot{\omega}(t)}{\omega(t)}=0 \end{cases} \tag{1.24}$$

を満たすとき，式 (1.23) は方程式 (1.19) の解である．2 番目の式より，

$$A(t)^2\omega(t)=\text{一定} \tag{1.25}$$

となる．つまり，ゆっくり（断熱的に）$k(t)$ が変化する過程で，振幅の 2 乗と角速度の積は一定に保たれている．これが，断熱不変量である．

断熱不変量は，1 周期での運動量の積分

$$I=\oint dxp, \quad p=\sqrt{2m}\sqrt{E-\frac{1}{2}k(t)x^2} \tag{1.26}$$

と表すことができる．実際，I の変化量は

$$\begin{aligned} \frac{\partial I}{\partial k(t)} &= \oint dx\frac{\partial p}{\partial k(t)}=\oint dx\left\{\frac{\partial p}{\partial E}\frac{\partial E}{\partial k(t)}+\frac{\partial p}{\partial k(t)}\right\} \\ &= \sqrt{2m}\oint dx\left[\frac{1}{\sqrt{E-\frac{1}{2}k(t)x^2}}\left\{\frac{x(t)^2}{2}-\frac{x(t)^2}{2}\right\}\right]=0 \end{aligned} \tag{1.27}$$

と不変となっている．式 (1.26) の I は，任意の系で閉じた経路の解に適用できる．

ボーアは，長岡－ラザフォードの原子模型で計算した断熱不変量 I が，プランク定数に比例すると仮定して，実験のスペクトル (1.17) を導いた [4]．そして，電子の原子の内部における状態とその遷移が，古典力学に従う運動，量子的な断熱不変量の飛びとびの値，ならびにその変化として理解できることを示した．これは，古典力学に量子力学の考えを導入した準古典量子論と呼ばれる．

1.3.2 ド・ブロイ波

ミクロな世界における電子の波は，マクロな世界の波である電磁波や，水面波とは大きく異なる．電磁波では電場や磁場が時間的に振動し，水面波では水面の高さが時間的に振動する．電場や磁場は，電荷や電流にはたらく力から直接決まる実数である．もちろん，水面の変位は実数で表され，水面波は実数の変位が振動する波である．電磁波では，電場や磁場が時間や空間とともに振動しながら伝播する．

ところが，ミクロな世界では，位置の測定はできないので，力の測定もできない．古典的な意味での粒子の位置 $\boldsymbol{x}(t)$ を使うことは不可能である．その代わり，粒子の平均的な位置や，位置の分布は使える．ミクロな世界の波はド・ブロイ波と呼ばれ，驚くことに複素数の波であり，実数の波ではない．複素数の波の絶対値の 2 乗が，粒子の分布を与える．このようにミクロな世界では，複素数が登場する．

ここで位相空間における性質

$$\delta p \times \delta q = \hbar, \quad \hbar = \frac{h}{2\pi} \tag{1.28}$$

は，これらの力学変数が単純な実数ではなく，ある種の空間における演算子であるとともに，後で詳しく述べる関係式

$$[q, p] = qp - pq = i\hbar \tag{1.29}$$

を満たしていることを示唆している．ここで i は純虚数である．また，波の特徴は，その空間に 2 つの要素 $\boldsymbol{u}_1$, $\boldsymbol{u}_2$ があれば，必ずそれらの線形結合による別の要素 $\boldsymbol{v}$ もあることを示す重ね合わせの原理

$$\boldsymbol{v} = z_1\boldsymbol{u}_1 + z_2\boldsymbol{u}_2 \tag{1.30}$$

が成り立つことである．係数 z_1, z_2 が複素数であるとき，この空間を複素ベクトル空間と呼ぶ．ミクロな世界は，複素ベクトル空間で表され，ミクロな物理状態は，複素ベクトルで表される．

1.3.3 干渉

電子のミクロな世界での波の性質は，干渉・回折現象として現れる．電子のミクロな軌道を直接確かめる物差しは存在しないが，電子の運動を間接的に確かめることは可能で，運動の結果引き起こされる現象を確かめればよい．その

1つの方法は，電子の位置の時間変化を追う代わりに，電子がマクロな距離を運動した後で，大きなスクリーンに当たる現象を調べることである．この際，電子がスクリーンに衝突するおおよその位置は，測定できるようにしておく．

以下，小さな穴を通過するミクロな粒子の運動をまず考察しよう．粒子の位置を $\boldsymbol{x}(t)$ とすると，小さな穴を通過する初期条件を満たす電子の運動は，古典力学では一意的である．穴とスクリーン以外の場所では，粒子に力ははたらかないとみなせる．この場合の運動は，自由粒子のものであり，解は

$$\boldsymbol{x}(t) = \boldsymbol{v}_0 t + \boldsymbol{x}_0 \tag{1.31}$$

で表される等速度運動である．時刻 $t = 0$ で $\boldsymbol{x}_0$ にあった粒子は，必ずその延長線上にある．そのため，スクリーン上では，図1.4のような粒子のスポットが観測される．

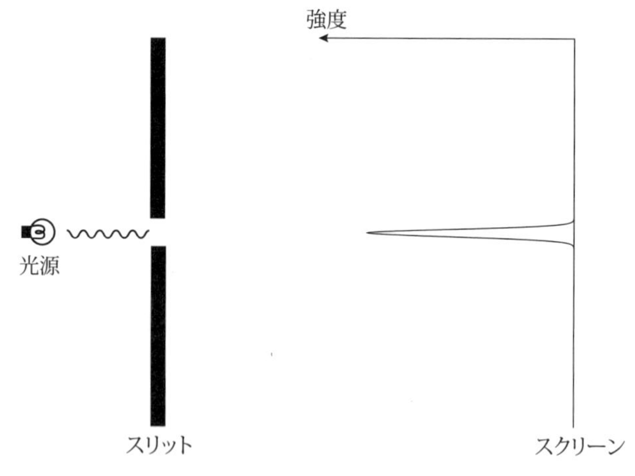

図 1.4　単一スリットからのスポット

1.3.4　2重スリットの実験

次に，1つの穴の代わりに，2つのスリットを通過する電子の運動を考察する．図1.5のような2重スリットを通過する電子の運動に対して，ニュートンの運動方程式を適用して考察しよう．

電子が，2重スリットのどちらを通過したかがわかっているときは，対応する初期条件を選んだ結果，単スリットの問題と同じになる．そのため，単スリットの結果を使えばよい．この場合には，スクリーン上で，図1.5のように2つ

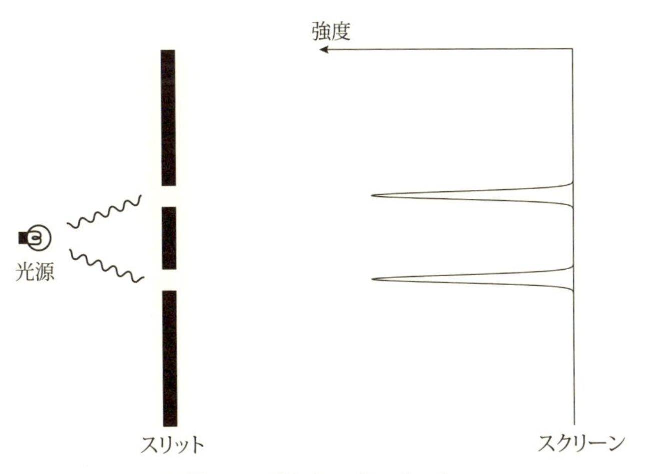

図 **1.5** 離れた 2 重スリット

の電子スポットが観測されるはずである．

では，電子が 2 重スリットのどちらを通過したか調べないときは，スクリーン上でどのように観測されるだろうか？ 古典力学に基づく場合では，上の場合と同じように電子が観測されることが期待される．しかしながら，パラメーターが適当である場合の実験では，図 1.6 のようなパターンが測定される．これは，古典力学とは全く異なる．つまり，ニュートンの運動方程式に基づくものとは異なる結果である．スクリーン上には，光や水面波でよく知られた波の干渉と

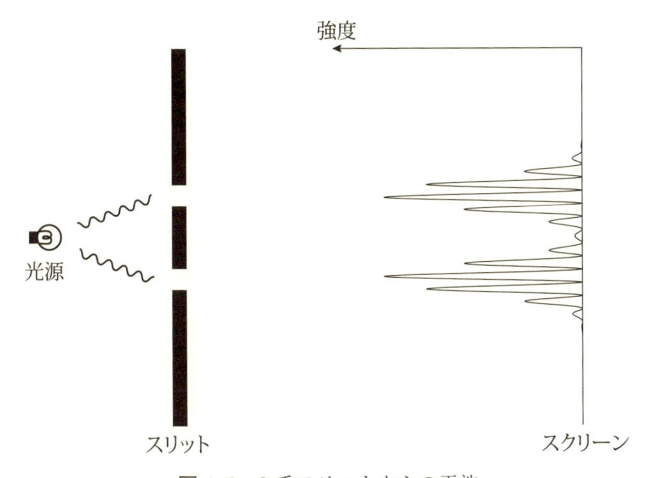

図 **1.6** 2 重スリットからの干渉

同じパターンが生じる．例えば，単色光を2重スリットを通してスクリーンに映す場合のヤングの実験の結果とほぼ等しい．ヤングの実験では，行路差が波長の整数倍の場合には，光は強め合うが，行路差が波長の半整数倍の場合には，光は弱め合い，ほとんど見えなくなる．そのため，電子が2重スリットのどちらを通過したか調べない場合は，電子は干渉を示し，波のように振る舞う．干渉は，波の示す特性の1つであるが，干渉の大きさは，波の波長によって大きく異なる．運動量 p をもつ粒子が示す波としての波長は，プランク定数から

$$p = \hbar k, \quad k = \frac{2\pi}{\lambda} \tag{1.32}$$

となることが，ド・ブロイにより示された [5]．この波長をド・ブロイ波長と呼ぶ．

この際，運動量と波数ベクトルが比例し，プランク定数が比例定数となっている．ちょうど，エネルギーと振動数が，プランク定数を比例定数として，比例関係にあるのと同じ形となっている．波の干渉は，波の波長と2重スリットの間隔との相対的な大きさの比の値により起きたり起きなかったりする．波の波長がスリット間隔よりはるかに小さい場合は，干渉は起きない．両者がほぼ等しい場合に，干渉が起きる．プランク定数は重要な物理定数の1つで現在，

$$h = 6.62607015 \times 10^{-34}\,\mathrm{J \cdot s} \tag{1.33}$$

であることがわかっている．このようにして，古典物理学では粒子として扱われる電子が，波の特徴である干渉を示すことがわかる．この性質を特徴づけるのは，やはりプランク定数である．

さらに，電子の強度を弱くして観測することにより，電子が示す干渉パターンは確率波の示すものであり，古典的な波の干渉パターンとは質的に異なることがわかった．

1.4　量子力学の誕生

ド・ブロイにより導入されたド・ブロイ波は，いかなる方程式に従うのだろうか？ その波動方程式は，運動量とド・ブロイ波長の関係と，振動数とエネルギーのアインシュタインの関係の両方を満たすことが要求される．また，ボーアの理論で仮定したポテンシャル中の断熱不変量の条件 $\oint p\,dx = n\hbar$ から飛びとびのエネルギーの原子準位が導かれたことにより，この波動方程式として，

シュレディンガーは，質量 m の粒子がポテンシャル $U(\boldsymbol{x})$ 中を運動する際，時間や空間座標の関数である波動関数 $\psi(\boldsymbol{x},t)$ が従う方程式

$$i\hbar\frac{\partial}{\partial t}\psi(\boldsymbol{x},t) = H\psi(\boldsymbol{x},t) \tag{1.34}$$

$$H = \frac{\boldsymbol{p}^2}{2m} + U(\boldsymbol{x}) \tag{1.35}$$

を得た [6]．H は古典力学で現れるハミルトニアンであり，$\boldsymbol{x}$ を単なる実数，$\boldsymbol{p}$ を微分演算子

$$\boldsymbol{p} = -i\hbar\nabla \tag{1.36}$$

とおくのが 1 つの方法である．この式の特解は

$$\psi(\boldsymbol{x},t) = e^{i\omega t}\psi(\boldsymbol{x}) \tag{1.37}$$

のように，時間について指数関数で振る舞う波動関数であり，

$$E = h\nu, \quad \nu = \frac{\omega}{2\pi} \tag{1.38}$$

となり，アインシュタインの関係式と一致する．さらに，波動関数を

$$\psi(\boldsymbol{x},t) = e^{i\boldsymbol{k}\cdot\boldsymbol{x}}\psi(t) \tag{1.39}$$

のように，波数 $\boldsymbol{k}$ をもつ平面波として，運動量演算子 $\boldsymbol{p}$ をかけると

$$\boldsymbol{p}\,\psi(\boldsymbol{x},t) = \hbar\boldsymbol{k}\,\psi(\boldsymbol{x},t) \tag{1.40}$$

となり，運動量演算子 $\boldsymbol{p}$ の固有値はド・ブロイの関係式に一致する．

次章以降で，シュレディンガー方程式を解いて，詳細な議論を展開する．調和振動子や，水素原子の結果は，プランクの公式や，ボーアのスペクトルに一致する飛びとびのエネルギーを与えることがわかる．

また，2 重スリットでは，それぞれの波を重ね合わせた波は

$$\psi(\boldsymbol{x},t) = \psi_1(\boldsymbol{x},t) + \psi_2(\boldsymbol{x},t) \tag{1.41}$$

であり，スクリーン上で粒子が観測される確率は，$*$ を複素共役とすると

$$|\psi(\boldsymbol{x},t)|^2 = |\psi_1(\boldsymbol{x},t)|^2 + |\psi_2(\boldsymbol{x},t)|^2 + 2\,\mathrm{Re}(\psi_1(\boldsymbol{x},t)^* \times \psi_2(\boldsymbol{x},t)) \tag{1.42}$$

となり，波動関数の絶対値の 2 乗に比例する干渉項をもつ分布になる．これは，実際に実験で観測されている．

このようにして，異常に見えたミクロな世界のすべての結果が量子力学で理解される．量子力学は，重ね合わせの原理，式 (1.36) を一般化した交換関係，式 (1.34) のシュレディンガー方程式，および確率原理に基づいている．

1.5　自然の成り立ち

ミクロな物理現象の理解のために，古典力学に代わる量子力学が形成された歴史を簡単に見てきた．その後，たくさんの事柄が量子力学を適用することで理解できた．これらは，現代の科学技術の重要な部分を構成するとともに，物理学以外の幅広い自然現象の理解を可能にし，新たな文化の創造に寄与した．その多くは，本書の範囲外であるので省略するが，概観をここで眺めておこう．

1.5.1　原子

原子はもともと，物質の構成単位であり，内部構造をもたないと考えられていた．ところが，19 世紀の終わりから 20 世紀の始めにかけて，原子が構造をもつとする考えや実験結果が出始め，その後徐々に増えていった．原子が構造をもつならば，内部の変化や運動が起きるはずである．長岡やラザフォードは，当時の常識であった古典物理学に基づいて原子模型を考察した．古典電磁気学では，原子の内部に束縛された電子は，加速度運動のために電磁波を放射する．その結果エネルギーを失い，原子は最後には点になってしまう．この困難は古典物理学に基づく結果であり，新たに発展した量子力学では全く異なり，原子は安定であることが示され，困難は解消された．

ラザフォードは，α 粒子をビームにした物質内部の探索法を開発した．標的に当てた α 粒子は，散乱されて測定器で検出される．検出される頻度から，物質を構成する原子についての新しい情報が得られた．α 粒子が原子に衝突した後，大きな角度で散乱する現象を見つけ，中心に重い芯をもつ原子構造に到達した．この原子模型では，中心に正電荷を帯びた原子核があり，外を原子核の電荷と同じ個数の負電荷を帯びた電子が回っている．電子の数は，元素の種類により異なる．水素では 1 個，ヘリウムでは 2 個，リチウムでは 3 個と続く．正電荷と負電荷の間にはたらく力は，電気的なクーロン力である．マクロな世界で，電荷間にクーロン力がはたらくことは，古典電磁気学でわかっていた．ミクロな世界でも，電荷間にクーロン力がはたらく点は，マクロな世界と同じである．しかし，クーロン力がはたらいたときの運動は，マクロな世界とミクロな世界で大きく異なる．ミクロな世界では，電子は波動として振る舞う．波動方程式の定常解として原子内の電子の状態が記述され，このとき原子は，上で述べた不安定性をもたない．長岡やラザフォードの原子模型は，古典力学で扱うと矛盾を引き起こし，間違った模型であることになるが，量子力学で扱うと，実験結果や自然現象を説明できる正しい模型であることが明らかとなった．当初受け入れらなかった原子模型が，量子力学の発展とともに，自然の理解にとって重要な鍵となった．

1.5.2 金属，絶縁体と半導体

たくさんの原子が結合している固体は，通常は金属か絶縁体である．金属内では定常的な直流電流が流れるが，絶縁体内では定常的な直流電流は流れない．また，金属は熱を伝導しやすく，表面に光沢をもち光を反射するが，絶縁体は，光沢をもたず光を反射しないで熱の伝導も良くない．原子がたくさん集まって構成されているにもかかわらず，このような違いが生ずるのは何故だろうか？この違いは，量子力学で初めて理解できる．

原子がたくさん集まった金属や絶縁体等のミクロな運動を記述するには，量子力学が必須である．この際，電子の役割が特に重要である．原子に含まれる電子は，すべて同じ粒子であり区別することはできない．多くの同種粒子が関与する量子効果から原子が集まり，金属や絶縁体が形成され，同時に，これらは多様な性質を発現させる．これらの固体では，平均間隔 10^{-10} m で，周期的に原子が並んでいる．多体電子の特異な量子現象として，超伝導，強磁性，強誘電体，等の多くの現象がある．また，金属と絶縁体の中間的な性質をもつ，半導体と呼ばれる物質もある．半導体の様々な性質は，量子力学を適用して初めて理解でき，現代の様々な電子機器に応用されている．

最も身近で重要な液体である水の多様な性質，多様な，無機物，生物を構成する多様な有機物，等の性質にも，量子力学が大きく関与している．

1.5.3 原子核，素粒子，宇宙

原子核は，原子の中心にあって原子の質量の大部分を担う約 10^{-15} m の小さな物体であり，陽子と中性子の結合した束縛状態である．各元素ごとに，原子核を構成する陽子と中性子の数は決まっている．例えば，水素の原子核は 1 つ

の陽子，ヘリウムの原子核は2つの陽子と2つの中性子，リチウムの原子核は3つの陽子と3つの中性子から主に構成されている．しかし，1つの陽子と1つの中性子が結合した重水素，陽子2個と中性子1個からなるヘリウム3等，異なる数の中性子が結合した同位体の原子核がたくさんある．これらの物理系の理解は，量子力学で初めて可能となった．

陽子と中性子を束縛するのは，短距離ではたらく核力である．核力は，極めて強い力であり，引力の場合も斥力の場合もある．そのため，近似的にポテンシャルで表せるが，厳密にはポテンシャルで表しきれない効果を含む．これは，多体の相互作用の効果であり，粒子の生成や消滅が伴う変化である．このようなプロセスも，量子力学で初めて扱える．陽子や中性子は，より基本的な物質の要素である素粒子から構成される．これらは，一方で，時空の場所によらない性質をもつ．この性質を表す体系は特殊相対性理論と呼ばれ，光速に近い速度で運動する物体の運動は，古典的な運動とは大きく異なることを示した．物体の静止エネルギーと同じ程度の大きさのエネルギーが関与するミクロな物理では，相対論的な量子力学が必要である．素粒子の物理を扱うには，相対論と量子論との両方を取り入れ，さらに粒子数が変化する多体効果を含む方法が必要である．現在の素粒子には，レプトンとクォーク，ならびに3種類の相互作用（力）を媒介する粒子である光子，弱ボソン，グルーオンが知られている．レプトンには，電子，電子ニュートリノ，ミューオン，ミューオンニュートリノ，タウ，タウニュートリノの6種類があり，クォークには，u-クォーク，d-クォーク，c-クォーク，s-クォーク，t-クォーク，b-クォークの6種類がある．

現在，基本的な相互作用として，電磁気相互作用，弱い相互作用，強い相互作用，重力，の4種類が知られている．重力以外の相互作用を媒介する素粒子はスピン1をもつゲージ粒子と呼ばれる粒子であり，それらの存在も確認されている．

これらの素粒子の多くは，有限の質量をもつ．例えば，電荷をもつ3個のレプトンで，電子は質量 $0.5\,\mathrm{MeV}/c^2$ をもち，ミューオンは $100\,\mathrm{MeV}/c^2$，タウは $1.3\,\mathrm{GeV}/c^2$ をもつ．他の素粒子も，それぞれ異なる質量をもっている．質量の起源も，ヒッグス粒子と呼ばれる1つの素粒子が担っている．このヒッグス粒子は，2012年にスイスのCERNの高エネルギー加速器装置LHCで検証された．

1.5.4 地球，太陽，銀河，宇宙

大きな空間サイズの物体としては，地球，太陽，銀河，宇宙等が知られている．地球は太陽系に属する惑星であり，自ら生成するエネルギーは限りなく小さい．一方，太陽は核融合を行ってエネルギーを生成している．太陽で生成されたエネルギーは，主に電磁波の形で伝播し，一部は地球で受け取られる．これは，地球における諸現象の起源となる．この結果，水，空気，温度等の環境や条件が，生命の維持を可能にしている．これらの自然現象のミクロな起源は，量子力学に基礎をおいている．

宇宙は，自然界における最も大きな構造であり，大きな質量をもつマクロな世界に属する．大きな質量をもつマクロな物体の間にはたらく力としては，重力相互作用が最も大事である．例えば，太陽系における惑星の運動は，万有引力の法則に従い古典力学で決定される．しかしながら，宇宙における諸現象の素過程は，原子，分子，原子核，素粒子等の間の反応であり，これらは，量子力学で決定されている．特に，宇宙の初期は，高温高密度であったと思われるので，この領域では，量子力学が重要なはたらきをしている．例えば，宇宙初期に生成された光は，ほぼ正確なプランク分布を示している．また図 1.7 が示すように，太陽からの光は光球の表面の温度を反映した，おおよそ 5500 K のプランク分布である．

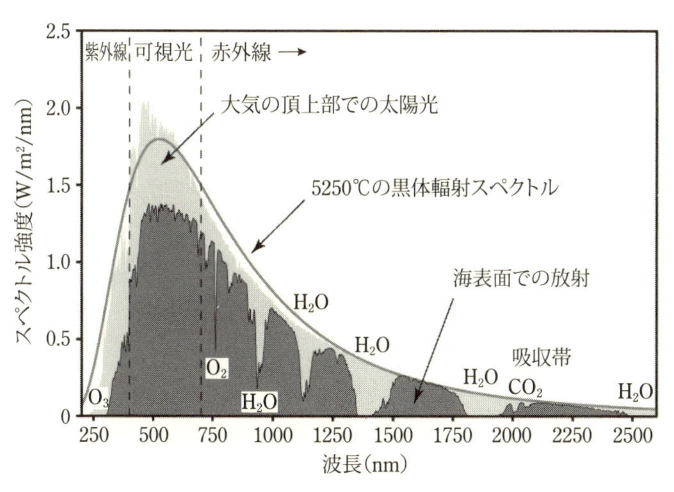

図 1.7　太陽からの光のスペクトル（文献 [7] より転載）

1.6　長距離相関

前節で議論した量子論で理解される様々な物質状態のほぼすべては，ミクロな世界に起源をもつ．ある瞬間での波動関数や，同時刻での物質の相関は，ミクロな距離の離れた2地点間に限られ，マクロな距離には及ばないと，最近まで思われてきた．ところが，真空中や，希薄物質中における量子現象には，長時間で長距離にわたり相関したものがあるようである．これは，EPR（アインシュタイン－ポドロスキー－ローゼン）長距離相関と呼ばれ，マクロな世界における量子現象として現れる．本書では，EPR 相関の詳細は，量子情報・計算の章（II 巻の第16章）で述べる．しかしながら，EPR 長距離相関は，量子力学の原理と切り離せない事柄であるため，随所に現れることになる．

ここでは，量子力学の4原理に基づいた一貫した論理を構築し，アインシュタインの局所性原理，因果律，波動の位相の打ち消し（コヒーレンスの消滅），測定における波束の収縮，他の微妙な問題に触れることはしない．

1.7　生物と量子力学

生物体は，極めて大きな分子やその集合体を構成要素とするものが多い．波動光学が，幾何光学に帰着されるのと同様に，電子や原子のミクロな物体で発現する量子効果は，マクロな物体では，通常打ち消される．そのため，マクロな物体では，量子効果は考える必要はないだろうと考えられてきた．ところが，長距離相関が存在することから，マクロな物体間に及ぶ量子効果がありそうである．

特に，光と電子の反応に起因する，光合成，水と関連する特異な物理効果，有機物（炭素）の多様な性質には，量子力学が重要である．

章末問題

問題 1.1

ミクロな世界が古典力学では記述できないことを示す現象をあげて，古典力学に基づく予想と量子力学の結果を比較するとともに，その現象を説明せよ．

問題 1.2

ボーアは，古典力学の枠組みに新たな量子化条件を付加し，古典力学では説明できない原子の不連続スペクトルを導いた．さらに，得られたエネルギー準位から計算された光のスペクトルは，実験で観測されたものに一致した．古典力学の枠組みと矛盾しないで，新たな量子化条件を課すことが可能な物理量として，断熱不変量が使われた．

(1) 物理系のパラメーターをゆっくり変えたとき，不変に保たれる物理量を断熱不変量という．例えば，質量 m で，ばね定数 k の振動子の運動は，ラグランジアン

$$L = \frac{m}{2}\dot{x}(t)^2 - \frac{k}{2}x(t)^2$$

で記述される．ここで，ばね定数 k を，定数ではなく時間とともにゆっくり変動させる．このとき，エネルギー $E = \frac{m}{2}\dot{x}^2 + \frac{k}{2}x^2$ は不変ではないが，一周期で積分した作用積分

$$I = \oint dx\, p, \quad p = \sqrt{E - \frac{k}{2}x^2}$$

は，断熱不変量であることを示せ．

(2) 上の I が，ある定数の整数倍であるとすると，エネルギーが飛びとびの値になることを示せ．

問題 1.3　水素原子の断熱不変量

水素原子は，ラグランジアン

$$L = \frac{m}{2}\dot{\boldsymbol{x}}(t)^2 + \alpha_{\mathrm{c}}\frac{1}{r}, \quad \alpha_{\mathrm{c}} = \frac{e^2}{4\pi\varepsilon_0}$$

で表される．球座標では

$$L = \frac{m}{2}(\dot{r}^2 + r^2\dot{\theta}^2 + r^2\sin\theta^2\dot{\phi}^2) + \alpha_{\mathrm{c}}\frac{1}{r}$$

である．エネルギーと角運動量は保存する．

$$E = \frac{m}{2}(\dot{r}^2 + r^2\dot{\theta}^2 + r^2\sin\theta^2\dot{\phi}^2) - \alpha_{\mathrm{c}}\frac{1}{r}$$

$$L^2 = p_\theta^2 + \frac{p_\phi^2}{\sin^2\theta}, \quad L_z = mr^2\sin\theta^2\dot{\phi}$$

p_θ と p_ϕ は θ と ϕ に共役な正準運動量

$$p_\theta = \frac{\partial}{\partial\dot{\theta}}L = mr^2\dot{\theta}, \quad p_\phi = \frac{\partial}{\partial\dot{\phi}}L = mr^2\sin\theta^2\dot{\phi}$$

であり，p_r は r に共役な正準運動量

$$p_r = \frac{\partial}{\partial \dot{r}} L = m\dot{r}$$

である．負エネルギー解で表される束縛状態に対して，断熱不変量を計算せよ．

問題 1.4　コンプトン散乱

振動数 ν の光は，運動量 $h\nu/c$ とエネルギー $h\nu$ をもつ粒子とみなせることを使い，振動数 ν の光と，運動量 $m\frac{\boldsymbol{v}}{(1-v^2/c^2)^{1/2}}$，エネルギー $\frac{mc^2}{(1-v^2/c^2)^{1/2}}$ の電子との衝突を古典力学で調べる．

(1) 散乱される光の波長のずれを求めよ．

(2) 光と反跳電子の散乱角を求めよ．

なお，図 1.8 にコンプトン散乱の角分布を示す．

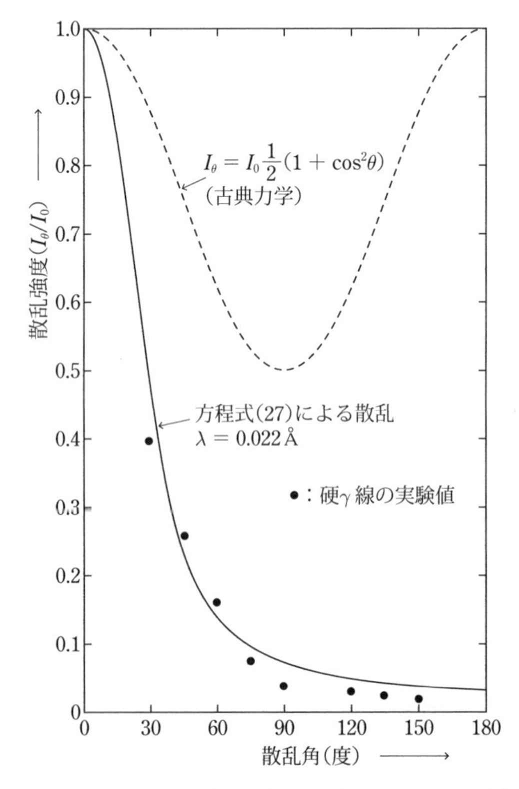

図 1.8　コンプトン散乱の角分布（文献 [8] より転載）

問題 1.5　光電効果

振動数 ν の光は，エネルギー $h\nu$ をもつ粒子とみなせることを使い，振動数 ν の光が金属の表面に衝突して出てくる電子の運動エネルギーと速さを計算せよ．ただし，光のエネルギーはすべて電子の運動エネルギーに転換されるとし，光の波長は 2000 Å とする．電子のエネルギーは $\frac{mc^2}{(1-v^2/c^2)^{1/2}}$ である．

問題 1.6　ド・ブロイ波

運動量 p の粒子は，ド・ブロイ波長 $\lambda = h/p$ の波でもある．次の粒子のド・ブロイ波長を計算せよ．

(1) エネルギーが 15 keV の電子

(2) 速さが 2×10^8 m/s の陽子

(3) 温度 300 K で熱平衡にある陽子．ただし，陽子のエネルギーは $\frac{3}{2}kT$ とする．

2 量子力学の原理

量子力学の原理をはじめに整理しておこう．もともとミクロな現象の理解のために発展した量子力学を，これらの現象と切り離して論じるのは，あまり意味がない．しかしながら，膨大な現象と量子力学の論理を逐次並行に理解することは，初学者にとって大きな労を必要とし，効率的ではない．本章ではほじめに量子力学の原理と使用する数学をまとめておく．

ミクロな世界を記述する量子力学は，古典力学とは全く異なる形の極めて首尾一貫した論理体系として，**4 つの原理**から構成される．第 1 原理は，ミクロな物理系が重ね合わせの原理を満たす複素ベクトル空間で表現されること，第 2 原理は，正準座標と正準運動量が複素ベクトル空間における特殊な演算子であり，これらの間の交換関係が純虚数で，大きさが量子論に固有の基本物理定数であるプランク定数で決まる正準交換関係であること，第 3 原理は，状態ベクトルの時間発展が，シュレディンガー方程式で決まるというものである．以上の 3 つの原理は，複素ベクトル空間において表現された，演算子と状態ベクトルに関する基本法則を表す．しかし最後の第 4 原理は，これらと異なる．2 つの状態ベクトルの内積は，それらの状態間の遷移確率振幅であり，振幅の絶対値の 2 乗はその確率である．つまり，確率に従って，自然現象が発現する．すなわち，自然法則と自然現象の間に確率が関与するというものである．

量子力学と古典力学における物理状態の表現の仕方は，大きく異なる．古典力学で質点の物理状態は，位置座標や運動量で表され，運動は時間に依存して変化する位置座標や運動量で記述される．これらの変数の時間に対する変化率が，基本的な役割をしている．質点の運動方程式は，質量，位置や速度の変化率と力の間の普遍的な関係式である．1 つの物理系は，1 つの力をもつ運動方程式で記述され，その物理系の様々な運動は，同じ方程式の異なる解である．

ところが，量子力学では，質点の物理状態は複素ベクトル空間の要素である複素ベクトルで表現される．複素ベクトルが物理状態に対応し，物理状態の情報を担う．複素ベクトルの時間変化が，運動法則の基本をなす方程式，シュレディンガー方程式で決まる．1 つの物理系は，1 つの複素ベクトル空間で表され，その物理系が示す様々な運動状態は，同じシュレディンガー方程式の異なる解に対応する．このように，時間の関数である位置座標や運動量が物理情報を担い，直接観測で簡単に決まる，ニュートンの運動方程式を満たす古典力学とは大きく異なる．

量子力学では，質点の物理状態を表すのは複素ベクトルであり，複素ベクトルの時間変化はシュレディンガー方程式で表される．シュレディンガー方程式から決まる複素ベクトルは，物理状態の時間発展を決めるが，直接観測されるわけではない．観測される物理量は，後で詳しく説明されるように，複素ベクトルとその複素共役の積で表される．さらに，この関係には確率が伴う．これらの関係は，理解しにくいものであるが，いずれにしても，観測量，物理量，ならびに運動法則の間の関係が，量子力学と古典力学とで大きく異なっているのである．

2.1 第 1 原理：重ね合わせの原理

古典的な波である，水面波，電磁波，光等は，物質や電磁場等の変位を表し，実数である．これらの波が，第 1 章で示した 2 重スリットを通過してスクリーンに達するとき，それぞれのスリットを通って重ね合わされた波が，スクリーン上で複雑な干渉縞の模様を示す．これら実数の波の干渉や回折は，波の強度のパターンとして発現し，直接測定することができる．

間隔の小さな 2 重スリットを電子が通過してスクリーンに達するとき，それぞれの波が重ね合わされたことにより，スクリーン上に複雑な干渉縞の模様が現れる．ところで，この場合に測定器により観測される値は，複素数の絶対値の 2 乗に比例することがわかっている．つまり，ミクロな世界の波動現象を記述する波動方程式は複素数を含み，波動関数は複素数である．これは，複素数を含むベクトルとみなせ，各ベクトルが 1 つの物理状態に対応し，複数のベクトルの線形結合が新たな物理状態に対応する複素ベクトル空間をなす．このように量子力学は複素ベクトル空間で表現され，ミクロな世界が波動現象を示す．

そのために，複素ベクトルの代わりに，波動関数なる名称が一般に用いられている [9].

後で述べるように，量子力学における観測値と，複素数である波動関数の関係は，量子力学に固有な形をとる.

少し数学的になるが，次項に複素ベクトル空間の性質をまとめておこう．これらは，波動関数が従う性質，方程式や波動関数を含む空間の性質を示したものである.

2.1.1　複素ベクトル空間

複素ベクトル空間の要素である波動関数は，複素数の関数である．この点，量子力学の世界は，実数だけで物理法則が表される古典物理学とは大きく異なる．いま1つの物理系 P を，1つのベクトル空間 V で表すことにし，空間 V の要素を v とする．この空間で，任意の2つの要素 v_1, v_2 と任意の2つの複素数 c_1, c_2 が与えられたとき，それらの線形結合が同じ空間に属する，すなわち

$$v_1 \in, v_2 \in V \to c_1 v_1 + c_2 v_2 \in V \tag{2.1}$$

が満たされるとき，この空間を複素ベクトル空間と呼ぶ.

ベクトル空間の簡単な例として，質点の位置ベクトルの集合がある．これは，実数のベクトルの集まりである実ベクトル空間であり，実数を係数とする任意の2つのベクトルの線形結合が同じ空間に属している．実ベクトル空間は，複素ベクトルの集合である複素ベクトル空間とは異なる性質をもつ．1つの平面上のすべての位置ベクトルの全体が作る空間では，2つのベクトル $\boldsymbol{r}_1, \boldsymbol{r}_2$ と2つの実数により構成された線形結合

$$x_1 \boldsymbol{r}_1 + x_2 \boldsymbol{r}_2 = \boldsymbol{r} \tag{2.2}$$

は，明らかに同じ空間に入っている.

線形独立

複数のベクトル $\boldsymbol{v}_1, \boldsymbol{v}_2, \boldsymbol{v}_3, \boldsymbol{v}_4, \cdots, \boldsymbol{v}_n$ が線形独立であるとは，これらのどのベクトルも，他のベクトルの線形結合として表せないことである.

別の表現として，既知のベクトル $\boldsymbol{v}_1, \boldsymbol{v}_2, \cdots$ から，係数 $c_1, c_2, \cdots$ を決める線形方程式

$$c_1 \boldsymbol{v}_1 + c_2 \boldsymbol{v}_2 + \cdots + c_n \boldsymbol{v}_n = 0 \tag{2.3}$$

の c_i $(i = 1, \cdots, n)$ のすべての解が

$$c_1 = c_2 = \cdots = c_n = 0 \tag{2.4}$$

とゼロになる場合だけであるとき，これらのベクトル $\boldsymbol{v}_1, \boldsymbol{v}_2, \boldsymbol{v}_3, \boldsymbol{v}_4, \cdots, \boldsymbol{v}_n$ は，線形独立であるという．

線形独立の2つの表現は同等である．これを示すため，逆に，上の方程式を満たすゼロでない係数解が少なくとも2個あるとして，それらを c_1, c_2 としよう．このとき，

$$c_1\boldsymbol{v}_1 + c_2\boldsymbol{v}_2 + \cdots + c_n\boldsymbol{v}_n = 0, \quad c_1 \neq 0, \quad c_2 \neq 0 \tag{2.5}$$

から

$$\boldsymbol{v}_1 = -\frac{1}{c_1}(c_2\boldsymbol{v}_2 + \cdots + c_n\boldsymbol{v}_n) \tag{2.6}$$

となり，ベクトル $\boldsymbol{v}_1$ は他のベクトルの線形結合となっている．よって，上の2つの記述が同等であることがわかる．

ベクトル空間の次元

線形独立なベクトルの個数の最大値を，そのベクトル空間の次元と呼ぶ．次元 n の1つのベクトル空間では，適切に選んだ n 個のベクトルを含む線形方程式

$$c_1\boldsymbol{v}_1 + c_2\boldsymbol{v}_2 + \cdots + c_n\boldsymbol{v}_n = 0 \tag{2.7}$$

の解が

$$c_1 = c_2 = \cdots = c_n = 0 \tag{2.8}$$

となるが，

$$c_1\boldsymbol{v}_1 + c_2\boldsymbol{v}_2 + \cdots + c_{n+1}\boldsymbol{v}_{n+1} = 0 \tag{2.9}$$

の解が

$$c_1 = c_2 = \cdots = c_n = c_{n+1} = 0 \tag{2.10}$$

となるわけではない．

いま

$$c_{n+1} \neq 0 \tag{2.11}$$

とすると，式 (2.9) の両辺を c_{n+1} で割り，

$$v_{n+1} = -\frac{1}{c_{n+1}}(c_1 v_1 + c_2 v_2 + \cdots + c_n v_n) \tag{2.12}$$

が得られる．このように，1つのベクトル $\boldsymbol{v}_{n+1}$ が他のベクトルの線形結合で表される．例えば，平面上の位置ベクトルのなす空間では，平行でない2個のベクトルは線形独立であり，また他の3個目のベクトルは，これらの線形結合で表される．よって，この空間は2次元ベクトル空間である．

内積

ベクトルは単なる数ではない．だから，ベクトルは直接そのままで数や観測量と結び付くわけではない．ベクトルから構成される実数が，観測量に結び付く．最も簡単に定義される数は，2個のベクトルから定義される内積である．次に述べる単位ベクトルと成分がわかっている複素ベクトル空間の場合，2個のベクトル $\boldsymbol{u}$ と $\boldsymbol{v}$ の内積は，ベクトル $\boldsymbol{u}$ の成分とベクトル $\boldsymbol{v}$ の成分で定義され，特殊な場合を除いて一般に複素数である．内積は，分配法則

$$(u, c_1 \boldsymbol{v}_1 + c_2 \boldsymbol{v}_2) = \sum_i c_i (\boldsymbol{u}, \boldsymbol{v}_i) \tag{2.13}$$

$$(c_1 \boldsymbol{u}_1 + c_2 u_2, \boldsymbol{v}) = \sum_i \bar{c}_i (\boldsymbol{u}_i, \boldsymbol{v}) \tag{2.14}$$

を満たしている．ここで，$^-$ は複素共役を表す．

内積がゼロ，すなわち

$$(\boldsymbol{u}, \boldsymbol{v}) = 0 \tag{2.15}$$

のとき，2つのベクトル $\boldsymbol{u}$，$\boldsymbol{v}$ は直交している．

同じベクトル同士の内積は実数となり，かつ正かゼロであり，

$$(\boldsymbol{u}, \boldsymbol{u}) \geq 0 \tag{2.16}$$

となる．これを，ベクトルのノルムと呼ぶ．ここで等号が満たされ

$$(\boldsymbol{u}, \boldsymbol{u}) = 0 \tag{2.17}$$

となるのは，

$$\boldsymbol{u} = 0 \tag{2.18}$$

の場合に限られる．内積は，ベクトル空間の普遍的な意味をもつとともに，物理量と直結する．

単位ベクトル

n 次元空間で，大きさが 1 で，互いに直交する n 個のベクトル $\boldsymbol{e}_i$ $(i=1,\cdots,n)$ は，

$$(\boldsymbol{e}_i, \boldsymbol{e}_j) = 0 \quad i \neq j \tag{2.19}$$

を満たすとともに，規格化の条件

$$(\boldsymbol{e}_i, \boldsymbol{e}_i) = 1 \quad i = j \tag{2.20}$$

を満たす．この 2 つの条件は，クロネッカーの記号でまとめて，

$$(\boldsymbol{e}_i, \boldsymbol{e}_j) = \delta_{ij} \tag{2.21}$$

と表せる．このようなベクトルを，規格化直交ベクトルと呼ぶ．

この空間の任意のベクトル $\boldsymbol{u}$ は，

$$\boldsymbol{u} = \sum_{i=1}^{n} c_i \boldsymbol{e}_i \tag{2.22}$$

のように，規格化直交ベクトルの線形結合で表され，係数が

$$(\boldsymbol{e}_j, \boldsymbol{u}) = \sum_{i=1}^{n} c_i (\boldsymbol{e}_j, \boldsymbol{e}_i) = \sum_{i=1}^{n} c_i \delta_{ij} = c_j \tag{2.23}$$

のように，ベクトルの内積となる．この係数をベクトルの成分という．複素ベクトル空間では，2 個のベクトル $\boldsymbol{u}$ と $\boldsymbol{v}$ の内積は，ベクトル $\boldsymbol{u}$ の成分の複素共役とベクトル $\boldsymbol{v}$ の成分の複素共役を使って

$$(\boldsymbol{u}, \boldsymbol{v}) = \sum_{i=1}^{n} \bar{u}_i v_i \tag{2.24}$$

と表せる．

例題 2.1　三角不等式

ノルム

$$|\boldsymbol{u}|^2 = (\boldsymbol{u}, \boldsymbol{u}) \tag{2.25}$$

が満たす三角不等式

$$|\boldsymbol{u}| + |\boldsymbol{v}| \geq |\boldsymbol{u} + \boldsymbol{v}| \tag{2.26}$$

を証明せよ．

解　まず，シュワルツの不等式

$$\{(\boldsymbol{u}, \boldsymbol{v}) + (\boldsymbol{v}, \boldsymbol{u})\}^2 - 4(\boldsymbol{u}, \boldsymbol{u})(\boldsymbol{v}, \boldsymbol{v}) \leq 0 \tag{2.27}$$

を，次の実数のパラメーター t の 2 次式が必ず正定値であること

$$|\boldsymbol{u}+t\boldsymbol{v}|^2 = |\boldsymbol{u}|^2 + t^2|\boldsymbol{v}|^2 + t\{(\boldsymbol{u},\boldsymbol{v})+(\boldsymbol{v},\boldsymbol{u})\} \geq 0 \tag{2.28}$$

から証明する．

t の 2 次式 (2.28) が正定値であるので，判別式は負かゼロであり，

$$\{(\boldsymbol{u},\boldsymbol{v})+(\boldsymbol{v},\boldsymbol{u})\}^2 - 4|\boldsymbol{v}|^2|\boldsymbol{u}|^2 \leq 0 \tag{2.29}$$

$$-2|\boldsymbol{u}||\boldsymbol{v}| \leq (\boldsymbol{u},\boldsymbol{v})+(\boldsymbol{v},\boldsymbol{u}) \leq 2|\boldsymbol{u}||\boldsymbol{v}| \tag{2.30}$$

よって，

$$\begin{aligned}(|\boldsymbol{u}|+|\boldsymbol{v}|)^2 - (\boldsymbol{u}+\boldsymbol{v},\boldsymbol{u}+\boldsymbol{v}) &= (\boldsymbol{u},\boldsymbol{u})+(\boldsymbol{v},\boldsymbol{v})+2|\boldsymbol{u}||\boldsymbol{v}| \\ &\quad -(\boldsymbol{u},\boldsymbol{u})-(\boldsymbol{v},\boldsymbol{v})-(\boldsymbol{u},\boldsymbol{v})-(\boldsymbol{v},\boldsymbol{u}) \\ &= 2|\boldsymbol{u}||\boldsymbol{v}|-(\boldsymbol{u},\boldsymbol{v})-(\boldsymbol{v},\boldsymbol{u}) \geq 0 \end{aligned} \tag{2.31}$$

である．

2.1.2　ブラ・ケット

複素ベクトル空間のベクトルは，実数とも複素数とも異なる抽象的な空間の要素であり，数ではない．しかし，1 つの数であるところの 2 つのベクトル対の内積を表すのに，ディラックのブラ・ケット記号が便利である．

ディラックのブラ・ケット記号では，複素ベクトルの代わりに，まずベクトルの集まりからなる抽象的な空間を考える [9]．この空間の要素は，単純な数であるとは限らない．そのため，要素を一般的な表記 $|\psi\rangle$ で表し，ケットベクトルと呼ぶ．ケットベクトルの複素共役ベクトルは，やはり抽象的なものであるが，反対の括弧の形 $\langle\psi|$ で表し，ブラベクトルと呼ぶ．そして，2 つのケットベクトル $|\psi_1\rangle$ と $|\psi_2\rangle$ との内積をブラケット（括弧），$\langle\psi_1|\psi_2\rangle$ と表現する．つまり，ケットベクトル $|\psi_1\rangle$，$|\psi_2\rangle$ は 1 つの抽象的な空間の要素であり，またブラベクトル $\langle\psi_1|$，$\langle\psi_2|$ は，ケットベクトル $|\psi_1\rangle$，$|\psi_2\rangle$ と複素共役な抽象的空間の要素であり，もとの空間の要素と複素共役な空間の要素の一対から，内積を定義する．内積は複素数であり，必ず一対の組から定義される．このように，ブラベクトルとケットベクトルをこの順に並べるだけで内積になると決めておくと，内積には，積分記号も複素共役の記号もいらない．そのため，簡単に表記できる．以上が，ディラックのブラ・ケット記号の決まりである．

いま無限次元空間で，1 つの規格化直交ベクトルの集合を

$$\{|u_n\rangle\}, \quad n = 1, 2, 3, \cdots, \infty \tag{2.32}$$

とし，それらの内積は

$$\langle u_n | u_m \rangle = \delta_{nm} \tag{2.33}$$

と規格化されているとする．1 つのケットベクトル $|\psi\rangle$ をこの規格化直交ケットベクトルの線形結合で

$$|\psi\rangle = \sum_n c_n |u_n\rangle \tag{2.34}$$

と展開しよう．ケットベクトルの展開には，ケットベクトルしか現れないことに注意が必要である．すると展開係数は，両辺に左からブラベクトル $\langle u_m|$ をかけブラ・ケットとして，上の規格直交性を使い

$$\langle u_m | \psi \rangle = \sum_n c_n \langle u_m | u_n \rangle = c_m \tag{2.35}$$

となることがわかる．また，この結果を上の式に代入して

$$|\psi\rangle = \sum_n c_n |u_n\rangle = \sum_n |u_n\rangle\langle u_n|\psi\rangle \tag{2.36}$$

が得られる．さらに，状態ベクトル $|\psi\rangle$ が任意であることより，ケットベクトルとブラベクトルをこの順に並べて和をとると，

$$\sum_n |u_n\rangle\langle u_n| = 1 \tag{2.37}$$

となる．このように規格化直交ベクトル全体で任意のベクトルを展開できるとき，全体で完備系をなすという．

このとき，ベクトル $|\psi\rangle$ と座標の固有ベクトル $|u_n\rangle$ の内積

$$\psi(n) = \langle u_n | \psi \rangle \tag{2.38}$$

の複素数が波動関数である．この表記法では，波動関数 ψ_1 と波動関数 ψ_2 の内積は * を複素共役として

$$\langle \psi_1 | \psi_2 \rangle = \sum_n \psi_1^*(n)\psi_2(n) \tag{2.39}$$

のように，n の和で表される．n が連続変数となる場合は，和は積分で置き換わる．この右辺の表示は，具体的でわかりやすいが，内積にいつもシグマ積分記号，体積要素，波動関数の複素共役と波動関数の積等の複数の操作や，演算が必要であり，結構面倒である．もっと簡便に内積やベクトルを表す方法が，ディラックのブラ・ケット記号である．ディラックのブラ・ケット記号では，ケッ

トベクトルの集合が，物理状態の集合と対応している．これ以降，ディラックのブラ・ケット記号法を使う．

2.1.3　演算子

物理状態が複素ベクトルで表される量子力学では，物理量は複素ベクトル空間におけるエルミート演算子で表される．質点の物理量は，位置，運動量をはじめとして，エネルギー，角運動量等の位置座標と運動量の適当な積から構成されるものである．

2.1.4　線形演算子

複素ベクトル空間における演算子は，1 つのベクトルを 1 つのベクトルに変換する．変換 H が線形であるとき，すなわち任意のベクトル $|u_i\rangle$ $(i=1,2)$ に対して

$$H|u_i\rangle = |v_i\rangle, \quad i = 1, 2 \tag{2.40}$$

$$H(c_1|u_1\rangle + c_2|u_2\rangle) = c_1|v_1\rangle + c_2|v_2\rangle \tag{2.41}$$

が満たされるとき，この演算子 H を線形演算子という．線形演算子は，1 つのベクトルを 1 つのベクトルに変換するので，内積

$$\langle u_\beta H u_\alpha\rangle = (H_{\beta\alpha}) \tag{2.42}$$

で特徴づけられる．これは，行列の β, α 成分とみなせる．ケットベクトル $|u\rangle$ とブラベクトル $\langle v|$ を，この順に並べた

$$O = |u\rangle\langle v| \tag{2.43}$$

は線形演算子であり，ケットベクトル $|\psi\rangle$ にかけたとき，結果はケットベクトル

$$O|\psi\rangle = |u\rangle c, \quad c = \langle v|\psi\rangle \tag{2.44}$$

となり，同様にブラベクトル $\langle\psi|$ にかけたとき，結果はブラベクトル

$$\langle\psi|O = d\langle v|, \quad d = \langle\psi|u\rangle \tag{2.45}$$

になる．

演算子の和と積

2 つの線形演算子 H_1 と H_2 の和や積

$$H_1 + H_2, \quad H_1 H_2 \tag{2.46}$$

は，任意のベクトル $|u\rangle$ に対して

$$(H_1 + H_2)|u\rangle = H_1|u\rangle + H_2|u\rangle \tag{2.47}$$

$$H_1 H_2|u\rangle = H_1(H_2|u\rangle) \tag{2.48}$$

で定義される．一般の線形演算子の和と差では

$$(H_1 + H_2)|u\rangle = (H_2 + H_1)|u\rangle \tag{2.49}$$

$$H_1(H_2|u\rangle) \neq H_2(H_1|u\rangle) \tag{2.50}$$

となるので，

$$H_1 + H_2 = H_2 + H_1 \tag{2.51}$$

$$H_1 H_2 \neq H_2 H_1 \tag{2.52}$$

となる．これを，演算子の和は可換であるが，積は非可換であるという．ただし，例外的に，2 つの演算子の積が可換になることもある．また，これらが非可換であるとき，その性質は交換関係

$$[H_1, H_2] = H_1 H_2 - H_2 H_1 \tag{2.53}$$

で特徴づけられる．

さらに，演算子の積と和を組み合わせて演算子の関数を定義できる．実数 x の関数 $f(x)$ がテイラー展開で

$$f(x) = \sum_{l=0}^{\infty} a_l x^l \tag{2.54}$$

であるとき，演算子 H の関数は

$$f(H) = \sum_{l=0}^{\infty} a_l H^l \tag{2.55}$$

である．

例題 2.2　演算子の指数関数

e^H をテイラー展開で表し，$e^H e^H = e^{2H}$ を証明せよ．

解

$$e^H = \sum_{l=0}^{\infty} \frac{1}{l!} H^l \tag{2.56}$$

$$\begin{aligned} e^H e^H &= \sum_{l_1+l_2=0}^{\infty} H^{l_1+l_2} \sum_{l_2=0}^{l_1+l_2} \frac{1}{l_1!} \frac{1}{l_2!} \\ &= \sum_{l_1+l_2=0}^{\infty} H^{l_1+l_2} \frac{2^{l_1+l_2}}{(l_1+l_2)!} \end{aligned} \tag{2.57}$$

ここで，2 項定理

$$(1+1)^L = \sum_{l_1=l_2=L} \frac{L!}{l_1! l_2!} \tag{2.58}$$

を使った.

エルミート演算子

行列 H のエルミート共役 $H^\dagger$ は,

$$H^\dagger_{\beta\alpha} = H^*_{\alpha\beta} \tag{2.59}$$

のように，各成分の転置の複素共役をとった行列のことである．これらの各成分が元の成分と等しくなり，関係式

$$\bar{H}_{\alpha\beta} = H_{\beta\alpha} \tag{2.60}$$

を満たす行列をエルミート行列，演算子をエルミート演算子と呼ぶ．エルミート演算子は，量子力学で特に重要である．エルミート行列の例は，H_{11}，H_{22}，H_{33} を実数とした 3×3 行列

$$H = \begin{pmatrix} H_{11} & H_{12} & H_{13} \\ H^*_{12} & H_{22} & H_{23} \\ H^*_{13} & H^*_{23} & H_{33} \end{pmatrix}$$

である.

和と積

H_1，H_2 がエルミート行列であるとき，和は

$$(H_2 + H_1)^\dagger = H_2 + H_1 \tag{2.61}$$

となりエルミート行列であるが，積は

$$(H_2 H_1)^\dagger = H_1 H_2 \neq H_2 H_1 \tag{2.62}$$

となり，一般にエルミート行列ではない.

固有値と固有ベクトル

行列 H をかけて大きさだけが変化し

$$Hu_\alpha = \alpha u_\alpha \tag{2.63}$$

が満たされるベクトルを H の固有ベクトル，α を固有値と呼ぶ．

エルミート行列は，固有値が実数になり，異なる固有値に対応する固有ベクトルが直交する．すなわち，式 (2.63) で固有値 α，固有ベクトル u_α は，関係式

$$\bar{\alpha} = \alpha, \quad \langle u_\alpha, u_\beta \rangle = 0, \quad \alpha \neq \beta \tag{2.64}$$

を満たしている（証明は，II 巻の**付録 C** を参照）．この式 (2.63) を，固有値方程式と呼ぶ．

一方で，物理量は必ず実数の値を観測値としてもつので，複素ベクトル空間ではエルミート演算子で表される．

位置座標と運動量は代表的な物理量であり，エルミート演算子で表される．演算子としての位置座標を，単なる数と区別して $\tilde{\boldsymbol{x}}$ と表記することにしよう．$\tilde{\boldsymbol{x}}$ はエルミート演算子であるので，$\tilde{\boldsymbol{x}}$ の固有状態は

$$\tilde{\boldsymbol{x}}|\boldsymbol{x}\rangle = \boldsymbol{x}|\boldsymbol{x}\rangle \tag{2.65}$$

を満たし，固有値 $\boldsymbol{x}$ は実数である．

運動量も演算子であるので，単なる数と区別して $\tilde{\boldsymbol{p}}$ と表記することにする．$\tilde{\boldsymbol{p}}$ もエルミート演算子であるので，$\tilde{\boldsymbol{p}}$ の固有状態は

$$\tilde{\boldsymbol{p}}|\boldsymbol{p}\rangle = \boldsymbol{p}|\boldsymbol{p}\rangle \tag{2.66}$$

を満たし，固有値 $\boldsymbol{p}$ は実数である．固有状態 $|\boldsymbol{x}\rangle$ と $|\boldsymbol{p}\rangle$ は，特殊な関係を満たしている．これは，後で述べる位置座標と運動量の間に成立する交換関係から導かれる．

位置座標 $\tilde{\boldsymbol{x}}$ と運動量 $\tilde{\boldsymbol{p}}$ の成分の積 $\tilde{x}_i\tilde{p}_j$ では

$$(\tilde{x}_i\tilde{p}_j)^\dagger = \tilde{p}_j\tilde{x}_i \tag{2.67}$$

となり，$\tilde{p}_j$ と $\tilde{x}_i$ が可換であれば，エルミート演算子となる．角運動量

$$(\epsilon_{ijk}\tilde{x}_j\tilde{p}_k)^\dagger = \epsilon_{ijk}\tilde{p}_k\tilde{x}_j \tag{2.68}$$

では，$j \neq k$ であるので，後でわかるが，$\tilde{p}_k$ と $\tilde{x}_j$ が可換となり，エルミート演算子となる．

この節では，位置座標や運動量が演算子であることを強調するために，物理量 O を $\tilde{O}$ とした．しかし，いつも $\tilde{O}$ とするのは煩わしいので，これからは，演算子である場合でも誤解がない限り，単に x_i や p_j と，一般的に O と表すことにして，$\tilde{O}$ とはしない．

非エルミート演算子

エルミートでない演算子は，2つのエルミート演算子の和で表すことができる．いま，演算子 O が

$$O \neq O^\dagger \tag{2.69}$$

とエルミートでない演算子とする．このとき，2つのエルミート演算子，H と K を使い，O を

$$O = H + iK, \quad H^\dagger = H, \quad K^\dagger = K \tag{2.70}$$

と分解することができる．H と K は，O とそのエルミート共役の和と差，

$$H = \frac{O + O^\dagger}{2}, \quad K = \frac{O - O^\dagger}{2i} \tag{2.71}$$

である．また，O とそのエルミート共役の積 $OO^\dagger$, $O^\dagger O$ は，

$$(OO^\dagger)^\dagger = (O^\dagger)^\dagger O^\dagger = OO^\dagger \tag{2.72}$$

$$(O^\dagger O)^\dagger = O^\dagger (O^\dagger)^\dagger = O^\dagger O \tag{2.73}$$

となり，明らかにエルミート演算子である．

ユニタリー演算子

演算子が

$$U^\dagger U = 1 \tag{2.74}$$

となるとき，ユニタリー演算子と呼ぶ．2つのベクトル $\boldsymbol{v}_1$，$\boldsymbol{v}_2$ の内積とそれらを1つのユニタリー演算子で変換したベクトルの内積は，

$$\begin{aligned}(U\boldsymbol{v}_1, U\boldsymbol{v}_2) &= \sum_l (\bar{U}\boldsymbol{v}_1)_l (U\boldsymbol{v}_2)_l = \bar{U}_{lm_1} \boldsymbol{v}_{1m_1} U_{lm_2} \boldsymbol{v}_{2l} \\ &= \bar{\boldsymbol{v}}_{1m_1} (U^\dagger U)_{m_1 m_2} \boldsymbol{v}_{2m_2} \\ &= (\boldsymbol{v}_1, \boldsymbol{v}_2)\end{aligned} \tag{2.75}$$

と等しい．つまり，ユニタリー演算子は任意の2つのベクトルの内積を変えな

い演算子である．ベクトルの内積は，後で示すように観測量を与える．そのため，ユニタリー演算子は，量子力学では特に重要である．

2 つのユニタリー演算子の和は，

$$(U_1 + U_2)^\dagger = U_1^\dagger + U_2^\dagger = U_1^{-1} + U_2^{-1} \tag{2.76}$$

$$\begin{aligned}(U_1 + U_2)(U_1^{-1} + U_2^{-1}) &= U_1 U_1^{-1} + U_1 U_2^{-1} + U_2 U_1^{-1} + U_2 U_2^{-1} \\ &= 1 + U_1 U_2^{-1} + U_2 U_1^{-1} + 1 \neq 1\end{aligned} \tag{2.77}$$

となり，ユニタリー演算子ではない．一方，2 つのユニタリー演算子の積は，一般に

$$(U_1 U_2)^\dagger = U_2^\dagger U_1^\dagger = U_2^{-1} U_1^{-1}, \quad U_2^{-1} U_1^{-1} U_1 U_2 = 1 \tag{2.78}$$

であり，ユニタリー演算子である．

エルミート演算子に純虚数 i と実数 t をつけた指数関数

$$U = e^{itH}, \quad H^\dagger = H \tag{2.79}$$

のエルミート共役は

$$U^\dagger = e^{-itH}, \quad U^\dagger U = e^{-itH} e^{itH} = 1 \tag{2.80}$$

となり，ユニタリー演算子である．実数 t は，連続的に値を変えることができる．したがって，このユニタリー演算子 $U(t)$ は，変数 t の連続関数の演算子である．

2.2　第 2 原理：正準交換関係

古典力学の物理系は，力学変数とニュートンの運動方程式で決定される．これと同等で，広い一般性をもつのがラグランジアン形式である．この形式では，位置座標 q_i とその時間微分 $\dot{q}_i = \frac{d}{dt} q_i$ の関数であるラグランジアン $L(q_i, \dot{q}_i)$ で，力学系が表される．運動量は，ラグランジアン L の速度についての微分

$$p_i = \frac{\partial L(q_i, \dot{q}_i)}{\partial \dot{q}_i} \tag{2.81}$$

であり，q_i に共役な量である．基本的な物理量は q_i と p_i であり，他の物理量は，これらの関数で記述できる．

量子力学における 1 つの力学系は，やはり変数 q_i とラグランジアン $L(q_i, \dot{q}_i)$ で規定され，複素ベクトル空間で表される．力学変数や他の物理量は，この空

間の演算子である．そのなかで変数 q_i と運動量 p_i が最も基本的な物理量であり，他の物理量はこれらの関数である．当然ながら，これらはエルミート演算子である．これらの演算子は，量子力学に固有な交換関係を満たしている．

2.2.1　正準変数の関係

まず，簡単な1自由度の物理系を考えよう．位置座標 q と運動量 p は，いつも交換関係

$$[q,p]=i\hbar, \quad \hbar=\frac{h}{2\pi} \tag{2.82}$$

$$[q,q]=[p,p]=0 \tag{2.83}$$

を満たす [10]．右辺は，演算子1に比例し，大きさはプランク定数 h を 2π で割った $\hbar$ であり，純虚数である．そのため，任意の状態 $|u\rangle$ に q や p をかけた状態は，$|u\rangle$ とは異なるが，交換関係 $[q,p]$ をかけた状態は，大きさと位相だけが変わった状態

$$[q,p]|u\rangle=i\hbar|u\rangle \tag{2.84}$$

になる．$\hbar$ は，これから頻繁に現れ，プランク定数は，式 (1.33) の大きさをもっている．

無限領域

q が，$-\infty$ から $+\infty$ までの値をとる古典変数であるとき，q の固有状態

$$q|q_1\rangle=q_1|q_1\rangle \tag{2.85}$$

の行列要素は，

$$\langle q_2|q|q_1\rangle=q_1\langle q_2|q_1\rangle \tag{2.86}$$

である．ここで，交換関係 (2.82) を q の固有状態ではさみ，

$$\langle q_2|[q,p]|q_1\rangle=i\hbar\langle q_2|q_1\rangle \tag{2.87}$$

を得る．

空間が有限次元で，固有値 q_i が不連続であるとき，$q_2=q_1$ とおいて，$\langle q_l|q_l\rangle$ は1に規格化できる．さらに，すべての l の和をとって，式 (2.87) の左辺が

$$\sum_{q_l}\langle q_l[q,p]|q_l\rangle=\sum_{l}\langle q_l|(qp-pq)|q_l\rangle$$

$$
\begin{aligned}
&= \sum_{l,m} \langle q_l|q|q_m\rangle\langle q_m|p|q_l\rangle - \sum_{l,m} \langle q_l|p|q_m\rangle\langle q_m|q|q_l\rangle \\
&= 0
\end{aligned}
\tag{2.88}
$$

と恒等的にゼロになる．一方，右辺は

$$
\sum_{q_l} i\hbar\langle q_l|q_l\rangle = i\hbar\sum_{l} = i\hbar L \neq 0 \tag{2.89}
$$

と，空間の次元 L に比例する定数となる．よって，右辺と左辺が異なる結果が得られ，矛盾が生じている．この矛盾を解消するためには，前提条件を否定するしかない．したがって，空間が有限次元ではなく無限次元であり，また固有値 q_i が連続であり，状態は規格化できない．

無限次元では，これらの行列要素はいかなるものであるだろうか？これをみるため，この左辺を書き換えると

$$
\langle q_2|(qp - pq)|q_1\rangle = (q_2 - q_1)\langle q_2|p|q_1\rangle \tag{2.90}
$$

を得るので，p の行列要素が満たす関係式

$$
(q_2 - q_1)\langle q_2|p|q_1\rangle = i\hbar\langle q_2|q_1\rangle \tag{2.91}
$$

が得られる．2.2.3 項で，さらにこの関数について考察する．

2.2.2 交換関係

2 つの演算子 A, B の交換関係は，

$$
[A, B] = AB - BA \tag{2.92}
$$

で定義され，A, B の間の関係を示す，量子力学で極めて重要な量である．単なる数の交換関係はゼロになるため，古典力学ではすべての変数は互いに可換である．交換関係は，古典力学とは異なる量子力学の特徴を表している．

3 つの演算子 A, B, C に対して，交換関係は

$$
[A, B] = -[B, A] \tag{2.93}
$$

$$
[A, B + C] = [A, B] + [A, C] \tag{2.94}
$$

$$
[A, BC] = [A, B]C + B[A, C] \tag{2.95}
$$

を満たしている．上の式で，はじめの 2 つの式は自明であるが，3 番目は自明でない．次に，これが正しいことを示そう．左辺は

$$[A, BC] = ABC - BCA \tag{2.96}$$

であり，右辺は

$$[A, B]C + B[A, C] = ABC - BAC + BAC - BCA \tag{2.97}$$
$$= ABC - BCA \tag{2.98}$$

である．明らかに，両辺が等しいことがわかる．

同様に

$$[A + B, C] = [A, C] + [B, C]$$
$$[AB, C] = [A, C]B + A[B, C]$$

である．

ヤコビの恒等式

3つの演算子 A，B，C に対する交換関係の交換関係は，ヤコビの恒等式

$$[[A, B]C] + [[B, C]A] + [[C, A]B] = 0 \tag{2.99}$$

を満たしている．左辺の各項は，交換関係の定義から

$$[[A, B]C] = (AB - BA)C - C(AB - BA) \tag{2.100}$$
$$[[B, C]A] = (BC - CB)A - A(BC - CB) \tag{2.101}$$
$$[[C, A]B] = (CA - AC)B - B(CA - AC) \tag{2.102}$$

となり，3個の演算子の積を先頭のもので分類して

$$[[A, B]C] = A(BC) + B(-AC) + C(-AB + BA) \tag{2.103}$$
$$[[B, C]A] = A(-BC + CB) + B(CA) + C(-BA) \tag{2.104}$$
$$[[C, A]B] = A(-CB) + B(-CA + AC) + C(AB) \tag{2.105}$$

と表す．すると，和については

$$\begin{aligned}[][[A, B]C] &+ [[B, C]A] + [[C, A]B] \\ &= A(BC - BC + CB - CB) + B(-AC + CA - CA + AC) \\ &\quad + C(-AB + BA - BA + AB) = 0\end{aligned} \tag{2.106}$$

となり，ゼロになることがわかる．このように，ヤコビの恒等式は任意の演算子の交換関係で成立する．

例題 2.3　交換関係

q と p との交換関係を古典力学におけるポアッソン括弧と比較せよ．

解　q や p の関数の交換関係は

$$[q, p^2] = 2i\hbar p, \cdots, [q, p^l] = i\hbar l p^{l-1} \tag{2.107}$$

となるので，一般の p の関数では，

$$[q, F(p)] = i\hbar F'(p) \tag{2.108}$$

となり，また

$$[q^2, p] = 2i\hbar q, \cdots, [q^l, p] = i\hbar l q^{l-1} \tag{2.109}$$

となるので，一般の q の関数では

$$[G(q), p] = i\hbar G'(q) \tag{2.110}$$

となる．

一方，古典力学における運動方程式はポアッソン括弧 ($\{\ \}_{PB}$) を用いて

$$\{q, p\}_{PB} = 1, \quad \{q, q\}_{PB} = 0, \quad \{p, p\}_{PB} = 0 \tag{2.111}$$

のように表されることがわかっている．さらに

$$\{q, F(p)\}_{PB} = F'(p), \quad \{G(q), p\}_{PB} = G'(p) \tag{2.112}$$

となっている．このため，量子力学の交換関係 (2.108), (2.110) と古典力学におけるポアッソン括弧 (2.112) は，

$$\frac{1}{i\hbar}[q, F(p)] \Leftrightarrow \{q, F(p)\}_{PB} \tag{2.113}$$

$$\frac{1}{i\hbar}[G(q), p] \Leftrightarrow \{G(q), p\}_{PB} \tag{2.114}$$

と関係している．この結果，古典力学における正準運動方程式と，量子力学の運動方程式が一致することがわかる．

2.2.3　ディラックのデルタ関数

エルミート演算子の相異なる固有値に対応する状態は直交する．このことより，$q_1 \neq q_2$ で式 (2.91) の右辺はゼロとなり，

$$(q_2 - q_1)\langle q_2|p|q_1\rangle = i\hbar\langle q_2|q_1\rangle = 0, \quad q_1 \neq q_2 \tag{2.115}$$

となる．

しかし，前節から

$$\langle q_1|q_1\rangle = \infty, \quad \langle q_1|p|q_1\rangle = \infty \tag{2.116}$$

となる．また完備性の式

$$\sum_{q_2} |q_2\rangle\langle q_2| = 1 \tag{2.117}$$

の左から $\langle q_1|$ を，右から $|f\rangle$ をかけて，

$$\sum_{q_2} \langle q_1|q_2\rangle\langle q_2|f\rangle = \langle q_1|f\rangle \tag{2.118}$$

が得られる．ここで，$f(q) = \langle q|f\rangle$ とおくと，

$$\sum_{q_2} \langle q_1|q_2\rangle f(q_2) = f(q) \tag{2.119}$$

となる．さらに，$f = 1$ とおいて，

$$\sum_{q_2} \langle q_1|q_2\rangle = 1 \tag{2.120}$$

$$\sum_{q_2} (q_2 - q_1)\langle q_2|p|q_1\rangle = i\hbar \tag{2.121}$$

を満たすことがわかる．このため，これらの関数は特異であり，通常のなめらかな関数ではない．この性質をもつ関数 $\delta(q_1 - q_2)$ やその微分を

$$\langle q_1|q_2\rangle = \delta(q_1 - q_2) \tag{2.122}$$

$$\langle q_2|p|q_1\rangle = i\hbar \frac{d}{dq_1}\delta(q_1 - q_2) \tag{2.123}$$

と表し，$\delta(q_1 - q_2)$ をディラックのデルタ関数と呼ぶ [9]．ディラックのデルタ関数は，通常の関数の極限として表すことができる．

2.2.4　座標表示における運動量演算子

座標を対角形にするとき，式 (2.123) より，運動量は微分演算子

$$p = -i\hbar \frac{\partial}{\partial q} \tag{2.124}$$

で表されることがわかる．実際，任意の関数 $f(q)$ に対して具体的に計算して

$$\begin{aligned}\left[q, -i\hbar\frac{\partial}{\partial q}\right] f(q) &= q\left(-i\hbar\frac{\partial}{\partial q}\right) f(q) - \left(-i\hbar\frac{\partial}{\partial q}\right) qf(q) \\ &= -i\hbar\{qf'(q) - f(q) - qf'(q)\} = i\hbar f(q)\end{aligned} \tag{2.125}$$

である．

q_i として，デカルト座標の $\boldsymbol{x}$ を用いると，時間の関数であるベクトル $|\psi\rangle$ と座標の固有ベクトル $|\boldsymbol{x}\rangle$ との内積

$$\psi(\boldsymbol{x}) = \langle \boldsymbol{x}|\psi\rangle \tag{2.126}$$

は，位置座標の関数である．この表記法では，波動関数 ψ_1 と波動関数 ψ_2 の内積は

$$\langle\psi_1|\psi_2\rangle = \int d\boldsymbol{x}\,\psi_1^*(\boldsymbol{x})\psi_2(\boldsymbol{x}) \tag{2.127}$$

と $\boldsymbol{x}$ についての積分で表される．この表示は，具体的でわかりやすいので，頻繁に使われる．積分記号，体積要素，波動関数の複素共役と波動関数の積等の複数の操作や，演算を省いたディラックのブラ・ケット記号が簡単であるのは，一目瞭然である．

2.2.5 有限領域

角度変数が，有限領域 $0 \le \theta \le \pi$, $0 \le \phi \le 2\pi$ で定義されているとき，領域が有限であるので，式 (2.116) のような発散はなく，状態は規格化できる．交換関係

$$[\theta, p_\theta] = i\hbar, \quad [\phi, p_\phi] = i\hbar \tag{2.128}$$

の左側と右側から，固有状態

$$p_\phi|m\rangle = m|m\rangle, \quad |m\rangle = \frac{1}{\sqrt{2\pi}}e^{im\phi} \tag{2.129}$$

をかけると，式 (2.128) は

$$\hbar\langle m_1|[\phi, p_\phi]|m_2\rangle = i\hbar\langle m_1|m_2\rangle \tag{2.130}$$

$$\hbar(m_2 - m_1)\langle m_1|\phi|m_2\rangle = i\hbar\langle m_1|m_2\rangle \tag{2.131}$$

となる．

$$\langle m|\phi|m\rangle \tag{2.132}$$

が有限ならば，$m_2 = m_1$ で左辺はゼロになり，右辺はゼロではない．このように，矛盾が導かれる．

何故このような矛盾が式 (2.128) から引き起こされるのだろうか？ その理由は，有限領域で定義されている角度変数が，物理系を記述する変数として直接現れることはないことにある．角度変数は座標の 1 価関数ではなく，三角関数や指数関数が座標の 1 価関数である．そのため，角度変数の周期関数である三角関数や指数関数の波動関数を用いて物理系が表現される．

このとき，交換関係は三角関数を使い，

$$[\sin\theta, p_\theta] = i\hbar\cos\theta \tag{2.133}$$

$$[\cos\theta, p_\theta] = -i\hbar\sin\theta \tag{2.134}$$

か，2 つをまとめた指数関数の

$$[e^{i\phi}, p_\phi] = i^2\hbar e^{i\phi} \tag{2.135}$$

である．これの両辺に状態 $|m\rangle$ をかけると

$$\begin{cases} \langle m_1|[e^{i\phi}, p_\phi]|m_2\rangle = i^2\hbar\langle m_1|e^{i\phi}|m_2\rangle \\ \hbar(m_2 - m_1)\langle m_1|e^{i\phi}|m_2\rangle = i^2\hbar\langle m_1|e^{i\phi}|m_2\rangle \end{cases} \tag{2.136}$$

となる．右辺を左辺に移項すると

$$(m_2 - m_1 + 1)\langle m_1|e^{i\phi}|m_2\rangle = 0 \tag{2.137}$$

となり，条件

$$\langle m_1|e^{i\phi}|m_2\rangle \neq 0 \to (m_2 - m_1 + 1) = 0 \tag{2.138}$$

が得られる．今度は両辺が等しくなり，矛盾はない．

2.2.6　多変数

多くの力学変数 q_i $(i = 1, 2, \cdots, N)$ で記述されるラグランジアンが $L(q_i, \dot{q}_i)$ である系では，運動量が

$$p_i = \frac{\partial L(q_i, \dot{q}_j)}{\partial \dot{q}_i} \tag{2.139}$$

と定義され，交換関係

$$[q_i, p_j] = i\hbar\delta_{ij} \tag{2.140}$$

$$[q_i, q_j] = [p_i, p_j] = 0 \tag{2.141}$$

を満たしている．

2.2.7　反交換関係

2 つの演算子の順序を変えた積の和を，反交換関係と呼ぶ．そして，交換関係ではなく反交換関係で基本的な性質が規定され，

$$\{b, b^\dagger\} = bb^\dagger + b^\dagger b = 1, \quad \{b, b\} = bb + bb = 0, \quad \{b^\dagger, b^\dagger\} = b^\dagger b^\dagger + b^\dagger b^\dagger = 0 \tag{2.142}$$

となる物理量もある．1 つの例は 2×2 行列

$$b = \begin{pmatrix} 0 & 1 \\ 0 & 0 \end{pmatrix}, \quad b^\dagger = \begin{pmatrix} 0 & 0 \\ 1 & 0 \end{pmatrix}$$

である．似たものに，

$$\{\sigma_i . \sigma_j\} = \sigma_i \sigma_j + \sigma_j \sigma_i = \delta_{ij} \quad (i, j = 1, 2, 3) \tag{2.143}$$

がある．これらは，II 巻で述べる同種粒子の多体系で重要な役割をする．

例題 2.4　ディラックのデルタ関数

交換関係から，ディラックのデルタ関数の性質を運動量の固有状態と位置の固有状態の変換関数で示せ．また，角運動量の固有状態についてはどのような変更がなされるか？

解　位置座標を q，運動量を p とし，p の固有状態を $|p_i\rangle$ $(i = 1, 2, \cdots, N)$ とすると，

$$[q, p] = i\hbar, \quad \langle p_1|[p, q]|p_2\rangle = (p_1 - p_2)\langle p_1|q|p_2\rangle = i\hbar\langle p_1|p_2\rangle \tag{2.144}$$

のように，交換関係の左と右に 2 つの状態をはさむ．

次に，交換関係 $[q, p] = i\hbar$ の，左辺に固有値 ξ をもつ q の固有状態，右辺に固有値 ξ をもつ q の固有状態

$$\langle \xi|q = \xi\langle \xi|, \quad q|\eta\rangle = \eta|\eta\rangle \tag{2.145}$$

をかけると

$$\langle \xi|[p, q]|\eta\rangle = (\eta - \xi)\langle \xi|p|\eta\rangle \tag{2.146}$$

が得られる．ところで，左辺は交換関係から

$$\langle \xi|[p, q]|\eta\rangle = i\hbar\langle \xi|\eta\rangle \tag{2.147}$$

となる．よって，

$$(\eta - \xi)\langle \xi|p|\eta\rangle = i\hbar\langle \xi|\eta\rangle \tag{2.148}$$

が得られる．これより，

$$\eta - \xi \neq 0, \quad \langle \xi|p|\eta\rangle = 0, \quad \int d\xi(\eta - \xi)\langle \xi|p|\eta\rangle = i\hbar \tag{2.149}$$

となる．

最後に，角度と角運動量について考察しよう．角度 θ は $-\pi$ から π までの有限領域で値をとる．この点で，角度変数の関数は，すべて規格化できて

$$\int_{-\pi}^{\pi} d\theta \left|f(\theta)\right|^2 = 1 \tag{2.150}$$

となる．角度 θ に共役な運動量を L_z とおく．これらは，交換関係

$$[L_z, \theta] = -i\hbar \tag{2.151}$$

を満たすとする．はじめ θ の固有状態

$$\theta|\theta_i\rangle = \theta_i|\theta_i\rangle, \quad \langle\theta_1|\theta_1\rangle = 1, \quad \langle\theta_1|\theta_2\rangle = 0, \quad \theta_1 \neq \theta_2 \tag{2.152}$$

を使い，上の無限領域の場合と同じ計算をしてみると

$$\langle\theta_1|[L_z, \theta]|\theta_2\rangle = (\theta_1 - \theta_2)\langle\theta_1|L_z|\theta_2\rangle \tag{2.153}$$

となり，式 (2.151) を代入して

$$\langle\theta_1|[L_z, \theta]|\theta_2\rangle = -i\hbar\langle\theta_1|\theta_2\rangle \tag{2.154}$$

である．左辺を書き換えると

$$(\theta_1 - \theta_2)\langle\theta_1|L_z|\theta_2\rangle = i\hbar\langle\theta_1|\theta_2\rangle \tag{2.155}$$

が得られる．これより，

$$\theta_1 \neq \theta_2 \to \langle\theta_1|L_z|\theta_2\rangle = 0 \tag{2.156}$$

また，$\theta_1 = \theta_2$ を代入して，左辺 $= 0$，右辺 $= i\hbar$ となり，矛盾した結果となる．

このように，θ の固有状態では，交換関係が正しく表現できない．ところで，角度が θ と $\theta + 2\pi$ では，点の位置は変わらない．つまり，波動関数は，θ の周期関数である．そのため，θ を使う代わりに $e^{i\theta}$ を使ってみると交換関係 (2.151) は

$$[L_z, e^{i\theta}] = \hbar e^{i\theta} \tag{2.157}$$

と変更される（章末問題 2.6 参照）．L_z の固有状態

$$L_z|m\rangle = m\hbar|m\rangle \tag{2.158}$$

ではさんで

$$\begin{cases} \langle m|[L_z, e^{i\theta}]|n\rangle = \hbar\langle m|e^{i\theta}|n\rangle \\ (m - n - 1)\langle m|e^{i\theta}|n\rangle = 0 \end{cases} \tag{2.159}$$

となり，関数空間を θ の周期関数全体にすると，矛盾はなくなる．

2.3　第3原理：シュレディンガー方程式

複素ベクトル空間におけるベクトルは，時間とともに決まった変化をする．質点では，物理状態を表すベクトル $|\psi(t)\rangle$ の時間発展は，シュレディンガー方程式

$$i\hbar\frac{\partial}{\partial t}|\psi(t)\rangle = H|\psi(t)\rangle \tag{2.160}$$

で与えられる [6]．H は古典力学で現れるハミルトニアンであり，ラグランジアンが $L(q_i, \dot{q}_i)$ と与えられた系では

$$H = p_i \dot{q}_i - L(q_i, \dot{q}_i) \tag{2.161}$$

である．ラグランジアンで記述される物理系のベクトルは，いつもこの形のシュレディンガー方程式に従う．

2.3.1 状態ベクトルの時間発展

座標表示を使い，状態を複素波動関数 $\psi(\boldsymbol{x}, t)$ で表そう．質量 m の粒子がポテンシャル $U(\boldsymbol{x})$ 中を運動する際に，複素波動関数 $\psi(\boldsymbol{x}, t)$ が従う波動方程式は

$$i\hbar \frac{\partial}{\partial t} \psi(\boldsymbol{x}, t) = H\psi(\boldsymbol{x}, t) \tag{2.162}$$

$$H = \frac{\boldsymbol{p}^2}{2m} + U(\boldsymbol{x}), \quad p = -i\hbar \frac{\partial}{\partial x} \tag{2.163}$$

である．ハミルトニアンは，ラグランジアンが $L(x_i, \dot{x}_i)$ と与えられた系では

$$H = p_i \dot{x}_i - L(x_i, \dot{x}_i) \tag{2.164}$$

である．ポテンシャル $U(\boldsymbol{x})$ 中でニュートンの運動方程式に従う質量 m の質点では，ラグランジアン，運動量，ハミルトニアンが

$$\begin{cases} L = \dfrac{m\dot{\boldsymbol{x}}^2}{2} - U(\boldsymbol{x}), \quad p_i = \dfrac{\partial L}{\partial \dot{x}_i} = m\dot{x}_i \\ H = p_i \dot{x}_i - L = \dfrac{p_i^2}{2m} + U(\boldsymbol{x}) \end{cases} \tag{2.165}$$

となる．また，一般座標を使う力学系で，力学変数を q_i，運動量を p_j とし，$H(q_i, p_j)$ をハミルトニアンとする．この力学系で，状態を表す波動関数 $\psi(q_i, p_j, t)$ の時間発展は，シュレディンガー方程式

$$i\hbar \frac{\partial}{\partial t} \psi(q_i, p_j, t) = H(q_i, p_j) \psi(q_i, p_j, t) \tag{2.166}$$

で決まる．ここで H はエルミート演算子であり，エルミート共役 (2.59) が $H^\dagger = H$ となる．演算子 $U(t)$ を

$$U(t) = \exp\left(\frac{H}{i\hbar} t \right) \tag{2.167}$$

と定義すると，方程式

$$i\hbar \frac{\partial}{\partial t} U(t) = H(q_i, p_j) U(t) \tag{2.168}$$

を満たすので，シュレディンガー方程式の時刻 t での解が

$$\psi(q_i, p_j, t) = U(t)\psi(q_i, p_j, 0) \tag{2.169}$$

と表せる．式 (2.59) より，エルミート共役 $U^\dagger(t)$ は

$$U^\dagger(t) = \exp\left(-\frac{H}{i\hbar}t\right) \tag{2.170}$$

となるので，明らかにユニタリティの条件

$$U^\dagger(t)U(t) = U(t)U^\dagger(t) = 1 \tag{2.171}$$

を満たしている．また，演算子 $U(t)$ や $U^\dagger(t)$ は

$$[U(t), H] = [U^\dagger(t), H] = 0 \tag{2.172}$$

のように，ハミルトニアンと交換し，初期条件と積の関係式

$$U(0) = 1, \quad U(t_1)U(t_2) = U(t_1 + t_2) \tag{2.173}$$

を満たしている．

2.3.2　運動方程式

2 つの状態 $|\psi_1\rangle$ と $|\psi_2\rangle$ ではさんだ 1 つの物理量 A の行列要素

$$\langle\psi_1(t)|A|\psi_2(t)\rangle \tag{2.174}$$

の時間依存性は，状態ベクトル $|\psi_1(t)\rangle$ と $|\psi_2(t)\rangle$ が従うシュレディンガー方程式から決まり，解 (2.169) を方程式 (2.174) に代入して，

$$\langle\psi_1(t)|A|\psi_2(t)\rangle = \langle\psi_1(0)|U^\dagger(t)AU(t)|\psi_2(0)\rangle \tag{2.175}$$

となる．

このように，時間に依存する行列要素で，時間に依存する部分を状態ベクトルに含ませる表示法をシュレディンガー表示という．シュレディンガー表示では，時間に依存する波動関数から様々な物理情報が引き出せる．

座標や運動量の期待値

$$\begin{cases} q_i(t) = \langle\psi(0)|U^\dagger(t)q_iU(t)|\psi(0)\rangle \\ p_i(t) = \langle\psi(0)|U^\dagger(t)p_iU(t)|\psi(0)\rangle \end{cases} \tag{2.176}$$

の時間微分は，

$$\begin{cases} \dfrac{d}{dt}\langle q_i(t)\rangle = \dfrac{1}{i\hbar}\langle\psi(0)|U^\dagger(t)[q_i,H]U(t)|\psi(0)\rangle \\ \dfrac{d}{dt}\langle p_i(t)\rangle = \dfrac{1}{i\hbar}\langle\psi(0)|U^\dagger(t)[p_i,H]U(t)|\psi(0)\rangle \end{cases} \tag{2.177}$$

となる．ここで，交換関係

$$\begin{cases} [q_i,H] = i\hbar\dfrac{\partial}{\partial p_i}H = i\hbar\dfrac{p_i}{m} \\ [p_i,H] = -i\hbar\dfrac{\partial}{\partial q_i}H = -i\hbar\dfrac{\partial U}{\partial q_i} \end{cases} \tag{2.178}$$

を代入して，期待値が満たす時間発展方程式

$$\begin{cases} \dfrac{d}{dt}\langle q_i(t)\rangle = \left\langle \dfrac{p_i(t)}{m} \right\rangle \\ \dfrac{d}{dt}\langle p_i(t)\rangle = -\left\langle \dfrac{\partial}{\partial q_i}U(t) \right\rangle \end{cases} \tag{2.179}$$

が得られる．この方程式は，古典力学の運動方程式に一致する．これをエーレンフェストの定理と呼ぶ．

2.3.3　シュレディンガー表示とハイゼンベルク表示

以上で示したシュレディンガー表示とは別の表示法を示そう．ここで行列要素 (2.174) は，

$$\langle\psi_1(0)|A_H(t)|\psi_2(0)\rangle, \quad A_H(t) = U^\dagger(t)AU(t) \tag{2.180}$$

と計算することができる．この場合，行列要素は同じであるが，状態ベクトルは時間に依存しないで，演算子が時間に依存することになる．この表示法をハイゼンベルク表示という．

ハイゼンベルク表示では，演算子の時間発展は，微分方程式

$$\begin{aligned} i\hbar\frac{\partial}{\partial t}A_H(t) &= i\hbar\frac{\partial}{\partial t}U^\dagger(t)AU(t) + U^\dagger(t)Ai\hbar\frac{\partial}{\partial t}U(t) \\ &= U^\dagger(t)[A,H]U(t) = [A_H(t),H] \end{aligned} \tag{2.181}$$

のように，演算子とハミルトニアンとの交換関係で与えられる．この微分方程式を，ハイゼンベルク方程式という．ハイゼンベルク表示では，演算子に関する微分方程式から様々な物理情報が引き出せる．ハイゼンベルク表示で，座標と運動量が従う運動方程式は，

$$\frac{d}{dt}q_{iH}(t) = \frac{p_{iH}(t)}{m}, \quad \frac{d}{dt}p_{iH}(t) = -\frac{\partial U(q_{iH})}{\partial q_{iH}(t)} \tag{2.182}$$

である．このように，正準交換関係は，演算子やその期待値に古典的な運動方程式を再現させている．

シュレディンガー表示では，状態ベクトルが時間発展を担い，演算子は時間によらない，逆にハイゼンベルク表示では，状態ベクトルが時間発展によらず，演算子が時間発展を担う．これらの中間に位置する表示もある．例えば，相互作用表示では，演算子が自由場の時間発展を担い，状態ベクトルは相互作用によって時間発展する．

2.3.4　定常状態

ハミルトニアンの固有状態は，

$$H\psi_E(q_i, p_j) = E\psi_E(q_i, p_j) \tag{2.183}$$

を満たす．ここで，ハミルトニアンがエルミート演算子であるので，エネルギー固有値 E は実数であり，異なる固有値に対応する固有状態は

$$\langle\psi_{E_1}|\psi_{E_2}\rangle = 0, \quad E_1 \neq E_2 \tag{2.184}$$

と直交する．このとき，時間に依存するシュレディンガー方程式 (2.166) は，簡単な形

$$i\hbar\frac{\partial}{\partial t}\psi_E(\boldsymbol{x}, t) = E\psi_E(\boldsymbol{x}, t) \tag{2.185}$$

となり，指数関数で時間 t に依存する解

$$\psi_E(\boldsymbol{x}, t) = \exp\left(\frac{E}{i\hbar}t\right)\psi_E(\boldsymbol{x}, 0) \tag{2.186}$$

となる．$\exp\left(\frac{E}{i\hbar}t\right)$ は力学変数によらないので，定常状態は時間が経過しても同じ状態である．定常状態は，様々な実験で直接測定にかかり，重要なはたらきをする．

固有値 E は，ハミルトニアン演算子の固有値であり，波動関数の振動数 ν と

$$\nu = \frac{E}{\hbar 2\pi} = \frac{E}{h} \tag{2.187}$$

のように，関係している．

定常状態の性質

定常状態は，時間が経過しても変化しない状態であり，

$$|\psi(\boldsymbol{x},t)|^2 = |\psi(\boldsymbol{x},0)|^2 \tag{2.188}$$

$$\frac{\partial}{\partial t}\int d\boldsymbol{x}\,\psi^*(\boldsymbol{x},t)O(x,\partial_x)\psi(\boldsymbol{x},t) = 0 \tag{2.189}$$

を満たす．これらの等式を満たすのは，任意の時刻における波動関数が未知の t の実関数 $\alpha(t)$ を使い

$$\psi(\boldsymbol{x},t) = e^{i\alpha(t)}\psi(\boldsymbol{x},0) \tag{2.190}$$

となるときに限られる．これを波動方程式に代入して得られる方程式

$$-\hbar\dot{\alpha}(t)\psi(\boldsymbol{x},0) = H\psi(\boldsymbol{x},0) \tag{2.191}$$

において，さらに両辺を $\psi(\boldsymbol{x},0)$ で割ると，等式

$$-\hbar\dot{\alpha}(t) = \frac{H\psi(\boldsymbol{x},0)}{\psi(\boldsymbol{x},0)} \tag{2.192}$$

が得られる．ここで，左辺は座標 $\boldsymbol{x}$ によらない数であり，右辺は t によらない数である．そのため，両辺がこれらの変数 $t, \boldsymbol{x}$ に依存しない定数である．いま，この定数を E とすると，この結果は

$$-\hbar\dot{\alpha}(t) = E = \frac{H\psi(\boldsymbol{x},0)}{\psi(\boldsymbol{x},0)} \tag{2.193}$$

となり，1 つの未定な定数 E をもつ 2 つの方程式

$$\alpha(t) = -\frac{E}{\hbar}t \tag{2.194}$$

$$H\psi(\boldsymbol{x},0) = E\psi(\boldsymbol{x},0) \tag{2.195}$$

が定常状態を表す方程式である．

非定常状態の例

異なるエネルギー E をもつ波動を複数重ね合わせた状態

$$\psi(\boldsymbol{x},t) = \sum_l a_l e^{-iE_l t}\psi_{E_l}(\boldsymbol{x},t) \tag{2.196}$$

は，定常状態ではない．例えば，2 つの状態の和

$$\psi(\boldsymbol{x},t) = a_1\psi_{E_1}(\boldsymbol{x},t) + a_2\psi_{E_2}(\boldsymbol{x},t) \tag{2.197}$$

は,

$$|\psi(\boldsymbol{x},t)|^2 = |a_1|^2|\psi_{E_1}(\boldsymbol{x},0)|^2 + |a_2|^2|\psi_{E_2}(\boldsymbol{x},0)|^2 \\ +a_1^* a_2 e^{-i(E_1-E_2)t}\psi_1(\boldsymbol{x},0)^*\psi_2(\boldsymbol{x},0) \\ +a_1 a_2^* e^{+i(E_1-E_2)t}\psi_1(\boldsymbol{x},0)\psi_2(\boldsymbol{x},0)^* \tag{2.198}$$

となり，時間に依存する確率をもつため，定常状態ではない．

2.3.5　保存量

ヤコビの恒等式を応用すると，保存量を扱うことができる．保存量は，時間とともに変化しない物理量であり，物理系の特徴的な性質を示す．そのため，保存量や，その性質を知ることによって，物理系の理解が進むことが多い．物理量が演算子となる量子力学では，保存量は時間に依存しない演算子となっている．あからさまには時間によらず，座標や運動量を通して時間に依存する性質をもつハイゼンベルク表示の物理量 A_H の時間変化は

$$\dot{A}_H = \frac{1}{i\hbar}[H, A_H] \tag{2.199}$$

となることから，右辺がゼロであるとき，すなわち

$$[H, A_H] = 0 \tag{2.200}$$

のとき，A_H は保存量である．また，これはシュレディンガー表示で

$$[H, A] = 0 \tag{2.201}$$

のとき実現する．このように，量子力学では交換関係を通して物理量の性質が決定される．

いま，A とは異なる B も保存量であるとし，交換関係

$$[H, B] = 0 \tag{2.202}$$

を満たすとしよう．A と B の 2 つの保存量があるとき，さらにもう 1 つの保存量があることがある．この第 3 の保存量として，交換関係 $[A, B]$ がある．これを示すのに，ヤコビの恒等式が応用される．H と A と B についてのヤコビの恒等式から

$$[H, [A, B]] = -[A, [B, H]] - [B, [H, A]] = 0 \tag{2.203}$$

となるため，A と B が H と交換するとき，$[A,B]$ も H と交換してやはり保存量となるが，$[A,B]$ は，性質の違いから，次の2つの場合に分類される．

(1) $[A,B]=0$

この場合，交換関係 $[A,B]$ は自明で0となるので，新たな保存量は導かれない．

(2) $[A,B]\neq 0$

この場合，交換関係 $[A,B]$ は A とも B とも異なる非自明なものである．一般には，新たな演算子 C と2つの係数 d_1，d_2 を使い

$$[A,B]=C+d_1A+d_2B \tag{2.204}$$

となる．このようにして，2つの保存量がある力学系で新たな保存量を見つけることができる．

交換関係の代数

いま，上の操作を繰り返し行い，考えている物理系がもつ保存量がすべてわかったとし，これらを，N 個の保存量 Q_i $(i=1,2,\cdots,N)$ であるとしよう．つまり，N 個の Q_i 以外には保存量はないとする．このとき，保存量の交換関係 $[Q_i,Q_j]$ は，Q_i の線形結合で，

$$[Q_i,Q_j]=\sum_k f_{ij}^k Q_k \tag{2.205}$$

と表される．ここで，f_{ij}^k はある定数である．

証明

背理法で証明する．そのため，上を否定し，

$$[Q_i,Q_j]=\sum_k f_{ij}^k Q_k+Z \tag{2.206}$$

となる N 個の Q_i 以外の Z が存在すると仮定すると，

$$[H,[Q_i,Q_j]]=\left[H,\sum_k C_{ij}^k Q_k+Z\right]=\left[H,\sum_k C_{ij}^k Q_k\right]+[H,Z]=[H,Z] \tag{2.207}$$

となり，Z も保存量となる．これは，N 個の保存量 Q_i $(i=1,2,\cdots,N)$ が系のすべての保存量であるとした仮定と矛盾することを示している．したがって，こういうことはありえず，

$$[Q_i, Q_j] = \sum_k f_{ij}^k Q_k \tag{2.208}$$

である．

交換関係の係数 f_{ij}^k は，N 個の保存量がもつ性質を決める重要な量であり，後で述べる角運動量では，f_{ij}^k は反対称テンソル ϵ_{ijk} $(i, j, k = 1, 2, 3)$ である．

例題 2.5　運動量

自由粒子では，運動量が保存することを示せ．

解　ハミルトニアンが

$$H = \frac{1}{2m}\boldsymbol{p}^2 \tag{2.209}$$

であり，運動量との間で交換関係 $[p_i, H] = 0$ を満たす．また，運動量の成分の交換関係は $[p_i, p_j] = 0$ である．よって，$\dot{p}_i = 0$ である．

ここで，運動量演算子の指数関数であるユニタリー演算子

$$U(\boldsymbol{a}) = e^{-i\frac{\boldsymbol{a}\cdot\boldsymbol{p}}{\hbar}} \tag{2.210}$$

は，交換関係 $[x_i, p_j] = i\hbar\delta_{ij}$ より

$$\begin{aligned}
&U(\boldsymbol{a})\psi(\boldsymbol{x})U(\boldsymbol{a})^{-1} \\
&= \psi(\boldsymbol{x}) + \frac{a_i}{-i\hbar}\left[p_i, \psi(\boldsymbol{x}) + \frac{a_i a_j}{2!}\left[\frac{p_i}{-i\hbar}, \frac{p_j}{-i\hbar}, \psi(\boldsymbol{x})\right]\right] + \cdots \\
&= \left[1 + a_i\frac{\partial}{\partial x_i} + a_i a_j\frac{\partial^2}{\partial x_i \partial x_j} + \cdots\right]\psi(\boldsymbol{x}) \\
&= \psi(\boldsymbol{x} + \boldsymbol{a})
\end{aligned} \tag{2.211}$$

と，座標 $\boldsymbol{x}$ を $\boldsymbol{a}$ だけ平行移動するはたらきをする．

2.3.6　ネーターの定理と保存量

解析力学で，力学変数の連続的な点変換に対して不変なラグランジアンで記述される力学系には，必ず保存量

$$Q^\alpha = \sum_{i,j} C_{ij}^\alpha p_j q_j,\ \alpha \text{ は } 1\sim A \text{ までの } 1 \text{ つ} \tag{2.212}$$

が存在する．

いまラグランジアン $L(q_i, \dot{q}_j)$ が，変数の連続変換

$$q_i(t) \to U_{ij} q_j(t) \tag{2.213}$$

に対して不変であるとする．

U_{ij} が δ_{ij} である場合は，変換は

$$q_i(t) \to \delta_{ij} q_j(t) = q_i(t) \tag{2.214}$$

となり，恒等変換1となる．次に，恒等変換1から無限小ずれた変換 U_{ij} を考える．この変換を，微小な A 個のパラメーター $\epsilon^\alpha, \alpha = 1, \cdots, A$ と適当な係数 C_{ij} を使い，

$$U_{ij} = \delta_{ij} + \epsilon^\alpha C_{ij}^\alpha \tag{2.215}$$

と表す．このとき力学変数は，

$$q_i(t) \to q_i(t) + \delta q_i(t) \tag{2.216}$$

$$\delta q_i(t) = \sum \epsilon^\alpha C_{ij}^\alpha q_j(t) \tag{2.217}$$

と変換され，ラグランジアンは，

$$\begin{cases} L\left(q_i + \delta q_i(t), \dfrac{d}{dt}(q_i + \delta q_i(t))\right) = L(q_i(t), \dot{q}_i(t)) + \delta L \\ \delta L = \dfrac{\partial L}{\partial q_i}\delta q_i + \dfrac{\partial L}{\partial \dot{q}_i}\delta \dot{q}_i = \dfrac{d}{dt}\dfrac{\partial L}{\partial \dot{q}_i}\delta q_i + p_i \delta \dot{q}_i \\ \quad = \dfrac{d}{dt}(p_i C_{ij}^\alpha q_j)\epsilon^\alpha \end{cases} \tag{2.218}$$

と変換される．ラグランジアンが変換に対して不変であるときは，任意のパラメーター ϵ^α に対して

$$\delta L = 0 \tag{2.219}$$

となる．これは，結果として

$$\frac{d}{dt}Q^\alpha = 0, \quad Q^\alpha = p_i C_{ij}^\alpha q_j \tag{2.220}$$

となり，Q^α が時間に依存しない保存量であることを示している．

量子論では，演算子は正準交換関係に従うが，位置座標と運動量が従う運動方程式は古典的な運動方程式に一致する．そのため，保存量 Q^α は，量子論でも保存量である．

Q^α がすべての保存量を含むと仮定すると，交換関係 $[Q^\alpha, Q^\beta]$ もやはり保存量であることより，これはある定数で

$$[Q^\alpha, Q^\beta] = \sum_\gamma f^{\alpha\beta\gamma} Q^\gamma \tag{2.221}$$

のように，Q^γ の線形結合になる．この関係式を，代数が閉じているという．また，保存量 Q^α は，式 (2.220) より，位置座標や運動量との間で交換関係

$$\frac{1}{i\hbar}[Q^\alpha, q_i] = C_{ij}^\alpha q_j \tag{2.222}$$

$$\frac{1}{\hbar}[Q^\alpha, p_i] = C_{ij}^\alpha p_j \tag{2.223}$$

を満たしている．上式の右辺は，位置座標が受ける微小変換量の傾き (2.217) に一致している．

なお，多粒子系や，波動や場が力学変数である一般の場合も，対応するハミルトニアンを使い，シュレディンガー方程式は，

$$i\hbar\frac{\partial}{\partial t}|\Psi(t)\rangle = H|\Psi(t)\rangle \tag{2.224}$$

と表せる．

2.4　第 4 原理：確率原理

2.4.1　複素ベクトル空間と確率

第 1 から第 3 までの 3 つの原理は，複素ベクトル空間における演算子とベクトルが満たす関係式や方程式（法則）である．第 4 原理は，ベクトル空間と自然現象とを結ぶ．各時刻での物体の位置や運動量の値が物理状態を決め，ものさし等で直接測定できる古典力学と異なり，量子力学では，ミクロな状態を直接観測するものさしは存在しない．そのかわり，2 つの状態間の遷移現象が観測される．つまり，各時刻での 1 つのベクトル（波動関数）が物理状態を決めるが，現象を決めるわけではない．1 つの波動関数と 1 つの自然現象が直接対応するわけではなく，1 つの状態から他の状態への変化や遷移が自然現象として発現する．この遷移は，2 つの状態ベクトルの内積から決まる確率に従っている．量子力学で普遍的な物理量は，波動関数から決定される確率である．2 つの物理状態 α, β に対応する 2 つのベクトル $|u_\alpha\rangle$, $|u_\beta\rangle$ の内積

$$f = \langle u_\alpha, u_\beta\rangle \tag{2.225}$$

は, 物理状態 α で他の物理状態 β が観測される確率振幅, または物理状態 α が物理状態 β に遷移する確率振幅である．ただし, ベクトルは $\langle\alpha|\alpha\rangle = 1$, $\langle\beta|\beta\rangle = 1$ と規格化されているとする．振幅は一般に複素数であり，直接観測されるわけではないが，振幅の絶対値の 2 乗

$$P = |f|^2 \tag{2.226}$$

が，この観測がなされる確率，または，この遷移が起きる確率となる．これを，**量子力学の確率原理**という．

何故，確率が観測値となるのかは，他の点では完全に論理的に体系だっている量子力学で最も不可思議な事柄であり，最もわかりにくい点でもある．しかし，今まで多くの物理学者が長年にわたり様々な実験を通して経験的に確かめた確率と現象の関係は，自然現象のすべてとつじつまがあっている．明らかに，これは他の事柄から導かれるものではない，つまり，原理である．この関係は長い間，確率解釈と呼ばれてきた．しかし，曖昧な**解釈**ではなく，自然の**原理**であることが明らかになった．量子力学の発端となった現象である，黒体輻射の分布，光電効果，原子の不連続スペクトルは，まさに確率に関する問題であった．

状態 α で状態 β を観測する確率を $P_{\alpha,\beta}$ とすると，確率として満たすべき条件は，正定値であり全確率が 1 であること，すなわち，

$$(1)\, P_{\alpha,\beta} \geq 0 \tag{2.227}$$

$$(2)\, \sum_{\beta} P_{\alpha,\beta} = 1 \tag{2.228}$$

である．例えば，状態 α で状態 β_1 か状態 β_2 を観測する確率は，

$$P_{\alpha,\beta_1} + P_{\alpha,\beta_2} \tag{2.229}$$

となる．このように，確率は必ず正であり，またすべてが起こりうる確率，すなわち全確率は 1 である．

いま，自然崩壊する放射性同位元素をたくさん集めて，観測するとする．これら放射性同位元素がすべて同じ状況にある場合，ある時刻に，どの原子が崩壊するのかがわかる方法や原理はあるだろうか？同じ元素の原子はすべて平等であるため，1 つのものを他と区別することや，その手段は存在しない．だから，どの原子が崩壊するか，誰にもわからない．しかし，各原子が崩壊する確率は，予測できる．

同様に，1 つの原子 A が，いろいろなモード

$$\begin{aligned} A &\to x_1 + x_2 + x_3 \\ &\to x_4 + x_5 + x_6 \\ &\to x_7 + x_8 + x_9 \\ &\to \cdots \end{aligned}$$

に崩壊する可能性をもつとする．$x_1, x_2, \cdots$ は，それぞれ異なる物理状態である．では，ある時刻に，どのモードの崩壊が起きるか，あらかじめ知る術や，後でそれを確認する術があるであろうか？ これも，存在しない．わかることは，原子の崩壊をたくさん観測したときの，それぞれのモードへの崩壊が起きる確率である．そして，この原子が崩壊しない確率は，1 から崩壊する全確率を差し引いて得られる．

例題 2.6　確率

2 つの独立事象が確率で記述されるために必要なことは何か？また，それぞれの確率が P_1，P_2 であるとき，どちらかの事象が起きる確率は両者の和である．

このとき，量子力学における確率原理が矛盾しないことを示せ．

解　2 つの独立事象が確率で記述されるためには，

1. 必ずどちらかが起きること
2. 両者を区別することが可能であり，片方が起きれば他方が起きないこと
3. どちらかが起きる確率，すなわち全確率は 1 である

が必要である．

確率原理の無矛盾性は，それぞれの事象の確率 P_i が次の関係式を満たすことである．

$$P_i \geq 0, \quad P_{i \text{ または } j} = P_i + P_j, \quad \sum_i P_i = 1 \tag{2.230}$$

遷移では，事象を表現するパラメーターは，エネルギー，運動量，等である．測定器は，通常これらの値を有限な分解能で測り，厳密な値を測るわけではない．この場合には，1 つの事象を 1 つのパラメーターで表し，2 重にカウントしないことが必要である．遷移に関与する状態の直交性は必要ではないが，完全性は必須である．エルミート演算子の異なる固有状態は，直交する．そのため，確率との関連は自明である．本書で頻繁に現れる波束状態は，運動量 P と位置 X の値で 1 つが規定され，直交はせずに，

$$\langle P_1, X_1 | P_2, X_2 \rangle \neq 0, \quad P_1 \neq P_2, X_1 \neq X_2$$

であるが，完全性の条件

$$\int \frac{dP\,dX}{2\pi} |P_1, X_1\rangle\langle P_1, X_1| = 1$$

を満たす．各事象を 2 重に数えなければ，異なる P や X の波束状態が直交しないことは条件 1 や 2 と相容れないわけではなく，矛盾しない．

2.4.2　確率密度と確率の流れ，演算子の期待値

式 (2.225) で，$\langle u_\beta|$ として位置ベクトルの固有状態 $\langle \boldsymbol{x}|$ を考えることにしよう．両ベクトルの内積

$$\psi(\boldsymbol{x},t) = \langle \boldsymbol{x}|\psi(t)\rangle \tag{2.231}$$

は，状態 $|\psi(t)\rangle$ で位置の固有状態 $\langle \boldsymbol{x}|$ が観測される確率振幅，つまり位置演算子に対応する測定器が観測する振幅である．測定器がない場合，この関数は状態ベクトルの座標表示であり，時刻 t と位置 $\boldsymbol{x}$ への依存性をあからさまに表している．そのため，これを波動関数と呼ぶこともある．

ボルンの確率解釈

ボルンの確率解釈で $\psi(\boldsymbol{x},t)$ の絶対値の 2 乗は，この状態で粒子を位置 $\boldsymbol{x}$ で観測する確率を示す [11]．量子力学の波動は，古典論の波とは大きく異なる．この違いは，極めて重要である．古典的な波の代表である電磁波の場合，電場 $\boldsymbol{E}(\boldsymbol{x},t)$ や磁場 $\boldsymbol{B}(\boldsymbol{x},t)$ は，時刻 t で位置 $\boldsymbol{x}$ における電場や磁場の強度を表す．これらは，同じ時刻で同じ場所に置いた，テスト電荷やテスト電流が感じる力として，クーロンの実験や，アンペアの実験から直接測定された．だから，電磁波はそれぞれの位置において，固有な値をもつ物理量である．このように，すべての古典波動は，直接観測可能である．

一方で，量子力学における $\psi(\boldsymbol{x},t)$ は，他のテスト粒子にはたらく力として直接測定されるわけではない．この粒子を $\boldsymbol{x}$ で観測する手段（装置）が（仮に）あったとしたら，その確率は $|\psi(\boldsymbol{x},t)|^2$ である．当然ながら，別の方法で測定したときの確率は，その装置に対応した $\langle u_\beta|$ を代入した式 (2.225) の絶対値の 2 乗である．これは，$\langle u_\beta|$ に依存する値であり，$|\psi(\boldsymbol{x},t)|^2$ に比例するわけではない．後で詳しく述べる，エンタングルメントや EPR 相関は，この事情を反映している．

全空間で 1 つの粒子がある場合の波動関数は，

$$\int d\boldsymbol{x}\, |\psi(\boldsymbol{x})|^2 = 1 \tag{2.232}$$

のように，全空間で 1 に規格化される．後で述べるように，確率密度 $\rho(\boldsymbol{x})$ と確率の流れ $\boldsymbol{j}(\boldsymbol{x})$ が，波動関数とその複素共役，ならびに，ある速度演算子 $\boldsymbol{v}$ を使い

$$\rho(\boldsymbol{x}) = |\psi(\boldsymbol{x})|^2 \tag{2.233}$$

$$\boldsymbol{j}(\boldsymbol{x}) = \psi(\boldsymbol{x})^* \boldsymbol{v} \psi(\boldsymbol{x}) \tag{2.234}$$

と表せ，連続の式

$$\frac{\partial}{\partial t}\rho(\boldsymbol{x},t)+\nabla\cdot\boldsymbol{j}(\boldsymbol{x})=0 \tag{2.235}$$

を満たしている．またこのとき，

$$\int d\boldsymbol{x}\,\boldsymbol{x}|\psi(\boldsymbol{x})|^2=\langle\boldsymbol{x}\rangle \tag{2.236}$$

は，この粒子の位置 $\boldsymbol{x}$ の平均値を表す．位置演算子 $\boldsymbol{x}$ に対応する仮想的な測定器があれば，各測定での値は，固有値の 1 つであり，その平均値は，式 (2.236) である．

位置 $\boldsymbol{x}$ と同様に，任意なエルミート演算子 H に対する

$$\langle\psi|H|\psi\rangle \tag{2.237}$$

は，この状態で演算子 H を観測したときの平均の値（期待値）である．H の固有状態

$$H|h\rangle=h|h\rangle \tag{2.238}$$

を使うことより，期待値は

$$\langle\psi|H|\psi\rangle=\langle\psi|h\rangle\langle h|H|h'\rangle\langle h'|\psi\rangle=\sum|\langle\psi|h\rangle|^2h \tag{2.239}$$

と表せる．これは，h についての分布関数が

$$P(h)=|\langle\psi|h\rangle|^2 \tag{2.240}$$

であることを示している．上の式 (2.239) で，h は実数であり，相異なる固有値に対する固有状態が直交すること，

$$\langle h|H|h'\rangle=h'\langle h|h'\rangle=h'\delta(h-h'),\quad h=\text{実数} \tag{2.241}$$

を使った．$\delta(h-h')$ は，2.2.3 項のデルタ関数である．

2.4.3　状態遷移と散乱振幅

時刻が $t=-\infty$ における状態 $|u_\beta^-\rangle$ が，$t=+\infty$ における状態 $|u_\alpha^+\rangle$ に遷移する現象は，散乱と呼ばれる．両状態の内積

$$S_{\alpha,\beta}=\langle u_\alpha^+|u_\beta^-\rangle \tag{2.242}$$

は，2 つの状態間の遷移を表す散乱振幅であり，ミクロな物理情報をマクロな方法で取り出す実験に対応する．ミクロな 2 つの状態は，短い時間に小さな領

域で相互作用し合う．この領域が，極めて微小な領域であっても，相互作用の影響は，$t \simeq \pm\infty$ でのマクロな領域の波動に現れる．その結果，ミクロな物質間の遷移効果はマクロな大きさの実験で観測にかかる．ところで，この両状態の間には，短距離での相関の効果と長距離での相関の効果がある．ド・ブロイ波長程度の極微な短距離相関の効果は，マクロな間隔には依存しないので，無限間隔として計算できる．ところが，系の大きさ程度かそれより長い長距離相関の効果は，系の大きさに依存する振る舞いを表す．2 つの成分があることは，近年になってわかってきた．

短距離相関の事象は，定常状態に基づいて調べられ，単位時間あたりの確率である遷移率で議論される．散乱の定常状態は，空間的に拡がっていて規格化できないが，空間の一部の有限領域を切り取ってしまうことにより，有限領域での扱いが適用できる．このようにして求められた平均化された単位時間あたりの遷移，つまり遷移率が**フェルミの黄金律**で求められた．この時間平均した確率は，短距離相関の事象に適用できるものであり，長距離相関の事象には使えない．一方，規格化状態間の遷移確率は，平均化なしに決まり，自然現象を決めている．有限な時間間隔 T における実験や測定が，遷移確率に関する基本問題解明の鍵となる．

規格化された状態での有限の時間 T と距離 L での状態遷移は，定常状態間の遷移とは異なる非定常状態間の遷移確率であり，長い間調べられていなかったが，筆者たちの最近の研究で明らかになった．確率原理に基づいて求められた遷移確率は，遷移率を比例係数とする時間に比例する項と，（近似的に）時間によらない定数項からなる．定数項は，今まで全く興味をもたれず，調べられていなかったが，遷移現象に効く．特に，量子論に関係する現代的な課題で極めて重要である．時間間隔に依存する遷移確率を $P(T)$ と表すと，$P(T) \ll 1$ で，T の 1 次関数

$$P(T) = \Gamma T + P^{(d)} \tag{2.243}$$

になる．傾き Γ は遷移率であり，$P^{(d)}$ は定数項である．

本書では，確率原理に基づいて，有限な T における遷移問題を明らかにする．遷移率とは独立な項 $P^{(d)}$ は，シュレディンガー方程式と確率原理から自然に導かれる．これは EPR 長距離相関と密接に関連する．一方，Γ はド・ブロイ波長で規定される短距離相関の，“フェルミの黄金律” で表される．この両者は，

全く異なる性質をもつ．そのため，$P^{(d)}$ の効果が，遷移現象の解析を今までのものから抜本的に変えることもある．これらの詳細は，II 巻の第 12 章以降で解説する．

自然現象における状態は必ず規格化され，測定や観測に無関係であると考えられる．自然現象は，その遷移確率に従って発現する．

測定装置全体に含まれる電子が各瞬間に平均 1 個以下である希薄電子ビームでは，電子のそれぞれは明確に規格化された波動関数で表される．このような特殊な 2 重スリット実験でのスクリーン上に現れる干渉パターンが，外村により観測され，図 2.1 が結果を示している [12]．ここで，白い点はスクリーン上で電子の信号が測定された位置を示し，事象数は (a)〜(e) の順に増加している．スクリーン上で測定される干渉のパターンが全事象数の増加で明確になっていくのがわかる．図 2.2 は光による同様な実験結果 [13] である．

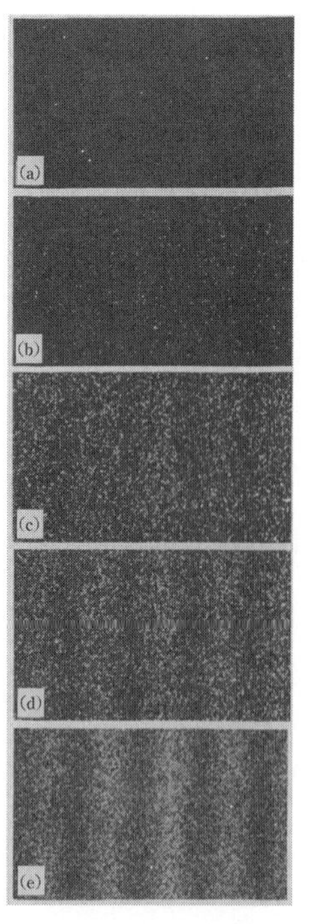

図 2.1　電子の確率の干渉（文献 [12] より転載）

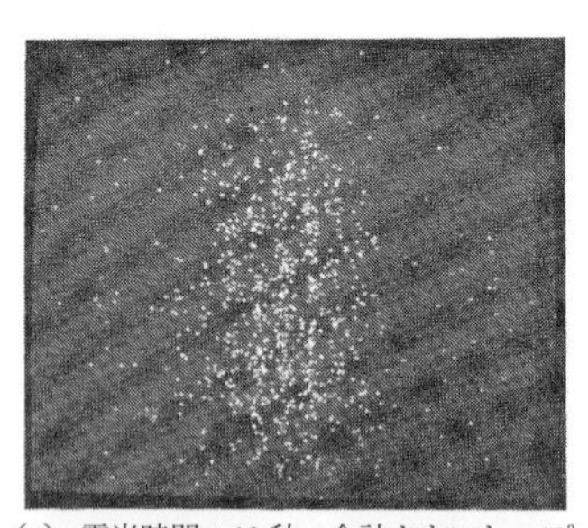

(a)　露光時間；10 秒，合計カウント；10^3

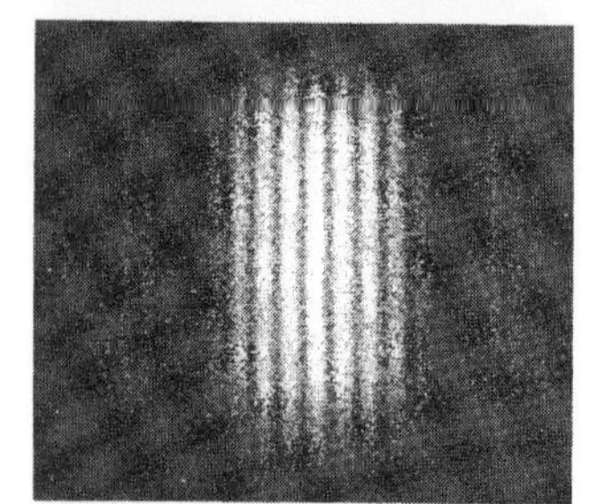

(b)　露光時間；10 分，合計カウント；6×10^4

図 2.2　光の実験（文献 [13] より転載）

数学的な必要条件である規格化条件は物理的に重要であり，物理状態ではいつも満たされていると考えられる．詳細は，II 巻の第 14，15 章で説明する．

密度行列

始状態と終状態の 2 状態で 1 つの組み合わせが決まる遷移振幅の代わりに，1 つの状態の演算子に対する期待値が議論されることがある．1 つの状態ベクトル $|\psi\rangle$ から定義される演算子 O の期待値は

$$\langle\psi|O|\psi\rangle \tag{2.244}$$

である．密度演算子

$$\rho = |\psi\rangle\langle\psi| \tag{2.245}$$

を使い，この期待値は

$$\mathrm{Tr}(\rho O) = \langle\psi|O|\psi\rangle \tag{2.246}$$

と表せる．この右辺は，O の固有値方程式 $O|o_n\rangle = o_n|o_n\rangle$ を満たす固有ベクトル $|o_n\rangle$ を使い，

$$\begin{aligned}\langle\psi|O|\psi\rangle &= \sum_n \langle\psi|O|o_n\rangle\langle o_n|\psi\rangle \\ &= \sum_n o_n|\langle\psi|o_n\rangle|^2\end{aligned} \tag{2.247}$$

と表される．期待値 (2.244) は，2 状態の内積 $\langle\psi|o_n\rangle$ の絶対値の 2 乗から決まる物理量である．

ここまで，質点の量子力学を念頭に置いて 4 つの原理を説明した．多くの質点からなる系や，多くの波からなる保存系の量子力学も，同じ 4 つの原理で構成される．量子力学の発端となった黒体輻射，光電効果，原子の放射・吸収では，光が直接関与した遷移現象における特異な性質に特徴があった．これは，1 つの状態で決まるのではなく，2 つの状態から決まる物理量であり，やはり 4 つの原理で記述される．

2.5　量子力学の 4 つの原理のまとめ

第 1 原理から第 3 原理までは，複素ベクトル空間で表されている．物理系や物理状態，力学変数の性質，状態ベクトルの時間発展は，複素ベクトル空間，

正準交換関係，波動方程式によって記述される．これらの特徴は，関係式や方程式は抽象空間や抽象ベクトルに関するものであり，物理量としての数（複素数，実数）は対応しないことである．状態ベクトルは，物理状態を表しているが，それ自身が MKSA 単位で規定される物理量ではない．しかしながら，2 つのベクトルの内積は，単純な複素数である．また，その絶対値の 2 乗は，実数である．これらから，MKSA 単位で規定される物理量が導かれる．この直接的な対応を示すのは，第 4 原理，**2 つの状態ベクトルの内積は，それらの物理系における（遷移）確率である，**というものである．現象の発現する頻度は，量子力学に固有の物理量である．

規格化された状態ベクトルは，確率原理にとって必須であるとともに，物理現象に影響を与える．遷移確率で，規格化に依存しないで定義される遷移率 Γ と異なり，補正項 $P^{(d)}$ は規格化状態で一意的に決まる．補正項には，古典的な運動方程式に直結しない性質も含まれる．

章末問題

問題 2.1　ヤコビの恒等式

N 個の物理量 Q_i $(i = 1, 2, \cdots, N)$ が，

$$\frac{\partial}{\partial t} Q_i = \frac{1}{i\hbar}[H, Q_i] = 0$$

を満たすとする．このとき，交換関係 $[Q_i, Q_j]$ も保存量であることを示せ．

問題 2.2　エーレンフェストの定理

運動方程式と交換関係から，量子力学の方程式を古典力学の運動方程式と関連づけよ．

問題 2.3　表示

シュレディンガー表示，ハイゼンベルク表示，中間表示（含む相互作用表示）を説明せよ．

問題 2.4　行列の対角化

パウリ行列

$$\sigma_3 = \begin{pmatrix} 1 & 0 \\ 0 & -1 \end{pmatrix}, \quad \sigma_2 = \begin{pmatrix} 0 & 1 \\ 1 & 0 \end{pmatrix}, \quad \sigma_2 = \begin{pmatrix} 0 & -i \\ i & 0 \end{pmatrix}$$

を対角化せよ.

問題 2.5　交換関係

交換関係に関する分配則

$$[A, BC] = [A, B]C + B[A, C]$$
$$[A, BC] = \{A, B\}C - B\{A, C\}$$

を証明せよ．ただし,

$$[A, B] = AB - BA$$
$$\{A, B\} = AB + BA$$

である.

また a_i と $a_j^\dagger$ の間に次の交換関係，ならびに b_i と $b_j^\dagger$ の間に次の反交換関係

$$[a_i, a_j] = [a_i^\dagger, a_j^\dagger] = 0, \quad [a_i, a_j^\dagger] = \delta_{ij}$$
$$\{b_i, b_j\} = \{b_i^\dagger, b_j^\dagger\} = 0, \quad \{b_i, b_j^\dagger\} = \delta_{ij}$$

が成立しているとする．このとき，分配則を繰り返し使うことにより，以下の 2 つの交換関係

$$[a_i^\dagger A_{ij} a_j, a_k^\dagger B_{kl} a_l] = a_i^\dagger [A, B]_{ij} a_j$$
$$[b_i^\dagger A_{ij} b_j, b_k^\dagger B_{kl} b_l] = b_i^\dagger [A, B]_{ij} b_j$$

を証明せよ.

問題 2.6　角度変数の交換関係

交換関係

$$[L_z, e^{i\theta}] = \hbar e^{i\theta} \tag{2.157}$$

が成り立つことを示せ.

問題 2.7　フーリエ級数とフーリエ変換

$-l \leq x \leq l$ で定義された関数 $f(x)$ がこの区間で連続であり，また $f(-l) = f(l)$ を満たし，かつ $f'(x)$ が不連続となる点が有限個しかない場合,

$$f(x) = \frac{a_0}{2} + \sum_{n=1}^{\infty} \left(a_n \cos \frac{n\pi}{l} x + b_n \sin \frac{n\pi}{l} x \right)$$

のように，フーリエ級数で表せる．このとき．次の関係を示せ．

(1)

$$a_m = \frac{1}{l}\int_{-l}^{l} f(x)\cos\frac{m\pi}{l}x\,dx$$
$$b_m = \frac{1}{l}\int_{-l}^{l} f(x)\sin\frac{m\pi}{l}x\,dx$$

(2)

$$\frac{1}{l}\int_{-l}^{l} dx|f(x)|^2 = \frac{a_o^2}{2} + \sum_l (a_l^2 + b_l^2)$$

(3) $f(x) = x^2$ であるとき，係数 a_0，a_l，b_l を求めよ．

問題 2.8　フーリエ級数とフーリエ変換

$-l \leq x \leq l$ で定義された関数 $f(x)$ がこの区間で連続であり，また $f(-l) = f(l)$ を満たし，かつ $f'(x)$ が不連続となる点が有限個しかない場合，

$$f(x) = \sum_{n=-\infty}^{\infty} (c_n e^{\frac{in\pi x}{l}})$$

とフーリエ級数で表せる．このとき，次の関係を示せ．

(1)

$$c_m = \frac{1}{2l}\int_{-l}^{l} f(x)e^{\frac{im\pi x}{l}}\,dx$$

(2)

$$\frac{1}{2l}\int_{-l}^{l} dx\,|f(x)|^2 = \sum_l c_l^2$$

(3) $l \to \infty$ の極限を考えて，

$$f(x) = \frac{1}{(2\pi)^{1/2}}\int_{-\infty}^{\infty} a(k)e^{ikx}\,dk$$
$$a(k) = \frac{1}{(2\pi)^{1/2}}\int_{-\infty}^{\infty} f(x)e^{-ikx}\,dx$$

を示せ．

3　1次元運動

本章から，具体的な物理系を考察する．前半では，主に第1から第3までの3つの原理を適用して，状態ベクトルの諸性質をシュレディンガー方程式に基づいて明らかにする．

まず，一直線上の粒子の運動から始めよう．波動関数は，時間と1つの空間座標で表される．1次元空間のシュレディンガー方程式は比較的やさしく，解析的に解ける場合もいくつかある．量子力学の特徴的な性質は，空間次元に無関係である．そのため，量子力学の原理的な面やシュレディンガー方程式の解法や解の性質を知るのに，1次元の問題を調べることは有益である．また，近年の目ざましい技術の進歩の結果，電子が1次元空間に閉じ込められた物理系を作成できるようになってきた．そのため，1次元シュレディンガー方程式で得られた結果を，直接実験的に検証することが可能である．

質量 m の粒子がポテンシャル $U(x)$ 中にあって1次元運動をする物理系の波動関数 $\psi(x,t)$ は，シュレディンガー方程式

$$i\hbar\frac{\partial}{\partial t}\psi(x,t) = H\psi(x,t) \tag{3.1}$$

$$H = \frac{p^2}{2m} + U(x), \quad p = -i\hbar\frac{\partial}{\partial x} \tag{3.2}$$

に従う．ここで，H は，この物理系の古典力学におけるハミルトニアンである．量子力学では，運動エネルギー $\frac{p^2}{2m}$，ポテンシャル $U(x)$，ハミルトニアンはエルミート演算子である．そのため，固有値は実数である．また，方程式 (3.1) の解は，時間によらない全確率

$$\int dx\,\rho(x,t) \tag{3.3}$$

をもつ．全確率が時間によらない定数であることは，確率密度 $\rho(x,t)$ と確率の

流れ $j(x,t)$ が，波動関数とその複素共役の積で

$$\rho(x,t) = \psi^*(x,t)\psi(x,t) \tag{3.4}$$

$$j(x,t) = \psi^*(x,t)\frac{-i\hbar}{2m}\frac{\partial}{\partial x}\psi(x,t) + \frac{-i\hbar}{2m}\frac{\partial}{\partial x}\psi^*(x,t)\psi(x,t) \tag{3.5}$$

となっていて，連続の式を満たすことよりわかる．実際，上のシュレディンガー方程式 (3.1) より，

$$\begin{aligned}
\frac{\partial}{\partial t}\rho(x,t) &= \frac{\partial}{\partial t}\psi^*(x,t)\psi(x,t) + \psi^*(x,t)\frac{\partial}{\partial t}\psi(x,t) \\
&= \frac{-1}{i\hbar}\left\{\frac{1}{2m}\left(-i\hbar\frac{\partial}{\partial x}\right)^2 + U(x)\right\}\psi^*(x,t)\psi(x,t) \\
&\qquad + \frac{1}{i\hbar}\psi^*(x,t)\left\{\frac{1}{2m}\left(-i\hbar\frac{\partial}{\partial x}\right)^2 + U(x)\right\}\psi(x,t) \\
&= \frac{-1}{i\hbar}\left\{\frac{1}{2m}\left(-i\hbar\frac{\partial}{\partial x}\right)^2\psi^*(x,t)\psi(x,t)\right. \\
&\qquad \left. +\psi^*(x,t)\frac{1}{2m}\left(-i\hbar\frac{\partial}{\partial x}\right)^2\psi(x,t)\right\}
\end{aligned} \tag{3.6}$$

$$\begin{aligned}
\frac{\partial}{\partial x}j(x,t) &= \frac{1}{i\hbar}\left\{\frac{1}{2m}\left(-i\hbar\frac{\partial}{\partial x}\right)^2\psi^*(x,t)\psi(x,t)\right. \\
&\qquad \left. +\psi^*(x,t)\frac{1}{2m}\left(-i\hbar\frac{\partial}{\partial x}\right)^2\psi(x,t)\right\}
\end{aligned} \tag{3.7}$$

となり，ポテンシャルとは無関係に連続の式

$$\frac{\partial}{\partial t}\rho(x,t) + \frac{\partial}{\partial x}j(x,t) = 0 \tag{3.8}$$

を満たす．連続の式は，まさに確率が保存することを示している．連続の式より，空間積分した全確率は

$$\frac{\partial}{\partial t}\int dx\,\rho(x,t) = -\int dx\,\frac{\partial}{\partial x}j(x,t) = -[j(x)]_{-\infty}^{\infty} = 0 \tag{3.9}$$

となり，時間によらない．ここで，十分遠方では $\psi = 0$ とする．

上の連続の式は，電荷密度と電流密度が満たす関係式と同じである．電磁気の場合には，ある場所における電荷密度の時間的な変化は，電荷の空間的な移動を伴うことを示す．量子力学の確率が同じ性質をもっている．

3.1　平面波

自由な粒子では，$U(x) = 0$ であり，波動方程式は

$$i\hbar\frac{\partial}{\partial t}\psi(x,t) = \frac{p^2}{2m}\psi(x,t) \tag{3.10}$$

であり，座標表示で

$$i\hbar\frac{\partial}{\partial t}\psi(x,t) = -\frac{\hbar^2}{2m}\left(\frac{\partial}{\partial x}\right)^2\psi(x,t) \tag{3.11}$$

となる．この方程式は線形であるので，方程式の 2 つの解 ψ_1 と ψ_2 の線形結合

$$\psi = c_1\psi_1 + c_2\psi_2 \tag{3.12}$$

は，やはり同じ方程式の解となる．

定常状態は，時間が経過しても変わらない状態であり，時間について指数関数型の波動関数

$$\psi(x,t) = \exp\left(\frac{Et}{i\hbar}\right)\psi(x,0) \tag{3.13}$$

で表される．ここで，座標の関数 $\psi(x,0)$ は，E をエネルギー固有値とする固有値方程式

$$-\frac{\hbar^2}{2m}\left(\frac{\partial}{\partial x}\right)^2\psi(x,0) = E\psi(x,0) \tag{3.14}$$

を満たす．E は，古典力学のエネルギーに対応する量子力学のエネルギーである．

3.1.1　進行波

ここで，方程式 (3.11) の特解として，平面波

$$\psi(x,t) = e^{-i\left(\frac{E}{\hbar}t-kx\right)} \tag{3.15}$$

の解を求めよう．式 (3.15) を波動方程式 (3.11) に代入して，エネルギーと運動量ならびに波数との関係

$$E = \frac{p^2}{2m}, \quad p = \hbar k \tag{3.16}$$

を得る．エネルギーが運動量の 2 乗に比例するのは，古典力学と等価である．この波で，位相の変化が一定であるのは，任意の定数 C に対して

$$\frac{E}{\hbar}t - kx = C \tag{3.17}$$

を満たす x と t である．これを解いて，x が t に比例して変化し，波が + 方向に進行することがわかる．さらに，波の振動数 ν と波長 λ は

$$\nu = \frac{E}{2\pi\hbar} = \frac{E}{h} \tag{3.18}$$

$$\lambda = \frac{2\pi}{k} \tag{3.19}$$

となり，アインシュタインの関係式とド・ブロイの関係式に一致する振動数や波長をもつ．なお，プランク定数の値 (1.33) より，波長の値は，例えば，電子や陽子が摂氏 27 度 (300 K) のエネルギー $E = \frac{3}{2}kT$ をもつ場合には，$k = 3.86 \times 10^{-3}\,\mathrm{eV/K}$，$c\hbar = 200 \times 10^{-15}\,\mathrm{MeVm}$ を代入して

$$\lambda = \frac{h}{p}, \quad p = \sqrt{2m\frac{3}{2}kT} = \sqrt{3mkT} \tag{3.20}$$

$$\lambda = \frac{h}{\sqrt{3mkT}} = \begin{cases} 10^{-9}\,\mathrm{m};\ \text{電子} \\ 2.2 \times 10^{-11}\,\mathrm{m};\ \text{陽子} \end{cases} \tag{3.21}$$

のように非常に小さな値になる．

平面波 (3.15) では，確率密度と流れは x や t に依存しない値

$$\rho(x,t) = 1 \tag{3.22}$$

$$j(x,t) = v, \quad v = \frac{p}{m} \tag{3.23}$$

であり，また，流れは速度に比例している．平面波は，エネルギー H と運動量 p の固有状態であり，

$$He^{-i\left(\frac{E}{\hbar}t-kx\right)} = \frac{p^2}{2m}e^{-i\left(\frac{E}{\hbar}t-kx\right)} \tag{3.24}$$

$$pe^{-i\left(\frac{E}{\hbar}t-kx\right)} = \hbar k e^{-i\left(\frac{E}{\hbar}t-kx\right)} \tag{3.25}$$

を満たす．平面波のエネルギーや運動量の固有値は古典粒子の値に一致し，運動量と速度の関係も古典粒子に一致する．自由粒子は，平面波で表され，エネルギーや運動量の固有値は，古典力学と同じ値をもっている．

縮退

エネルギーの式 (3.16) から，運動量が $+p$ の状態と $-p$ の状態は，同じエネルギーをもつ異なる状態である．$-$ 方向に進行する波

$$\psi(x,t) = e^{-i\left(\frac{E}{\hbar}t+kx\right)} \tag{3.26}$$

は，式 (3.15) の波と同じエネルギー $\frac{\hbar^2 k^2}{2m}$ をもつ．ただし，確率密度と流れが x や t に依存しない点は同じであるが，値は

$$\rho(x,t) = 1 \tag{3.27}$$

$$j(x,t) = -\frac{p}{m} \tag{3.28}$$

となり，流れの向きは逆である．

このように，自由な波には同じエネルギーをもつ複数の異なる状態が存在する．このことを縮退と呼び，同じエネルギーをもつ異なる状態の数を縮退度という．後で述べるように，縮退度は高次元空間ではより大きくなり，またエネルギーの値により変化する．

3.1.2 定在波

＋方向と－方向に進行する波は，同じエネルギーをもつ．そのためそれらの線形結合

$$\psi(x,t) = A_+ e^{-i\left(\frac{E}{\hbar}t+kx\right)} + A_- e^{-i\left(\frac{E}{\hbar}t-kx\right)} \tag{3.29}$$

も，やはり同じエネルギーをもっている．数係数 A_+ と A_- を変えると，波の性質は様々に変わる．2 つの係数が $A_+ = A_- = A$ と等しいとき，関数は

$$A_+\left\{e^{-i\left(\frac{E}{\hbar}t+kx\right)} + e^{-i\left(\frac{E}{\hbar}t-kx\right)}\right\} = 2Ae^{-i\frac{E}{\hbar}t}\cos kx \tag{3.30}$$

となり，また 2 つの係数が $A_+ = -A_- = A$ のとき，関数は

$$A_+\left\{e^{-i\left(\frac{E}{\hbar}t+kx\right)} - e^{-i\left(\frac{E}{\hbar}t-kx\right)}\right\} = -2iAe^{-i\frac{E}{\hbar}t}\sin kx \tag{3.31}$$

となる．これらは，時間に無関係に波動関数の値がゼロになる節をもつ定在波である．節の位置は，式 (3.30) で

$$x = \frac{\left(n+\frac{1}{2}\right)\pi}{k} \tag{3.32}$$

であり，式 (3.31) で

$$x = \frac{n\pi}{k} \tag{3.33}$$

となる．定在波の確率密度と確率の流れ密度は

$$\rho(x,t) = 4|A|^2\frac{1}{2}(1 \pm \cos 2kx) \tag{3.34}$$

$$j(x,t) = 4|A|^2 \frac{1}{2} \sin 2kx \tag{3.35}$$

となり，これらを波長より十分長い領域で平均した値は

$$\rho(x,t) = 4|A|^2 \frac{1}{2} \tag{3.36}$$

$$j(x,t) = 0 \tag{3.37}$$

である．密度の平均は一定であるが，局所的に + や − に変化する．全体としては流れないが，局所的には + や − に変化する流れがある．図 3.1 が確率密度，図 3.2 が確率の流れ密度を表す．

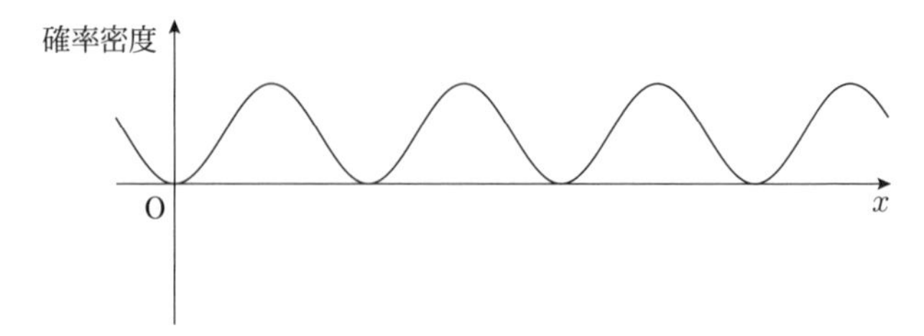

図 3.1　定在波の確率密度

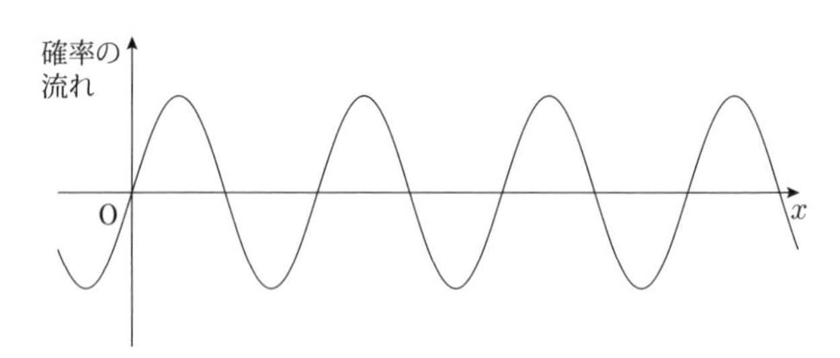

図 3.2　定在波の確率の流れ密度

有限系

次に，長さが有限である 1 次元系を考察しよう．有限の長さ a をもつ 1 次元系の場合，端がある．端で波動関数が満たす条件を境界条件という．境界条件は，波動方程式とは独立なものであり，物理系がどのように作成されたかによって決まる．以下に，境界で密度 $\rho(x,t)|_{x=\text{境界}}$ がゼロとなる固定端，流れ $j(x,t)|_{x=\text{境界}}$ がゼロとなる自由端，両端が連結されていて端がない周期境界条件，の 3 種類の境界条件を考察する．物理系で実現する波動は，同じ波動方程

式でも境界条件を変えると異なる．境界条件に応じて固有関数が決まる．この事情は，弦や膜における古典的な振動や，各種の波動現象で共通である．

固定端

固定された端では，密度 $\rho(x,t)|_{x=\text{境界}}$ がゼロとなる．そのため，波動関数がゼロとなる．よって，境界条件は

$$\psi(0) = \psi(a) = 0 \tag{3.38}$$

となる．

これを式 (3.29) に代入すると，

$$A_+ + A_- = 0 \tag{3.39}$$

$$A_+ e^{ika} + A_- e^{-ika} = A_+(2i \sin ka) = 0 \tag{3.40}$$

となるので，これらを満たすのは，特別な k の値

$$\sin ka = 0, \quad ka = n\pi, \quad n \text{ は整数} \tag{3.41}$$

に限られる．このとき，エネルギーは

$$E = \frac{p_n^2}{2m}, \quad p_n = \frac{\hbar\pi}{a} n \tag{3.42}$$

と飛びとびの値をとり，規格化された関数は

$$u_n(x) = \sqrt{\frac{2}{a}} \sin k_n x, \quad k_n = \frac{n\pi}{a} \tag{3.43}$$

となり，また内積が

$$(u_n, u_m) = \delta_{nm} \tag{3.44}$$

となる．これらを，固定端の場合のエネルギーの固有値と固有関数という．

この状況は，有限の長さの古典的な弦の振動で，定常状態では飛びとびの振動数をもつ固有振動が実現するのと同じである．この場合，図 3.3 のように両端が固定されているので，波長の半整数倍が弦の長さとなる．

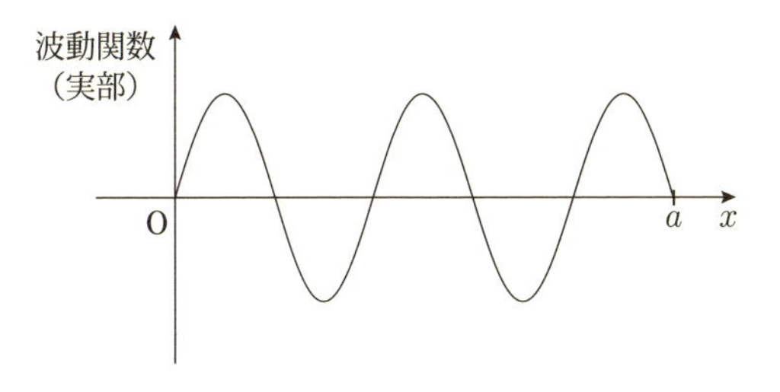

図 3.3　$x = 0$ と $x = a$ で固定端の波動関数

自由端

流れ $j(x,t)|_{x=\text{境界}}$ がゼロとなる自由端の場合では，波動関数の微分がゼロとなる．よって，境界条件は

$$\psi'(0) = \psi'(a) = 0 \tag{3.45}$$

である．

これを式 (3.29) に代入して，

$$A_+ - A_- = 0 \tag{3.46}$$

$$A_+ e^{ika} - A_- e^{-ika} = A_+(2i)\sin ka = 0 \tag{3.47}$$

となるので，これらを満たすのは，特別な k の値

$$\sin ka = 0, \quad ka = n\pi, \quad n \text{ は整数} \tag{3.48}$$

に限られる．このとき，エネルギーは

$$E = \frac{p_n^2}{2m}, \quad p_n = \frac{\hbar\pi}{a} n \tag{3.49}$$

のように飛びとびの値をとり，関数は

$$u_n = \sqrt{\frac{2}{a}} \cos k_n x, \quad k_n = \frac{n\pi}{a} \tag{3.50}$$

となり，内積は (3.44) に一致する．これらを，自由端の場合のエネルギーの固有値と固有関数という．

周期境界条件

$x = 0$ と $x = a$ がつながっている 1 次元系では，周期境界条件

$$\psi(x+a) = \psi(x) \tag{3.51}$$

が満たされ，図 3.4 のようになる．

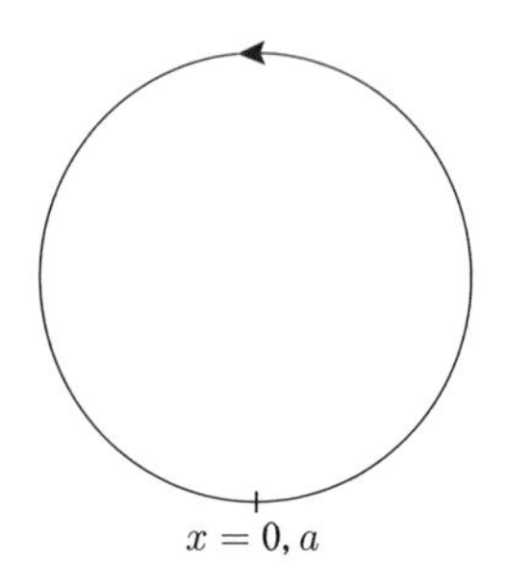

図 3.4　周期条件を満たす系

周期境界条件を式 (3.29) に代入すると

$$e^{ika} = 1 \tag{3.52}$$

となるので，これらを満たすのは，特別な k の値

$$ka = 2n\pi, \quad n \text{ は整数} \tag{3.53}$$

に限られる．このとき，エネルギーは

$$E = \frac{p_n^2}{2m}, \quad p_n = \frac{\hbar\pi}{a}2n \tag{3.54}$$

のように飛びとびの値をとり，関数は

$$u_n = \sqrt{\frac{1}{a}}e^{\pm ik_n x}, \quad k_n = \frac{n\pi}{2a} \tag{3.55}$$

となり，内積は (3.44) に一致する．これらを，周期境界条件の場合のエネルギーの固有値と固有関数という．この関数はさらに，運動量演算子の固有状態であり

$$pu_n = p_n u_n, \quad p_n = \hbar k \tag{3.56}$$

を満たしている．

それぞれの境界条件のもとで，固有関数が規格化直交系をなす．

3.2 波束

平面波は空間の全領域に拡がっているため，短距離相関の事象の記述には適するが，長距離相関の事象の記述には問題がある．また，有限の拡がりをもつ波が多くの自然現象で現れ，重要な役割を果たしている．このような自由な波は複数の平面波から構成され，波束と呼ばれる．重ね合わせの原理より，波動方程式 (3.11) の一般解は任意関数 $a(k)$ を使い，

$$\psi(x,t) = \int dk\, a(k) e^{-i\left\{\frac{E(k)}{\hbar}t - kx\right\}}, \quad E = \frac{\hbar^2 k^2}{2m} \tag{3.57}$$

と表せる．実際，この関数が波動方程式 (3.11) を満たすことは，

$$\begin{aligned}\left\{i\hbar\frac{\partial}{\partial t} + \frac{\hbar^2}{2m}\left(\frac{\partial}{\partial x}\right)^2\right\}\psi(x,t) &= \int dk\, a(k)\left\{E(k) - \frac{\hbar^2 k^2}{2m}\right\}e^{-i\left\{\frac{E(k)}{\hbar}t - kx\right\}} \\ &= 0\end{aligned} \tag{3.58}$$

と確認できる．波 (3.57) は異なるエネルギーを重ね合わせた関数であるので，当然のことながら定常状態ではない．だから，波動関数，確率密度，確率の流れは時間とともに変化する．

波束の特徴は，波動関数のノルムが規格化されて，空間積分が $\int_{-\infty}^{\infty} dx|\psi(x,t)|^2 = 1$ を満たしていることである．そのために，確率原理に基づいた遷移確率がきちんと決定され，自然現象の考察や実験との厳密な比較が行えるわけである．

平面波では，波動関数が規格化できないため，確率原理の厳密な適用は不可能であった．この問題は，量子力学の初期において，すでにディラックに認識されていた．ディラックは，力学との類推に基づいた計算法を示し，修正を行った．これは，無限領域の一部の有限領域を切り取って，その内部における確率の流れの平面波と相互作用のある系での比を使う方法である．これは，時間平均した確率であり，短距離力で相互作用している粒子の散乱での断面積の計算法に基づいている．量子力学においても遷移の粒子成分には適用できるが，波動成分には適用できない．よって，波束による遷移確率が，確率原理に基づいていることの意義は大きい．

3.2.1　最小波束

今，関数 $a(k)$ として，中心が k_0 で，拡がりが $\frac{1}{\sqrt{\alpha}}$ のガウス関数

$$a(k) = Ne^{-\alpha(k-k_0)^2}, \quad N = \left(\frac{\pi}{\alpha}\right)^{-1/4} \tag{3.59}$$

の場合を考察する．ガウス関数は $k = k_0$ で最大になり，$k \neq k_0$ でなめらかに変化して $k - k_0 \to \pm\infty$ で急速にゼロに近づく関数である．

関数 (3.57) は k の関数 (3.59) のフーリエ変換

$$\begin{aligned}\psi(x,t) &= \int dk\, Ne^{-\alpha(k-k_0)^2 - i\left(\frac{\hbar k^2}{2m}t - kx\right)} \\ &= \tilde{N}\exp\left\{-\frac{1}{4\left(\alpha - \frac{i\hbar t}{2m}\right)}(x - v_0 t)^2 - i\left(\frac{\hbar k_0^2}{2m}t - k_0 x\right)\right\}\end{aligned} \tag{3.60}$$

$$v_0 = \frac{p_0}{m}, \quad \tilde{N} = N\left(\frac{\pi}{\alpha - \frac{i\hbar t}{2m}}\right)^{1/2} \tag{3.61}$$

であり，$t = 0$ では

$$\psi(x,0) = N\left(\frac{\pi}{\alpha}\right)^{1/2}\exp\left(-\frac{1}{4\alpha}x^2 - ik_0 x\right) \tag{3.62}$$

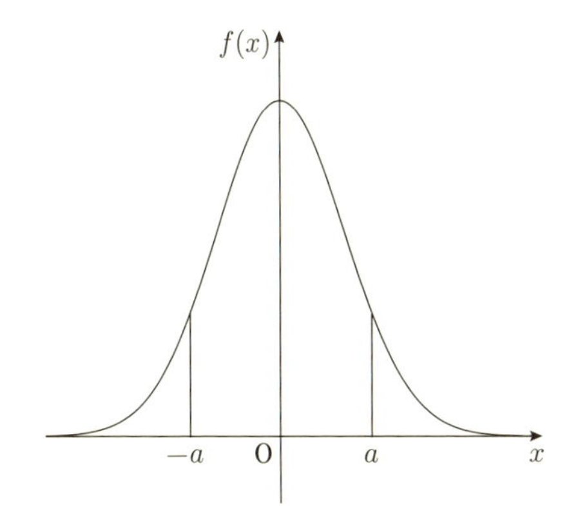

図 3.5 ガウス波束

となり，図 3.5 のように座標表示でもガウス型の関数の振幅となる．

次に，この関数の時間発展をおってみよう．

短い時間 t

$$\alpha \gg \frac{\hbar t}{2m} \tag{3.63}$$

となる早い時刻では，波動関数は

$$\psi(x,t) = \tilde{N} \exp\left\{-\frac{1}{4\alpha}(x - v_0 t)^2 - i\left(\frac{\hbar k_0^2}{2m}t - k_0 x\right)\right\} \tag{3.64}$$

$$v_0 = \frac{p_0}{m}, \quad \tilde{N} = N\left(\frac{\pi}{\alpha}\right)^{1/2} \tag{3.65}$$

となり，これは，速度 v_0 で移動する中心の周りに幅 $\sqrt{\alpha}$ で拡がった関数を表す．拡がり $\sqrt{\alpha}$ が小さいとき，波は速度 v_0 の小さな粒子として振る舞う．通常の実験は，この時間領域で行われる．この波動関数は，条件 $\psi(x,t+a) = e^{i\alpha}\psi(x,t)$ を満たさないので，定常状態ではない．時間の経過に伴う波束の変化は，$|\psi(x+v_0 d, t+d)| = |\psi(x,t)|$ を満たし，図 3.6 のように一様な速度で平行移動する波動関数を表している．波束を定在波で近似できるのか，この段階ではあまり確かではなく，後で進める具体的な計算を経て，わかることになる．

長い時間 t

$$\frac{\hbar t}{2m} \gg \alpha \tag{3.66}$$

となる極めて遅い時刻では，波動関数は

$$\psi(x,t) = \tilde{N} \exp\left\{-\frac{1}{4\frac{-i\hbar t}{2m}}(x - v_0 t)^2 - i\left(\frac{\hbar k_0^2}{2m}t - k_0 x\right)\right\} \tag{3.67}$$

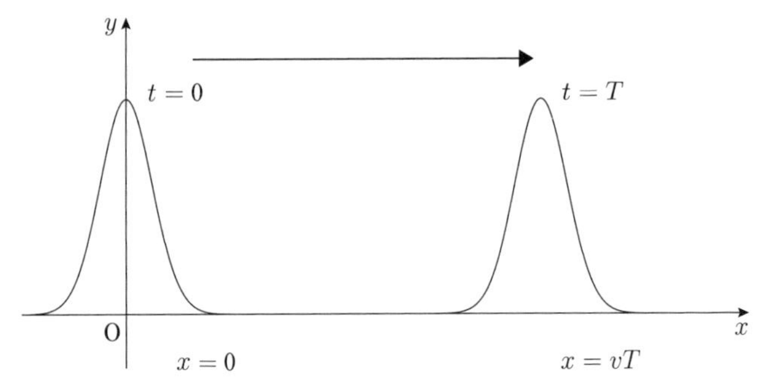

図 3.6　時間とともに移動する波束

$$v_0 = \frac{p_0}{m}, \quad \tilde{N} = N\left(\frac{\pi}{\frac{-i\hbar t}{2m}}\right)^{1/2} \tag{3.68}$$

のように，x についてゆっくりと振動する関数となる．振動の形から見積もられる波束の大きさは，時間に比例して

$$\frac{2\hbar t}{m} \tag{3.69}$$

で与えられ，徐々に大きくなる．

このようにガウス波束は，早い時刻では，波束の形を保ちながら時間とともに平行移動を行い，その後ゆっくりと波束が大きくなり，十分時間が経過した後では，十分拡がることになる．

3.2.2　不確定性関係

時刻 $t = 0$ における波動関数 (3.64) の座標の拡がり δx と運動量の拡がり δp は，

$$(\Delta x)^2 = \langle\psi|(x - \langle x\rangle)^2|\psi\rangle \tag{3.70}$$

$$(\Delta p)^2 = \langle\psi|(p - \langle p\rangle)^2|\psi\rangle \tag{3.71}$$

で計算される．両者の積は，

$$\Delta x\,\Delta p = \frac{\hbar}{2} \tag{3.72}$$

のように，幅 α に依存しない一定の値となる．だから，$\Delta x \to 0$ とすると $\Delta p \to \infty$ となり，逆に $\Delta p \to 0$ とすると $\Delta x \to \infty$ になる．両者が同時にゼロに近づくことはありえない．この等式は，x と p の交換関係に起源をもち，一般の波動関数の場合は，必ずしも等号が成立するわけではなく，等号か不等号が成立する．

一般的な不確定性関係

座標の拡がりと運動量の拡がりの積は，任意の関数で普遍的な不等式を満たしている．いま，x_0 と p_0 を x や p の平均値を示す定数として，

$$\langle\psi|x - x_0|\psi\rangle = 0 \tag{3.73}$$

$$\langle\psi|p - p_0|\psi\rangle = 0 \tag{3.74}$$

$$\langle\psi|\psi\rangle = 1 \tag{3.75}$$

とする．ここで，状態 ψ に任意のパラメーター s をもつ演算子 $\{x - x_0 + is(p - p_0)\}$ をかけた状態 $\varPsi$ のノルムを

$$f(s) = \langle\varPsi||\varPsi\rangle \tag{3.76}$$

$$\langle\varPsi| = \langle\psi|\{x - x_0 + is(p - p_0)\}, \quad |\varPsi\rangle = \{x - x_0 - is(p - p_0)\}|\psi\rangle \tag{3.77}$$

とおく．パラメーター s の実 2 次式 $f(s)$ は状態のノルムであるので，必ず正符号かゼロである．簡単のために

$$\tilde{x} = x - x_0, \quad \tilde{p} = p - p_0 \tag{3.78}$$

とおくと，

$$f(s) = \langle\psi|\tilde{x}^2|\psi\rangle + s^2\langle\psi|\tilde{p}^2|\psi\rangle + s\langle\psi| - i[\tilde{x}, \tilde{p}]|\psi\rangle \tag{3.79}$$

$$= \langle\psi|\tilde{x}^2|\psi\rangle + s^2\langle\psi|\tilde{p}^2|\psi\rangle + s\hbar$$

$$= \langle\psi|\tilde{p}^2|\psi\rangle\left(s + \frac{\hbar}{2\langle\psi|\tilde{p}^2|\psi\rangle}\right)^2 + \langle\psi|\tilde{x}^2|\psi\rangle - \frac{\hbar^2}{4\langle\psi|\tilde{p}^2|\psi\rangle} \tag{3.80}$$

となるので，$f(s)$ の最小値は

$$\langle\psi|\tilde{x}^2|\psi\rangle - \frac{\hbar^2}{4\langle\psi|\tilde{p}^2|\psi\rangle} \geq 0 \tag{3.81}$$

となる．これより，拡がりの積についての不等式

$$\sqrt{\langle\psi|\tilde{p}^2|\psi\rangle}\sqrt{\langle\psi|\tilde{x}^2|\psi\rangle} \geq \frac{\hbar}{2} \tag{3.82}$$

が成立することがわかる．この不等式を**ハイゼンベルクの不確定性関係**と呼ぶ．

ここで，ある s で状態 $|\Psi\rangle$ のノルムがゼロになるとき，等号が成立する．これはまた，ある s で

$$|\Psi\rangle = (\tilde{x} - is\tilde{p})|\psi\rangle = 0 \tag{3.83}$$

$$(x - isp)|\psi\rangle = (x_0 - isp_0)|\psi\rangle \tag{3.84}$$

となる場合である．これは微分方程式で

$$\left(x + s\frac{\partial}{\partial x}\right)\psi(x) = (x_0 - ip_0)\psi(x) \tag{3.85}$$

となり，さらにこの解は

$$\psi(x) = Ne^{-ip_0x - \frac{1}{2s}(x-x_0)^2} \tag{3.86}$$

となる．ここに得られた関数は，前節の関数 (3.64) に一致する．

3.2.3　一般の波束

では，上で見た，座標の拡がりと運動量の拡がりの積が最小値より大きくなる波束は，いかなる形をしているのだろうか？ ガウス波束に近いものでは，ガウス波束の $a(k)$ に適当な関数をかけた

$$a(k) = Ne^{-\alpha(k-k_0)^2}H_n(\sqrt{\alpha}(k-k_0)), \quad N = \left(\frac{\pi}{\alpha}\right)^{-1/4}C \tag{3.87}$$

を使うのが，1つの方法である．ここで C は任意の定数である．他の似た波束としては，$\frac{1}{\cosh ax}$ や $e^{-c|x|}$ がある．これらは最小波束ではないので，大きな不確定性関係 $\delta x^2\,\delta p^2 = (\frac{\pi}{2})^2$，$\delta x^2\,\delta p^2 = \infty$ を満たしている．後者で，不確定性関係が発散するのは，関数の微分が $x = 0$ で発散するためである．

3.3　井戸型ポテンシャル

この節からは，ポテンシャル中の質点の運動を考察する．最も簡単な全空間で一定な値をもつポテンシャル

$$U(x) = V_0 \tag{3.88}$$

の場合は，

$$H - V_0 \tag{3.89}$$

を新たなハミルトニアンとみなせば，自由場と完全に同じになる．もともと，

ポテンシャル U は，力 F が

$$F = -\frac{\partial}{\partial x}U(x) \tag{3.90}$$

となるように決定されている．ポテンシャルが一定のときは力を与えないので，波動関数が V_0 によらないのは当然のことである．次に，ポテンシャルが部分的に一定で，図 3.7 のように

$$U(x) = \begin{cases} 0, & x \leq 0 \\ -V_0, & 0 \leq x \leq a \\ 0, & a \leq x \end{cases} \tag{3.91}$$

である井戸型ポテンシャルを考察する．ポテンシャルは $x = 0$ と $x = a$ の 2 点で不連続である．ここでは，$V_0 > 0$ とする．この場合，力 F は

$$F = V_0\{\delta(x) - \delta(x - a)\} \tag{3.92}$$

となり，$x = 0$ で正方向に，$x = a$ で負方向に短距離の力がはたらく．このとき，古典力学では，位置と速度は**時間の連続関数**であり，$x = 0$ と $x = a$ の間で往復運動する解があり，量子力学では，**波動関数とその微分は時間と座標の連続関数**であり，$x = 0$ と $x = a$ の間で値をもつ波動関数の解が存在すると予想される．この解は，この有限領域で値をもち，$x \to \infty$ や $x \to -\infty$ で大きさがゼロとなる束縛状態である．

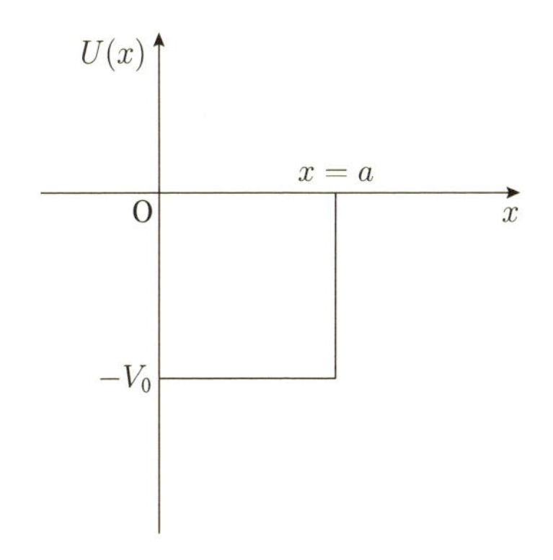

図 3.7 井戸型ポテンシャル

3.3.1 束縛状態

前節で，境界条件を満たす波動方程式のエネルギーが，飛びとびの値をとる例を見てきた．束縛状態は，境界条件

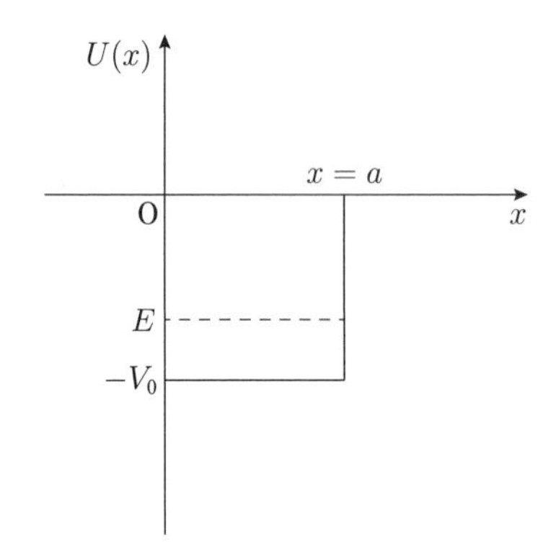

図 3.8　井戸型ポテンシャルにおける束縛状態

$$|\psi(x)| \to 0, \quad |x| \to \infty \tag{3.93}$$

を満たし，$\int dx|\psi(x)|^2$ が有限である．この場合も，エネルギーは飛びとびの値をとる．井戸型ポテンシャルの問題でこの束縛状態を求めるには，図 3.8 でのエネルギー E をもつ状態を求めればよい．それぞれの空間領域では，ポテンシャルが一定であるので，領域ごとにシュレディンガー方程式 (3.1) を解くのはやさしい．定常状態のシュレディンガー方程式

$$\left\{-\frac{\hbar^2}{2m}\left(\frac{d}{dx}\right)^2 + U\right\}\psi(x) = E\psi(x) \tag{3.94}$$

を書き換えると，

$$\left(\frac{d}{dx}\right)^2 \psi(x) = -\left\{\frac{2m\,(E-U)}{\hbar^2}\right\}\psi(x) \tag{3.95}$$

となるので，解はそれぞれの領域で

$$\psi(x) = e^{ik'x} \tag{3.96}$$

$$k' = \pm\frac{1}{\hbar}\sqrt{2m(E-U)}, \quad E - U > 0 \tag{3.97}$$

$$k' = \pm i\frac{1}{\hbar}\sqrt{(-)2m(E-U)}, \quad E - U < 0 \tag{3.98}$$

と求まる．

いま，エネルギーが $-V_0 < E < 0$ の範囲にある場合を考える．各領域での波動関数は，

$$
\psi(x) = \begin{cases} B_- e^{\frac{1}{\hbar}\sqrt{-2mE}x}, \quad x < 0 & (3.99) \\ A_+ e^{\frac{i}{\hbar}\sqrt{2m(E+V_0)}x} + A_- e^{-\frac{i}{\hbar}\sqrt{2m(E+V_0)}x}, \quad 0 < x < a & (3.100) \\ B_+ e^{-\frac{1}{\hbar}\sqrt{-2mE}x}, \quad a < x & (3.101) \end{cases}
$$

となる．ここで，$x < 0$ と $a < x$ で，収束する関数を選択した．係数 B_-, A_+, A_-, B_+ は未定の定数であり，関数が全領域で連続となる条件で決定される．$x = 0$ における関数の左極限と右極限は

$$
\psi(0 - \epsilon) = B_- \tag{3.102}
$$

$$
\psi(0 + \epsilon) = A_+ + A_- \tag{3.103}
$$

であり，関数の微分の左極限と右極限は

$$
\psi'(0 - \epsilon) = B_- \frac{1}{\hbar}\sqrt{-2mE} \tag{3.104}
$$

$$
\psi'(0 + \epsilon) = (A_+ - A_-)\frac{i}{\hbar}\sqrt{2m(E + V_0)} \tag{3.105}
$$

となる．また，$x = a$ で関数と関数の微分は

$$
\psi(a - \epsilon) = A_+ e^{\frac{i}{\hbar}\sqrt{2m(E+V_0)}a} + A_- e^{-\frac{i}{\hbar}\sqrt{2m(E+V_0)}a} \tag{3.106}
$$

$$
\psi(a + \epsilon) = B_+ e^{-\frac{1}{\hbar}\sqrt{-2mE}a} \tag{3.107}
$$

と

$$
\psi'(a - \epsilon) = \frac{i}{\hbar}\sqrt{2m(E + V_0)}\left\{A_+ e^{\frac{i}{\hbar}\sqrt{2m(E+V_0)}a} - A_- e^{-\frac{i}{\hbar}\sqrt{2m(E+V_0)}a}\right\} \tag{3.108}
$$

$$
\psi'(a + \epsilon) = -\frac{1}{\hbar}\sqrt{-2mE}B_+ e^{-\frac{1}{\hbar}\sqrt{-2mE}a} \tag{3.109}
$$

となる．よって，関数とその微分が連続である条件

$$
\psi(0 - \epsilon) = \psi(0 + \epsilon) \tag{3.110}
$$

$$
\psi'(0 - \epsilon) = \psi'(0 + \epsilon) \tag{3.111}
$$

$$
\psi(a - \epsilon) = \psi(a + \epsilon) \tag{3.112}
$$

$$
\psi'(a - \epsilon) = \psi'(a + \epsilon) \tag{3.113}
$$

に上の値を代入して，定数 B_+, B_-, A_+, A_- に関する斉次線形方程式

$$\left\{\begin{array}{l} B_- = A_+ + A_- \\ B_- \dfrac{1}{\hbar}\sqrt{-2mE} = (A_+ - A_-)\dfrac{i}{\hbar}\sqrt{2m(E+V_0)} \\ A_+ e^{\frac{i}{\hbar}\sqrt{2m(E+V_0)}a} + A_- e^{-\frac{i}{\hbar}\sqrt{2m(E+V_0)}a} = B_+ e^{-\frac{1}{\hbar}\sqrt{-2mE}a} \\ \dfrac{i}{\hbar}\sqrt{2m(E+V_0)}\left\{A_+ e^{\frac{i}{\hbar}\sqrt{2m(E+V_0)}a} - A_- e^{-\frac{i}{\hbar}\sqrt{2m(E+V_0)}a}\right\} \\ \qquad = -\dfrac{1}{\hbar}\sqrt{-2mE}B_+ e^{-\frac{1}{\hbar}\sqrt{-2mE}a} \end{array}\right. \tag{3.114}$$

が得られる．この式で，ゼロでない定数が存在するためには，係数に関する行列式がゼロになる必要がある．これより，E に対する関係式

$$\frac{\sqrt{(-E)(E+V_0)}}{2E+V_0} = \tan\sqrt{2m(E+V_0)a} \tag{3.115}$$

が満たされる必要がある．式 (3.115) を満たす E では，すべての定数がゼロになるわけではないが，他の値では，すべての定数がゼロになる．つまり，式 (3.115) を満たす E で方程式 (3.94) を満たす関数が存在し，他の E では $\psi = 0$ 以外の解は存在しない．方程式 (3.94) を満たすこの E が，エネルギー固有値である．

3.3.2　束縛状態のエネルギー

式 (3.115) を満たすエネルギー固有値 E は，ポテンシャルを決めるパラメーター V_0 と a で決まる．両辺のそれぞれをグラフで示した図 3.9 において，2 つの曲線の交点から E が求められる．

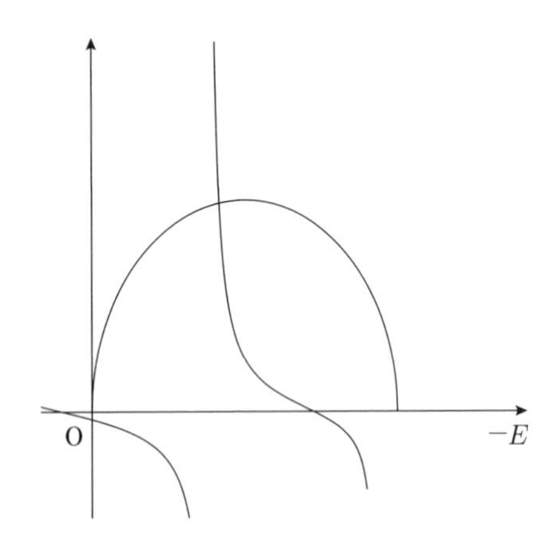

図 3.9　2 曲線の交点が固有値

3.4 箱型ポテンシャルによる散乱状態

原点から離れた領域ではポテンシャル (3.91) はゼロであり，波動関数は自由粒子のシュレディンガー方程式に従う．$|x|$ が大きな領域で自由な波動が入射し，ポテンシャルの影響を受けて，外に出ていく現象を散乱という．この状況では，入射波や散乱波は平面波

$$\psi(x) \approx e^{ipx}, \quad |x| \to \infty \tag{3.116}$$

で記述するのが，第 1 の方法である．当然ながらこの波動関数では，ノルム $\int dx\,|\psi(x)|^2$ は発散する．古典力学と量子力学共通に，$E > 0$ では質点が無限遠 $|x(t)| \to \pm\infty$ に到達できる．波動関数は，無限遠から飛来して無限遠に飛んでいく現象を表す．

もう 1 つの状況で，$\int dx\,|\psi(x)|^2$ が各時刻では収束している場合がある．これは異なる扱いになり，第 2 の方法として 3.6 節で考察される．

3.4.1 散乱状態

図 3.10 は，箱型ポテンシャルの場合の入射波，反射波，透過波を示している．

エネルギーが $0 < E$ の範囲にある場合，$|\psi(x)_{x\to\pm\infty}| \neq 0$ となり，無限遠方に到達する粒子に対応する．この場合，各領域での波動関数は，数係数 B_+, B_-, A_+, A_-, C_+, C_- をかけた

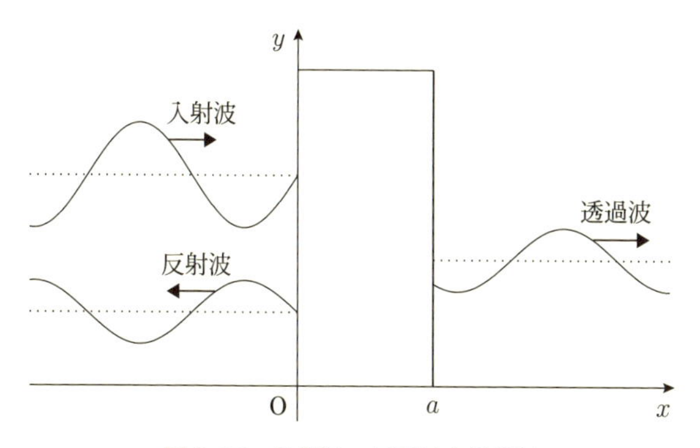

図 3.10 入射波，反射波と透過波

$$
\psi(x) = \begin{cases} B_+ e^{i\frac{1}{\hbar}\sqrt{2mE}x} + B_- e^{-i\frac{1}{\hbar}\sqrt{2mE}x}, \quad x < 0 & (3.117) \\ A_+ e^{\frac{i}{\hbar}\sqrt{2m(E+V_0)}x} + A_- e^{-\frac{i}{\hbar}\sqrt{2m(E+V_0)}x}, \quad 0 < x < a & (3.118) \\ C_+ e^{i\frac{1}{\hbar}\sqrt{2mE}x} + C_- e^{-i\frac{1}{\hbar}\sqrt{2mE}x}, \quad a < x & (3.119) \end{cases}
$$

となる．この波動関数で表される状態の確率密度は，

$$
\rho = \begin{cases} |B_+|^2 + |B_-|^2 + B_+ B_-^* e^{2i\frac{1}{\hbar}\sqrt{2mE}x} + B_- B_+^* e^{-2i\frac{1}{\hbar}\sqrt{2mE}x}, \quad x < 0 & (3.120) \\ |A_+|^2 + |A_-|^2 + A_+ A_-^* e^{2\frac{i}{\hbar}\sqrt{2m(E+V_0)}x} + A_- A_+^* e^{-2\frac{i}{\hbar}\sqrt{2m(E+V_0)}x}, \\ \qquad 0 < x < a & (3.121) \\ |C_+|^2 + |C_-|^2 + C_+ C_-^* e^{2i\frac{1}{\hbar}\sqrt{2mE}x} + C_- C_+^* e^{-2i\frac{1}{\hbar}\sqrt{2mE}x}, \quad a < x & (3.122) \end{cases}
$$

となる．ここで，この式の右辺の第3項，4項は x の振動関数であり，波長はミクロな大きさである．波長より十分長い適当な x の領域で平均すれば，ゼロになる．だから，確率密度は，右辺の第1項と2項で決まる

$$
\rho = \begin{cases} |B_+|^2 + |B_-|^2, \quad x < 0 & (3.123) \\ |A_+|^2 + |A_-|^2, \quad 0 < x < a & (3.124) \\ |C_+|^2 + |C_-|^2, \quad a < x & (3.125) \end{cases}
$$

となる．確率の流れに対しても，座標について振動する部分を取り除いて得られる，

$$
j = \begin{cases} |B_+|^2 \left(\dfrac{\sqrt{2E}}{m}\right) + |B_-|^2 \left(-\dfrac{\sqrt{2E}}{m}\right), \quad x < 0 & (3.126) \\ |A_+|^2 \left(\dfrac{\sqrt{2(E+V_0)}}{m}\right) + |A_-|^2 \left(-\dfrac{\sqrt{2(E+V_0)}}{m}\right), \quad 0 < x < a & (3.127) \\ |C_+|^2 \left(\dfrac{\sqrt{2E}}{m}\right) + |C_-|^2 \left(-\dfrac{\sqrt{2E}}{m}\right), \quad a < x & (3.128) \end{cases}
$$

となると考えてよい．右辺の第1項は，正方向に進行する波を表し，第2項は，負方向に進行する波を表すことがわかる．

次に，振幅を表す係数 B_+, B_-, A_+, A_-, C_+, C_- を前節と同じ方法で求めよう．簡単のために，$x = -\infty$ で正方向に振幅 1 の波が入射し，$x > 0$ では正方向に進行する波を求めよう．これは，条件

$$B_+ = 1, \quad C_- = 0 \tag{3.129}$$

を満たす解

$$\psi(x) = \begin{cases} e^{i\frac{1}{\hbar}\sqrt{2mE}x} + B_- e^{-i\frac{1}{\hbar}\sqrt{2mE}x}, \quad x < 0 & (3.130) \\ A_+ e^{\frac{i}{\hbar}\sqrt{2m(E+V_0)}x} + A_- e^{-\frac{i}{\hbar}\sqrt{2m(E+V_0)}x}, \quad 0 < x < a & (3.131) \\ C_+ e^{i\frac{1}{\hbar}\sqrt{2mE}x}, \quad a < x & (3.132) \end{cases}$$

である．

この解は，$-\infty$ から $+$ 方向に進む波 $e^{i\frac{1}{\hbar}\sqrt{2mE}x}$ が，ポテンシャルの影響で，反射して $-\infty$ にまで戻る成分 $B_- e^{-i\frac{1}{\hbar}\sqrt{2mE}x}$ と，透過して ∞ にまで達する成分 $C_+ e^{i\frac{1}{\hbar}\sqrt{2mE}x}$ に分かれる波を表している．反射する成分の振幅は B_- であり，透過する成分の振幅は C_+ である．これらの大きさは，入射する波の振幅 1 より小さく，入射した流れは必ず外向きに出ていく流れとなるので，式 (3.8) より，和が連続の式を満たし，

$$|B_-|^2 + |C_+|^2 = 1 \tag{3.133}$$

となることが期待される．

$x = 0$ の両側での関数の値は

$$\psi(0 - \epsilon) = 1 + B_- \tag{3.134}$$

$$\psi(0 + \epsilon) = A_+ + A_- \tag{3.135}$$

となり，関数の微分の値は

$$\psi'(0 - \epsilon) = (1 - B_-) i \frac{1}{\hbar}\sqrt{2mE} \tag{3.136}$$

$$\psi'(0 + \epsilon) = (A_+ - A_-) \frac{i}{\hbar}\sqrt{2m(E + V_0)} \tag{3.137}$$

となる．

また，$x = a$ の両側での関数の値は

$$\psi(a - \epsilon) = A_+ e^{\frac{i}{\hbar}\sqrt{2m(E+V_0)}a} + A_- e^{-\frac{i}{\hbar}\sqrt{2m(E+V_0)}a} \tag{3.138}$$

$$\psi(a+\epsilon) = C_+ e^{i\frac{1}{\hbar}\sqrt{2mE}a} \tag{3.139}$$

となり，関数の微分の値は

$$\psi'(a-\epsilon) = \frac{i}{\hbar}\sqrt{2m(E+V_0)}\left\{A_+ e^{\frac{i}{\hbar}\sqrt{2m(E+V_0)}a} - A_- e^{-\frac{i}{\hbar}\sqrt{2m(E+V_0)}a}\right\} \tag{3.140}$$

$$\psi'(a+\epsilon) = i\frac{1}{\hbar}\sqrt{2mE}C_+ e^{i\frac{1}{\hbar}\sqrt{2mE}a} \tag{3.141}$$

となる．関数とその1階微分が連続であるとき，これらが一致することから，

$$\begin{cases} 1 + B_- = A_+ + A_- \\ (1-B_-)i\frac{1}{\hbar}\sqrt{2mE} = (A_+ - A_-)\frac{i}{\hbar}\sqrt{2m(E+V_0)} \\ A_+ e^{\frac{i}{\hbar}\sqrt{2m(E+V_0)}a} + A_- e^{-\frac{i}{\hbar}\sqrt{2m(E+V_0)}a} = C_+ e^{i\frac{1}{\hbar}\sqrt{2mE}a} \\ \frac{i}{\hbar}\sqrt{2m(E+V_0)}\left\{A_+ e^{\frac{i}{\hbar}\sqrt{2m(E+V_0)}a} - A_- e^{-\frac{i}{\hbar}\sqrt{2m(E+V_0)}a}\right\} \\ \quad = i\frac{1}{\hbar}\sqrt{2mE}C_+ e^{i\frac{1}{\hbar}\sqrt{2mE}a} \end{cases} \tag{3.142}$$

のように，4つの等式が得られる．この方程式は，4つの未知数 B_-, A_+, A_-, C_+ の線形項と0次項を含む非斉次方程式であり，斉次方程式 (3.115) とは異なり，任意の $E(>0)$ の値でゼロでない解をもつ．つまり，$E>0$ では，どんな E の値でも解が存在する．ここで求めた解は，ポテンシャルの領域の外部から波を入射させた条件において，実現する全領域での波を示している．どんな E の値でも，対応する波がある．

3.4.2　散乱確率：透過率と反射率

等式 (3.142) から，B_- や C_+ を消去して係数 A_+ と A_- が満たす関係式，

$$A_+\left(1+\sqrt{1+\frac{V_0}{E}}\right) + A_-\left(1-\sqrt{1+\frac{V_0}{E}}\right) = 2 \tag{3.143}$$

$$\sqrt{1+\frac{V_0}{E}}\left\{A_+ e^{\frac{i}{\hbar}\sqrt{2m(E+V_0)}a} - A_- e^{-\frac{i}{\hbar}\sqrt{2m(E+V_0)}a}\right\}$$
$$= A_+ e^{\frac{i}{\hbar}\sqrt{2m(E+V_0)}a} + A_- e^{-\frac{i}{\hbar}\sqrt{2m(E+V_0)}a}$$

が得られる．これを解くと係数 A_+，A_- が

$$A_+ = 2\frac{1+\sqrt{1+V_0/E}}{(1+\sqrt{1+V_0/E})^2 - (1-\sqrt{1+V_0/E})^2 e^{2\frac{i}{\hbar}\sqrt{2m(E+V_0)}a}} \tag{3.144}$$

$$A_- = 2\frac{\left(-1+\sqrt{1+V_0/E}\right) e^{2\frac{i}{\hbar}\sqrt{2m(E+V_0)}a}}{\left(1+\sqrt{1+V_0/E}\right)^2 - \left(1-\sqrt{1+V_0/E}\right)^2 e^{2\frac{i}{\hbar}\sqrt{2m(E+V_0)}a}} \tag{3.145}$$

のように得られ，再度，式 (3.142) を使うと，係数 B_-, C_+ が

$$B_- = \frac{N_1}{D}, \quad C_+ = 4\frac{N_2}{D} \tag{3.146}$$

$$N_1 = -\frac{V_0}{E} + \left\{-1 + \sqrt{\left(1+\frac{V_0}{E}\right)}\right\} e^{2\frac{i}{\hbar}\sqrt{2m(E+V_0)}a}, \quad N_2 = \sqrt{1+\frac{V_0}{E}}$$

$$D = \left\{\left(1+\sqrt{1+V_0/E}\right)^2 - \left(1-\sqrt{1+V_0/E}\right)^2 e^{2\frac{i}{\hbar}\sqrt{2m(E+V_0)}a}\right\}$$

のように得られる．

反射率は $|B_-|^2$，透過率は $|C_+|^2$ であり

$$|B_-|^2 = \frac{|N_1|^2}{|D|^2}, \quad |C_+|^2 = 4\frac{|N_2|^2}{|D|^2} \tag{3.147}$$

となる．これらは

$$|N_1|^2 + 4|N_2|^2 = |D|^2 \tag{3.148}$$

を満たし，連続の式 (3.133) が成立していることを示している．

散乱行列

$x = \pm\infty$ の領域での関数形は $e^{\pm ipx}$; $p \geq 0$ で，全体で 4 通りの組み合わせがあり，これらが波動関数の境界条件を決めている．

$$\begin{cases} x = +\infty\,;\; e^{ipx},\; e^{-ipx} \\ x = -\infty\,;\; e^{ipx},\; e^{-ipx} \end{cases} \tag{3.149}$$

例えば，$x = -\infty$ から + 方向に平面波が入射したとき，$x = +\infty$ では − 方向に進む成分をもたないので，$\psi^+_{+\infty}(x,t)$ と表記すれば，

$$
\psi(x)^{+}_{+\infty} = \begin{cases} e^{i\frac{1}{\hbar}\sqrt{2mE}x} + B^{+-}_{+} e^{-i\frac{1}{\hbar}\sqrt{2mE}x}, & x < 0 \quad (3.150) \\ A^{++}_{+} e^{\frac{i}{\hbar}\sqrt{2m(E+V_0)}x} + A^{+-}_{+} e^{-\frac{i}{\hbar}\sqrt{2m(E+V_0)}x}, & 0 < x < a \quad (3.151) \\ C^{++}_{+} e^{i\frac{1}{\hbar}\sqrt{2mE}x}, & a < x \quad (3.152) \end{cases}
$$

である．入射波の強度を 1 としたときの反射波と透過波の強度から，反射率や透過率が式 (3.147) となる．逆に，$x = +\infty$ で $-$ 方向の波が入射したときの波動 $\psi^{-}_{+\infty}(x,t)$ は，

$$
\psi(x)^{-}_{+\infty} = \begin{cases} e^{-i\frac{1}{\hbar}\sqrt{2mE}x} + B^{--}_{-} e^{i\frac{1}{\hbar}\sqrt{2mE}x}, & x < 0 \quad (3.153) \\ A^{-+}_{+} e^{\frac{i}{\hbar}\sqrt{2m(E+V_0)}x} + A^{--}_{-} e^{-\frac{i}{\hbar}\sqrt{2m(E+V_0)}x}, & 0 < x < a \quad (3.154) \\ C^{--}_{+} e^{-i\frac{1}{\hbar}\sqrt{2mE}x}, & a < x \quad (3.155) \end{cases}
$$

である．他の組み合わせの関数も，同様に表せる．

次に波動関数の内積に基づいて，散乱の振る舞いをまとめよう．はじめに，$\psi^{+}_{+\infty}(x,t)$ と，$L_1 \leq x \leq L_2$ での自由な平面波 $\psi_{\text{free}}(x,t) = N_0 e^{-i\frac{p-\sqrt{2mE}}{\hbar}x}$ との内積を調べる．ここで，式 (3.152) における C^{++}_{+} を C_{in} と表す．

$$
S = \int_{L_1}^{L_2} dx\, \psi_{\text{free}}(x,t)^* \psi^{+}_{+\infty}(x,t) = \int_{L_1}^{L_2} dx N_0 e^{-i\frac{p-\sqrt{2mE}}{\hbar}x} C^{\text{in}}_{+} \tag{3.156}
$$

は，$\Delta L = L_2 - L_1$, $N_0 = \frac{1}{\Delta L}$ として，

$$
S = N_0 C^{\text{in}}_{+} \frac{1}{-i\frac{p-\sqrt{2mE}}{\hbar}} \left(e^{-i\frac{p-\sqrt{2mE}}{\hbar}L_2} - e^{-i\frac{p-\sqrt{2mE}}{\hbar}L_1} \right) \tag{3.157}
$$

$$
= N_0 C^{\text{in}}_{+} \frac{e^{-i\frac{p-\sqrt{2mE}}{\hbar}\frac{L_2+L_1}{2}}}{-i\frac{p-\sqrt{2mE}}{\hbar}} \left(2i \sin \frac{p-\sqrt{2mE}}{\hbar} \frac{\Delta L}{2} \right) \tag{3.158}
$$

となる．これより，確率は p に依存し

$$
P = |S|^2 = |N_0 C^{\text{in}}_{+}|^2 \frac{\left(2i \sin \frac{p-\sqrt{2mE}}{\hbar} \frac{\Delta L}{2} \right)^2}{\left(\frac{p-\sqrt{2mE}}{\hbar} \right)^2} \tag{3.159}
$$

となる．これらは，自由な波の流速との比較による前項の振幅 $|C_+|$ や，その 2 乗 $|C_+|^2$ と近いが，完全に一致するわけではない．

次に，$x=-L$ からの入射波 $\psi_{\rm in}(x,t)$ と $x=+L$ での散乱波 $\psi_{\rm out}(x,t)$ の内積は

$$\tilde{S}=\int_{-L}^{+L}dx\,\psi_{\rm out}(x,t)^*\psi_{\rm in}(x,t)=\int_{-L}^{0}dx\,\psi_{\rm out}(x,t)^*\psi_{\rm in}(x,t) \quad (3.160)$$
$$+\int_{0}^{a}dx\,\psi_{\rm out}(x,t)^*\psi_{\rm in}(x,t)+\int_{a}^{+L}dx\,\psi_{\rm out}(x,t)^*\psi_{\rm in}(x,t)$$

であるが，

$$\tilde{S}=\int_{-L}^{0}dx\left\{(B_-^{\rm out})^*B_-^{\rm in}+(B_-^{\rm out})^*e^{2i\frac{1}{\hbar}\sqrt{2mE}x}\right\} \quad (3.161)$$
$$+\int_{0}^{a}dx\,\psi_{\rm out}(x,t)^*\psi_{\rm in}(x,t)$$
$$+\int_{a}^{+L}dx\left\{(C_+^{\rm out})^*C_+^{\rm in}+C_+^{\rm in}e^{2i\frac{1}{\hbar}\sqrt{2mE}x}\right\}$$

となり，長さ $2L$ での平均値では

$$\frac{(B_-^{\rm out})^*B_-^{\rm in}+(C_+^{\rm out})^*C_+^{\rm in}}{2}+補正 \quad (3.162)$$

となる．最後の補正は，おおよそ $\frac{1}{L}$ である．

3.5 ポテンシャル中の運動

なめらかなポテンシャル中の定常状態の振る舞いを調べよう．

3.5.1 ポテンシャル 1

ポテンシャル

$$U=-\frac{U_0}{\cosh^2\alpha x} \quad (3.163)$$

は，図 3.11 のような関数である．

このもとで質量 m の質点が従う方程式は

$$\frac{d^2}{dx^2}\psi-\frac{2m}{\hbar^2}\left(E+\frac{U_0}{\cosh^2\alpha x}\right)\psi=0 \quad (3.164)$$

である．ここで，U_0 はポテンシャルの深さ，α はポテンシャルの拡がり，E は固有エネルギーを表す．

この方程式の $E<0$ の束縛状態は，解析的に解くことができる．変数を

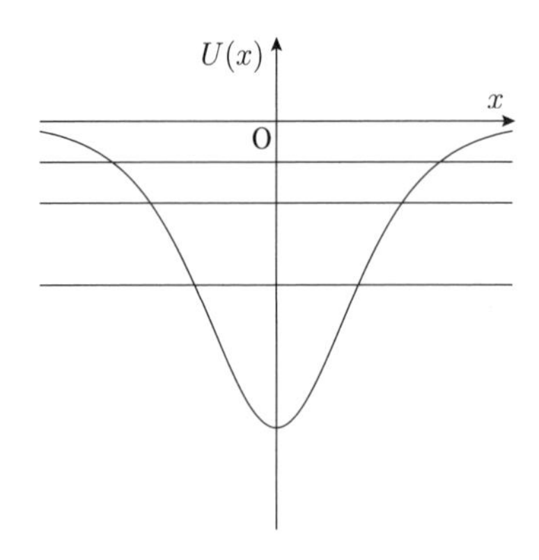

図 3.11　ポテンシャルの束縛状態

$$\xi = \tanh \alpha x \tag{3.165}$$

と変換すると，方程式は

$$\frac{d}{d\xi}\left\{(1-\xi^2)\frac{d}{d\xi}\psi\right\} + \left\{s(s+1) - \frac{\epsilon^2}{1-\xi^2}\right\}\psi = 0 \tag{3.166}$$

となる．ここで，新たなパラメーター

$$\epsilon = \frac{\sqrt{-2mE}}{\hbar\alpha}, \quad \frac{2mU_0}{\alpha^2\hbar^2} = s(s+1) \tag{3.167}$$

と

$$s = \frac{1}{2}\left(-1 + \sqrt{1 + \frac{8mU_0}{\alpha^2\hbar^2}}\right) \tag{3.168}$$

で方程式を表した．さらに，波動関数を

$$\psi = (1-\xi^2)^{\frac{\epsilon}{2}}\omega(\xi) \tag{3.169}$$

と変換して II 巻の付録 **D.6** の合流型の超幾何微分方程式

$$\begin{cases} u(1-u)\omega'' + (\epsilon+1)(1-2u)\omega' - (\epsilon-s)(\epsilon+s+1)\omega = 0 \\ u = \dfrac{1+\xi}{2} \end{cases} \tag{3.170}$$

が得られ，解が合流型の超幾何級数で

$$\begin{cases} \psi = (1-\xi^2)^{\frac{\epsilon}{2}} F\left[\epsilon - s, \epsilon + s + 1, \epsilon + 1, \dfrac{1-\xi}{2}\right] \\ E = -\dfrac{\hbar^2\alpha^2}{8m}\left\{-(1+2n) + \sqrt{1 + \dfrac{8mU_0}{\alpha^2\hbar^2}}\right\}^2 \end{cases} \tag{3.171}$$

と求まる．ここで，整数 n は $n \leq s$ を満たす正の数である．

この結果，束縛状態の数は $[s]$ 個であり，ポテンシャルの深さ U_0 と幅 $\frac{1}{\alpha}$ の積とともに増加する．大きい質量 m で，基底状態のエネルギー E_0 とエネルギーギャップ ΔE は

$$E_0 = -U_0 + \Delta E, \quad \Delta E = \frac{\hbar}{\sqrt{m}} \tag{3.172}$$

となる．エネルギーギャップは，大きな質量では，質量の平方根に反比例して小さくなる．波動関数の拡がりも，やはり質量の平方根に反比例する．

3.5.2 ポテンシャル 2

質点に近似的に一様な加速を与えるポテンシャルは

$$V(x) = \frac{V_0}{1 + e^{ax}} \tag{3.173}$$

である．これは，図 3.12 のように $x \to \pm\infty$ で定数

$$V(x) \to 0, \quad x = \infty \tag{3.174}$$

$$V(x) \to V_0, \quad x = -\infty \tag{3.175}$$

になり，有限な x の領域でなめらかに変化する関数である．もしも，パラメーター a が非常に小さいならば，有限な x でポテンシャルは座標の 1 次関数となり，一定の力を与える．

一定の力により加速される波束の変化を知るため，境界条件

$$\psi = \text{constant} \times e^{ik_1 x}; \quad x \to +\infty \tag{3.176}$$

を満たす解を求める．新たな変数 $\chi = -e^{-\alpha x}$ を導入して，方程式を書き換えると，超幾何微分方程式が得られる．この固有解は超幾何級数を使って表せ，

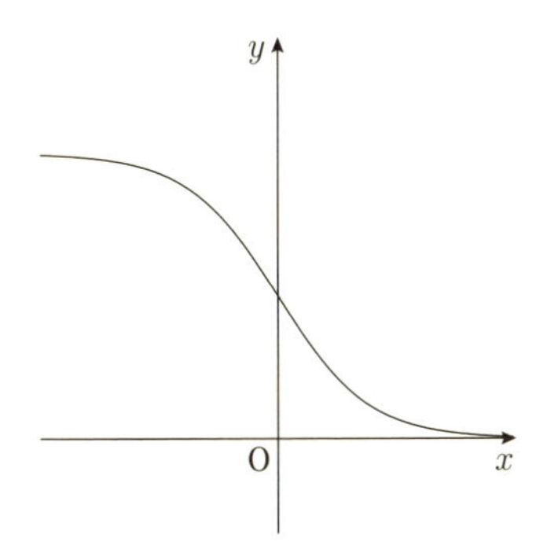

図 3.12 一様加速のポテンシャル

漸近形が

$$\psi = \chi^{\frac{-ik_0}{\alpha}} \left\{ C_1(-\chi)^{\frac{i(k_0-k_1)}{\alpha}} + C_2(-\chi)^{i(k_0+k_1)} \right\} \tag{3.177}$$

$$C_1 = \frac{\Gamma\left(\frac{-2ik_1}{\alpha}\right)\Gamma\left(1-2\frac{ik_2}{\alpha}\right)}{\Gamma\left(\frac{-i(k_1-k_2)}{\alpha}\right)\Gamma\left(1+\frac{-i(k_1-k_2)}{\alpha}\right)} \tag{3.178}$$

$$C_2 = \frac{\Gamma\left(\frac{2ik_1}{\alpha}\right)\Gamma\left(1-2\frac{ik_2}{\alpha}\right)}{\Gamma\left(\frac{i(k_1-k_2)}{\alpha}\right)\Gamma\left(1+\frac{i(k_1-k_2)}{\alpha}\right)} \tag{3.179}$$

$$\hbar k_2 = \sqrt{2m(E-U_0)}, \hbar k_1 = \sqrt{2mE} \tag{3.180}$$

と求まる．ここで，Γ はガンマ関数である．

3.6　ポテンシャルを通過する波束

平面波はノルムが発散して規格化されていないが，規格化した波束は，前節で見たように，有限な大きさをもち，近似的に粒子を表している．波束がポテンシャルを通過するとき，どのように変化するだろうか？ 具体的に，箱型ポテンシャルと，前節で解を求めたいくつかのポテンシャルで，波束の安定性を調べる．特に，加速したときの波束の変化を求めておくことは，応用の点からも重要である．

$\delta p \times \delta q$ を最小とする最小波束は，ポテンシャルの影響で非最小波束に変化するかどうかも興味深い問題である．$\delta p \times \delta q$ は，古典力学では断熱不変量であったが，波束では，どのように振る舞うのだろうか？

3.6.1　箱型ポテンシャル

幅 a で高さまたは深さ V_0 の箱型ポテンシャル (3.91) 中の波動関数から，波束の波動関数 ψ_{wp} は $x>0$ と $x<0$ で

$$\psi_{wp} = \int dk\, N(k)\{e^{ikx} + e^{-ikx}B_-(k)\}e^{-iEt}, \quad x \ll 0 \tag{3.181}$$

$$\psi_{wp} = \int dk\, N(k)\{e^{ikx}C_+(k)\}e^{-iEt}, \quad x \gg 0 \tag{3.182}$$

$$N(k) = N_1 e^{-\frac{(k-k_0)^2}{2\sigma}}, \quad N_1 = (2\sigma\pi)^{-1/4} \tag{3.183}$$

となる．これらの関数形は，数値的に求まる．最小波束で，$\delta x\,\delta p = \frac{\hbar}{2}$ である

不確定性関係は，散乱波や透過波では，わずかに大きな値となる [19].

3.6.2　一様な加速

一様な加速を近似的に示すポテンシャル (3.173) での波束は

$$\psi_{wp} = \int dk\, N(k)\chi^{\frac{-ik_0}{\alpha}} \left\{ C_1(-\chi)^{\frac{i(k_0-k_1)}{\alpha}} + C_2(-\chi)^{i(k_0+k_1)} \right\} \tag{3.184}$$

$$N(k) = N_1 e^{-\frac{(k-k_0)^2}{2\sigma}}, \quad N_1 = (2\sigma\pi)^{-1/4} \tag{3.185}$$

となる.

なお，式 (3.183) を代入したときの式 (3.181) や (3.184) の右辺第 1 項は速度 $\frac{\hbar k_0}{m}$ で，第 2 項は $-\frac{\hbar k_0}{m}$ で進む波束である．ポテンシャル中での波束の運動の詳細は，II 巻の第 14 章で調べる.

章末問題

問題 3.1　箱型ポテンシャル

箱型ポテンシャル

$$V(x) = \begin{cases} V_1, & x \le 0,\ x_1 \le x \\ 0, & 0 \le x \le x_1 \end{cases}$$

におけるエネルギー固有値と固有解を求めよ．次に，極限 $V_1 \to \infty$ での固有値と固有解を求めよ.

問題 3.2　周期的な箱型ポテンシャル

周期的な箱型ポテンシャル

$$V(x) = \begin{cases} V_0 & (Na < x < Na + b, N：\text{整数}) \\ 0 & (Na + b < x < (N+1)a) \end{cases}$$

中において，bV_0 を一定にして $b \to 0$ としたときの質量 M の質点の 1 次元運動を求めよ.

さらに，周期的に並んだポテンシャルでは，図 3.13 のように，1 体エネルギーが連続的な値をもつエネルギー領域と，固有値がないエネルギー領域に分かれることも示せ.

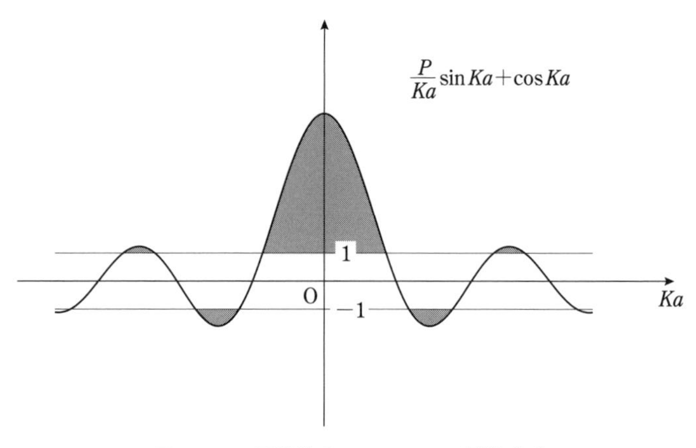

図 **3.13**　短距離ポテンシャルの周期配列

問題 3.3　一様な電場

なめらかな加速ポテンシャルでのシュレディンガー方程式を，超幾何級数を使って求めよ．また，階段ポテンシャル極限での関数や，傾きをゼロとする極限での関数形を求めよ．

問題 3.4　波束

波束の積分を $f(x) = e^{-\frac{|x|}{a}}$ で行え．

問題 3.5　ド・ブロイ波長

ド・ブロイ波長は

$$\lambda = \frac{h}{p} = \frac{2\pi\hbar c}{pc}$$

である．ここで，

$$\hbar c = 200\,\mathrm{MeV\,fm}, \quad \mathrm{fm} = 10^{-15}\,\mathrm{m}$$

と，電子質量 $m_{\mathrm{e}}c^2 = 0.5\,\mathrm{MeV}$ を代入して，速さ v が光速の半分の場合 (I)，光速の 10^{-5} 倍の場合 (II) について，ド・ブロイ波長を計算せよ．

問題 3.6　ポテンシャル

ポテンシャル

$$V(x) = -\frac{V_0}{\cosh^2 \alpha x}$$

中での粒子のエネルギー固有値と固有関数の式 (3.169) を使い，$\begin{cases} x \simeq 0 \\ x \simeq \infty \end{cases}$ での

波動関数の振る舞いを調べよ．

問題 3.7　縮退

1 次元シュレディンガー方程式の解について，下記を考察せよ．

(1) 束縛状態のエネルギー固有状態は，縮退していない．

(2) エネルギー連続状態には，縮退がある．

4 調和振動子

調和振動子は，k をばね定数とした 2 次式のポテンシャル

$$V = \frac{k}{2}(x - x_0)^2 + V_0 \tag{4.1}$$

で表される 1 次元の物理系である．ここで，k は正の値をとるばね定数であり，x_0 は振動の中心である．調和振動子は，簡単なポテンシャルでありながら様々な物理系において近似的に現れる．位置 x_0 で，質点が安定に静止しているならば，ポテンシャル $V(x)$ は極小になっていて

$$V'(x)|_{x=x_0} = 0 \tag{4.2}$$

である．したがって，x_0 の近傍では，ポテンシャルは近似的に

$$V(x) = V_0 + \frac{1}{2}V''(x_0)(x - x_0)^2 \tag{4.3}$$

のように，定数 $k = V''(x_0)$ の 2 次式で表せる．

安定点の近傍の領域では，物体はばね定数 k の微小振動を行う．微小振動の量子力学は，固有値や固有解をはじめ，解析的に，かつ厳密に解くことができる．また，一般の微小振動に拡張するのも比較的やさしい．本章では，1 次元調和振動子の量子論を考察する．

4.1 定常状態

簡単のために $x_0 = 0, V_0 = 0$ とし，質量を m とする．古典力学では，運動エネルギーは正定値である．そのため，全エネルギーがある値 E であるとき，

$$E = \frac{p^2}{2m} + \frac{k}{2}x^2 \tag{4.4}$$

となり，位置座標は有限な領域

$$|x| \leq x_1, \quad x_1 = \sqrt{\frac{2E}{k}} \tag{4.5}$$

に限られる．E の大きさが，領域の大きさを決めている．特に，原点に静止している $(x=0, p=0)$ 解のエネルギーは $E=0$ である．一般の解では，E はゼロか任意な正の値となる．

量子力学では，定常状態のエネルギーは，古典力学とは大きく異なる．定常状態の波動関数 $e^{\frac{Et}{i\hbar}}\psi(x)$ で，$\psi(x)$ はシュレディンガー方程式

$$\left(-\frac{\hbar^2}{2m}\frac{\partial^2}{\partial x^2} + \frac{k}{2}x^2\right)\psi(x) = E\psi(x) \tag{4.6}$$

に従う．図 4.1 に，ポテンシャルと波動関数の $x \to \infty$ での振る舞いを示した．$|x| \to \infty$ で必ず

$$E - \frac{k}{2}x^2 < 0 \tag{4.7}$$

となるので，波動関数は

$$\frac{\frac{\partial^2}{\partial x^2}\psi}{\psi} > 0 \tag{4.8}$$

となる．そのため，この波動関数は，$|x| \to \infty$ でゼロとなるか，発散する．後者は物理的に意味がないので除外する．つまり粒子は，無限遠領域では存在しない点で，古典力学と同じ性質をもつ．

しかし量子力学では，E の値が不連続な値に制限される．実際，規格化条件

$$\int_{-\infty}^{\infty} dx\, |\psi(x)|^2 < \infty \tag{4.9}$$

を満たす波動関数は，E が飛びとびの値となる．このように，エネルギーが連続である自由粒子とは異なる振る舞いが，調和振動子では現れる．

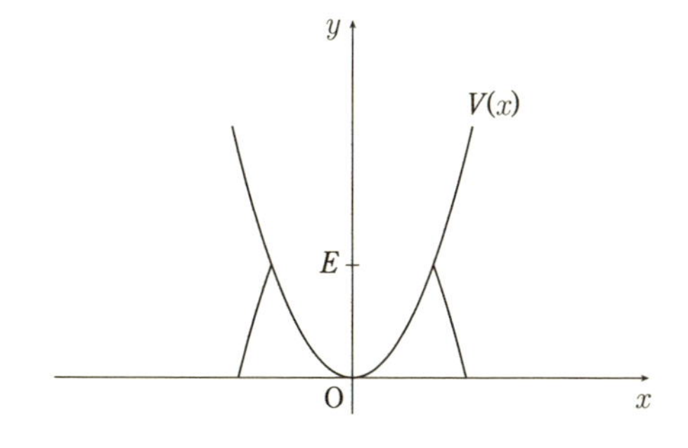

図 4.1　x とともに減少する波動関数

4.2　微分方程式の解法：エルミート多項式

微分方程式 (4.6) は，飛びとびの E で解をもち，この値を固有値，方程式を固有値方程式と呼ぶ．

4.2.1　漸近形

固有値方程式を解く前に，いくつかの関数の 2 階微分を計算してみよう．α や σ を定数とする指数関数では，

$$-\frac{\hbar^2}{2m}\frac{\partial^2}{\partial x^2}e^{-\alpha x} = -\frac{(\hbar\alpha)^2}{2m}e^{-\alpha x} \tag{4.10}$$

$$-\frac{\hbar^2}{2m}\frac{\partial^2}{\partial x^2}e^{-\sigma x^2} = \frac{\hbar^2\sigma}{m}e^{-\sigma x^2} - \frac{(2\hbar\sigma)^2}{2m}x^2 e^{-\sigma x^2} \tag{4.11}$$

となる．式 (4.10) より，関数 $e^{-\alpha x}$ は上の定常状態の固有値方程式 (4.6) の解にはなりえないことがわかる．しかし，式 (4.11) は，方程式 (4.6) におけるパラメーターが

$$k = \frac{(2\hbar\sigma)^2}{m}, \quad E = \frac{\hbar^2\sigma}{m} \tag{4.12}$$

であれば，方程式 (4.6) と同等な式となっている．つまり，関数

$$e^{-\sigma x^2}, \quad \sigma = \frac{\sqrt{m}k}{\hbar} \tag{4.13}$$

は，方程式 (4.6) の固有値が

$$E = \hbar\sqrt{\frac{k}{m}} \tag{4.14}$$

である固有関数である．この関数 $e^{-\sigma x^2}$ は非常になめらかで，無限遠で急激に小さくなる．後でわかるように，この状態は，最低のエネルギーをもつ基底状態である．また，励起状態は，有限な x でゼロとなる節をもつ固有関数である．このことは，図 4.2 に示した基底状態と第 1 励起状態の波動関数からよくわかる．

方程式 (4.1) の 1 つの特解がわかったので，次に一般解を求める．一般解は，漸近領域の振る舞い（漸近形）を変えないはずである．ここで，$f(x)$ を未知の関数として

$$\psi = f(x)e^{-\sigma x^2} \tag{4.15}$$

とおく．これを微分方程式 (4.6) に代入すると

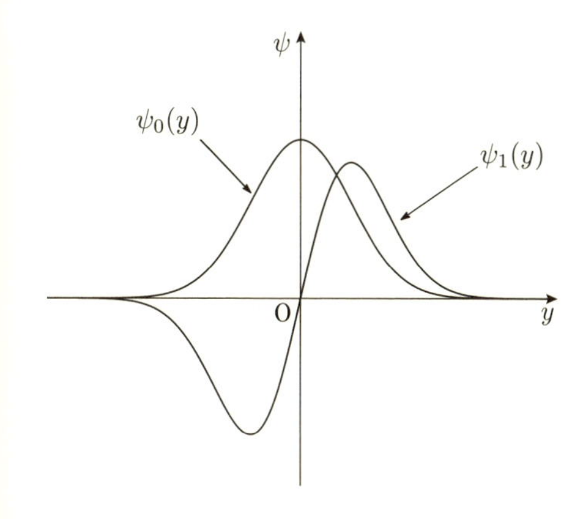

図 4.2　基底状態と第 1 励起状態の波動関数

$$\left\{f''(x) - 4\sigma x f'(x) - 2\sigma f(x) + \frac{2mE}{\hbar^2} f(x)\right\} e^{-\sigma x^2} = 0 \qquad (4.16)$$

が得られる．よって，$f(x)$ が微分方程式

$$f''(x) - 4\sigma x f'(x) + (\beta - 2\sigma) f(x) = 0, \quad \beta = \frac{2mE}{\hbar^2} \qquad (4.17)$$

を満たせばよいことがわかる．

4.2.2　エルミート多項式

方程式 (4.17) の解として，多項式

$$f(x) = \sum_{n=0}^{p} a_n x^n \qquad (4.18)$$

を仮定してみよう．係数 a_n は，今のところ未定であるが，この多項式が微分方程式 (4.17) を満たす条件で決まる．関数 $f(x)e^{-\sigma x^2}$ の漸近形は，$f(x)$ が有限次の多項式であれば $e^{-\sigma x^2}$ とほぼ同じである．

多項式の微分や 2 階微分

$$f'(x) = \sum_{n=1}^{p} n a_n x^{n-1} \qquad (4.19)$$

$$f''(x) = \sum_{n=2}^{p} n(n-1) a_n x^{n-2} \qquad (4.20)$$

を微分方程式に代入して，x に関する恒等式

$$\sum_n \{(n+2)(n+1)a_{n+2} + (\beta - 2\sigma - 4\sigma n)a_n\} x^n = 0 \qquad (4.21)$$

を得る．これが任意のxで成立するのは，係数に関する漸化式が成立するときである．よって，

$$(n+2)(n+1)a_{n+2}+(\beta-2\sigma-4\sigma n)a_n=0 \tag{4.22}$$

$$a_{n+2}=\frac{-\beta+2\sigma+4\sigma n}{(n+2)(n+1)}a_n \tag{4.23}$$

が得られる．この関係式では，解が多項式になる場合 (i) と，解が多項式にならずに無限級数になる場合 (ii) がある．

(i) 多項式

ある整数nで，係数がゼロであれば，$n+2$以上のベキの係数はすべてゼロになり，級数は多項式である．いま，ある整数n_0より大きいnでの係数がゼロ，すなわち

$$-\beta+2\sigma+4\sigma n_0=0 \tag{4.24}$$

となるとしよう．この場合，$a_n\neq 0,\ n\leq n_0$で$a_n=0,\ n\geq n_0+2$となるので，$f(x)$はn_0次の多項式である．これは，βが

$$\beta=4\sigma\left(n_0+\frac{1}{2}\right) \tag{4.25}$$

となる場合であり，このときエネルギーは

$$E=\frac{\hbar^2}{2m}4\sigma\left(n_0+\frac{1}{2}\right) \tag{4.26}$$

となっている．このエネルギーでは，波動関数の規格化条件 (4.9) が満たされている．この多項式をエルミート多項式と呼ぶ．

(ii) 無限級数

漸化式の分子がゼロとならないで

$$-\beta+2\sigma+4\sigma n\neq 0 \tag{4.27}$$

である場合では，すべての係数a_nがゼロではない．そのため，$f(x)$は多項式ではなく無限級数となる．この無限級数の性質は，十分大きなnでのa_nの振る舞いで決まる．nが十分大きいとき，漸化式は

$$a_{n+2}=\frac{-\beta+2\sigma+4\sigma n}{(n+2)(n+1)}a_n\to\frac{4\sigma}{n}a_n \tag{4.28}$$

となり，さらに係数が

$$a_{2n+2}=\frac{2\sigma}{n}a_{2n}=\frac{(2\sigma)^n}{n!}a_0 \tag{4.29}$$

と近似される．この結果，$f(x)$ は

$$f(x) = \sum_n \frac{(2\sigma)^n}{n!} a_0 x^{2n} = a_0 e^{2\sigma x^2} \tag{4.30}$$

のように指数関数となり，$\psi(x)$ も

$$\psi(x) = f(x) e^{-\sigma x^2} = a_0 e^{\sigma x^2} \tag{4.31}$$

のように，やはり指数関数となる．しかもこの指数関数は，$x \to \pm\infty$ の領域で発散する．そのため，規格化条件 (4.9) は満たされない．

結局，規格化条件 (4.9) を満たすのは，エネルギー E が式 (4.26) となる場合に限られる．この値がエネルギー固有値であり，そのときの関数が固有関数である．エネルギー固有値は，等間隔の飛びとびの値に限られる．有限の長さの 1 次元系の自由粒子の値 (3.42) とは，少し異なる．

4.3 代数的方法

固有関数や固有値は，交換関係を使うと簡単に求めることができる．

4.3.1 生成・消滅演算子

まず，定常状態の方程式 (4.6) を，無次元の変数 y

$$y = \alpha x, \quad \alpha = \frac{(mk)^{1/4}}{\hbar^{1/2}} \tag{4.32}$$

で表そう．無次元変数で表すと，固有値方程式は見通しの良い形

$$\left(-\frac{\partial^2}{\partial y^2} + y^2\right)\psi = \beta\psi, \quad \beta = 2\sqrt{\frac{m}{k}}\frac{E}{\hbar} \tag{4.33}$$

になる．この式は，微分を含む項による因数分解の形

$$\left(-\frac{\partial}{\partial y} + y\right)\left(\frac{\partial}{\partial y} + y\right)\psi = (\beta - 1)\psi \tag{4.34}$$

で書ける．さらに，簡単な交換関係

$$[a, a^\dagger] = 1 \tag{4.35}$$

を満たす新たな互いに共役な演算子

$$a^\dagger = \frac{1}{\sqrt{2}}\left(-\frac{\partial}{\partial y} + y\right), \quad a = \frac{1}{\sqrt{2}}\left(\frac{\partial}{\partial y} + y\right) \tag{4.36}$$

を使うことによって，固有値方程式は

$$\beta\psi = (2a^\dagger a + 1)\psi \tag{4.37}$$

となる．

β の固有値は $a^\dagger a$ で決まり，これが満たす交換関係

$$[a, a^\dagger a] = a, \quad [a^\dagger, a^\dagger a] = -a^\dagger \tag{4.38}$$

と，交換関係 (4.35) を使うことにより，この固有値と固有関数は以下のように簡単に求められる．

β の固有状態

$$(2a^\dagger a + 1)\psi_{\beta_0} = \beta_0\psi_{\beta_0} \tag{4.39}$$

に a や $a^\dagger$ をかけた状態は，やはり固有状態であり，

$$\begin{cases} (2a^\dagger a + 1)a\psi_{\beta_0} = (\beta_0 - 2)a\psi_{\beta_0} \\ (2a^\dagger a + 1)a^\dagger\psi_{\beta_0} = (\beta_0 + 2)a^\dagger\psi_{\beta_0} \end{cases} \tag{4.40}$$

となる．このように，a や $a^\dagger$ は，固有値を 2 上げたり下げたりする演算子である．そのため，a は消滅演算子，$a^\dagger$ は生成演算子と呼ばれる（または，昇降演算子と呼ばれる）．

規格化された状態 ψ_β では，$\langle\psi_{\beta_0}|\psi_{\beta_0}\rangle = 1$ であり，

$$\beta = \langle\psi_\beta|(2a^\dagger a + 1)\psi_\beta\rangle = 2|a|\psi\rangle|^2 + 1 > 0 \tag{4.41}$$

であるので，β は必ず正の符号である．

以上のことから，最低の固有値 β_0 は，より低い固有値がない基底状態であり，

$$a\psi_{\beta_0} = 0 \tag{4.42}$$

を満たす．このとき，

$$(2a^\dagger a + 1)\psi_{\beta_0}\rangle = |\psi_{\beta_0}\rangle \tag{4.43}$$

のように，β の固有値が 1 であることがわかる．

ここで，エルミート演算子

$$\tilde{n} = a^\dagger a \tag{4.44}$$

の性質をまとめておこう．$\tilde{n}$ の固有値は整数であり，固有状態

$$\tilde{n}|n\rangle = n|n\rangle \tag{4.45}$$

は，基底状態

$$a|0\rangle = 0 \tag{4.46}$$

$$\tilde{n}|0\rangle = 0 \tag{4.47}$$

から構成される．$a^\dagger$ は n の値を 1 上げる生成演算子であるので，未定である定数 N で，

$$a^\dagger|n\rangle = N|n+1\rangle \tag{4.48}$$

と表せる．規格化定数 N は，状態の規格化

$$\langle n|aa^\dagger|n\rangle = |N|^2\langle n+1|n+1\rangle = |N|^2 \tag{4.49}$$

と，交換関係 $[a, a^\dagger] = 1$ から決まる左辺の値

$$\langle n|aa^\dagger|n\rangle = \langle n|a^\dagger a + 1|n\rangle = n+1 \tag{4.50}$$

から，

$$|N|^2 = (n+1) \tag{4.51}$$

となる．

さらに上の結果を繰り返し使うと，

$$|n\rangle = N'(a^\dagger)^n|0\rangle, \quad |N'| = \sqrt{\frac{1}{n!}} \tag{4.52}$$

となる．

座標表示の固有関数

固有値方程式 (4.42) を満たす基底状態の解を座標 y の関数として求めておこう．これは 1 次方程式であるので簡単で，

$$\left(\frac{\partial}{\partial y} + y\right)\psi_{\beta_0} = 0 \tag{4.53}$$

から，$\psi_{\beta_0} = Ne^{-y^2/2}$ であることがわかる．このように，2 階微分方程式 (4.6) が 1 階微分方程式 (4.53) に帰着されたので，簡単に解くことができる．なお，式 (4.53) は式 (3.85) と一致する．

4.3.2 ゼロ点エネルギー

調和振動子のエネルギー固有値は，必ず正の値をもち，また不連続になってい

る．古典力学と量子力学との大きな差が，これらに見える．最小のエネルギー

$$E_0 = \hbar\omega, \quad \omega = \sqrt{\frac{k}{m}} \tag{4.54}$$

をゼロ点エネルギーといい，様々な物理現象に顔をだす．ゼロ点エネルギーは，$\omega = 10^{15}/\mathrm{s}$ で $0.66\,\mathrm{eV}$ であり，$\omega = 10^{5}/\mathrm{s}$ で，$0.66 \times 10^{-10}\,\mathrm{eV}$ である．

4.4　行列要素

演算子 a, $a^\dagger$ と n が満たす交換関係を使い，a, $a^\dagger$ を状態 $|n\rangle$ に作用させると，

$$a|n\rangle = \sqrt{n}\,|n-1\rangle, \quad a|0\rangle = 0 \tag{4.55}$$

$$a^\dagger|n\rangle = \sqrt{n+1}\,|n+1\rangle \tag{4.56}$$

となる．これらから，a と $a^\dagger$ の行列要素が

$$\langle m|a|n\rangle = \sqrt{n}\,\delta_{m-n+1} \tag{4.57}$$

$$\langle m|a^\dagger|n\rangle = \sqrt{n+1}\,\delta_{m-n-1} \tag{4.58}$$

と求まり，その結果，a と $a^\dagger$ の任意な関数の行列要素が計算できる．ここで，$\delta_{m-n+1} = \delta_{m-n+1\ 0}$ はクロネッカー・デルタである（II 巻の**付録 A** を参照）．また，これらより，座標 y の行列要素は

$$\begin{aligned}\langle m|y|n\rangle &= \frac{1}{\sqrt{2}}\langle m|a + a^\dagger|n\rangle \\ &= \frac{1}{\sqrt{2}}(\sqrt{n}\delta_{m-n+1} + \sqrt{n+1}\delta_{m-n-1})\end{aligned} \tag{4.59}$$

また，微分 $\frac{\partial}{\partial y}$ の行列要素は

$$\begin{aligned}\left\langle m\left|\frac{\partial}{\partial y}\right|n\right\rangle &= \frac{1}{\sqrt{2}}\langle m|a - a^\dagger|n\rangle \\ &= \frac{1}{\sqrt{2}}(\sqrt{n}\delta_{m-n+1} - \sqrt{n+1}\delta_{m-n-1})\end{aligned} \tag{4.60}$$

と計算できる．

4.5　コヒーレント状態

生成演算子の固有状態は，エネルギーの固有状態ではなく，基底状態から励起状態までのたくさんの状態が，一定の位相と重みで重ね合わされた状態であ

り，消滅演算子を何度かけても同じ状態に留まっている．この特異な性質をコヒーレントと呼び，またこの状態をコヒーレント状態と呼ぶ．レーザーの特異な性質は，コヒーレント状態で表される．

4.5.1 消滅演算子 a の固有状態

コヒーレント状態は，消滅演算子 a の固有状態であり，固有値方程式

$$a|z\rangle = z|z\rangle \tag{4.61}$$

を満たす．演算子 a は，$a \neq a^\dagger$ よりエルミートではないので，固有値 z は複素数であり，相異なる固有値に対応する固有状態が直交するわけではない．N を定数として，$a^\dagger$ の指数関数

$$|z\rangle = Ne^{za^\dagger}|0\rangle \tag{4.62}$$

に演算子 a をかけて

$$a|z\rangle = N[a, e^{za^\dagger}]|0\rangle = Nze^{za^\dagger}|0\rangle = z|z\rangle \tag{4.63}$$

が得られる．だから，この状態 (4.62) が演算子 a の固有状態である．さらに a を左から繰り返しかけることにより，演算子 a のベキ乗の固有状態として

$$a^l|z\rangle = z^l|z\rangle \tag{4.64}$$

もわかる．

4.5.2 ハウスドルフ公式

状態 (4.62) のノルムが 1 になる N を計算しよう．このような生成・消滅演算子の指数関数の計算は，次のハウスドルフ公式で行われる．この公式は，演算子 A と B が，

$$[[A, B], A] = [[A, B], B] = 0 \tag{4.65}$$

を満たすとき，これらの演算子の指数関数が，等式

$$e^A e^B = e^{A+B+\frac{1}{2}[A,B]} \tag{4.66}$$

を満たすことをいう．

この等式を証明するには，新たな実数のパラメーター t の関数として

$$f(t) = e^{tA}e^{tB} \tag{4.67}$$

を使うのが便利である．ここで，$f(t)$ が満足する微分方程式を求めるために，$f(t)$ を t で微分すると

$$\frac{d}{dt}f(t) = Ae^{tA}e^{tB} + e^{tA}Be^{tB} = Ae^{tA}e^{tB} + e^{tA}Be^{-tA}e^{tA}e^{tB}$$
$$= (A + e^{tA}Be^{-tA})f(t) \tag{4.68}$$

が得られる．この計算では，演算子 A や B の位置に注意を払う必要がある．

ここで，右辺の第2項を t でテイラー展開すると

$$e^{tA}Be^{-tA} = B + t[A, B] + \frac{t^2}{2}[A, [A, B]] + \cdots \tag{4.69}$$

となる．さらに，関係式 (4.65) を使うと，右辺で第2項までが残り，他は消えることがわかる．その結果

$$e^{tA}Be^{-tA} = B + t[A, B] \tag{4.70}$$

となる．これを上の $f(t)$ の微分方程式 (4.68) に代入すると，1階微分方程式

$$\frac{d}{dt}f(t) = (B + t[A, B])f(t) \tag{4.71}$$

が得られる．

この微分方程式は簡単に解け，解は

$$f(t) = e^{tB + \frac{t^2}{2}[A,B]}f(0) \tag{4.72}$$

と求まる．式 (4.67) より明らかに $f(0) = 1$ であるので，

$$f(t) = e^{tB + \frac{t^2}{2}[A,B]} \tag{4.73}$$

となり，最後に $t = 1$ を代入して，ハウスドルフの公式 (4.66) が得られる．また，A と B を入れ替えて，同様に

$$e^B e^A = e^{A+B-\frac{1}{2}[A,B]} \tag{4.74}$$

となる．さらに，両者をまとめて

$$e^A e^B = e^B e^A e^{[A,B]} \tag{4.75}$$

が成立する．

このハウスドルフ公式は，A や B が生成消滅演算子であるときや，正準交換関係を満たすとき，頻繁に使われる．

4.5.3　規格化定数：ハウスドルフ公式の応用

ハウスドルフ公式から，式 (4.62) の規格化定数が簡単に求まる．いま，

$$\langle z|z\rangle = |N|^2 \langle 0|e^{\bar{z}a} e^{za^\dagger}|0\rangle \tag{4.76}$$

の左辺は，状態の規格化条件と公式 (4.75) と $a|0\rangle = 0$ から

$$\langle z|z\rangle = 1 \tag{4.77}$$

となり，右辺はハウスドルフ公式から

$$|N|^2 e^{\bar{z}z[a,a^\dagger]} \langle 0|e^{za^\dagger} e^{\bar{z}a}|0\rangle = |N|^2 e^{\bar{z}z} \tag{4.78}$$

となる．したがって，

$$|N|^2 e^{\bar{z}z} = 1, \quad |N| = e^{-\frac{1}{2}\bar{z}z} \tag{4.79}$$

となり，結果として，規格化された状態

$$|z\rangle = e^{-\frac{1}{2}\bar{z}z} e^{za^\dagger}|0\rangle \tag{4.80}$$

となる．また，この状態はユニタリー演算子 $U(z)$ で

$$|z\rangle = U(z)|0\rangle, \quad U(z) = e^{za^\dagger - \bar{z}a} \tag{4.81}$$

と表すこともできる．なお，

$$(za^+ - \bar{z}a)^+ = \bar{z}a - za^+ \tag{4.82}$$

である．

代数と行列要素

上で定義したユニタリー演算子 $U(z)$ の積は

$$\begin{aligned} U(z_1)U(z_2) &= e^{z_1 a^\dagger - \bar{z}_1 a} e^{z_2 a^\dagger - \bar{z}_2 a} \\ &= e^{z_1 a^\dagger - \bar{z}_1 a + z_2 a^\dagger - \bar{z}_2 a - \frac{1}{2}(z_2\bar{z}_1 - z_1\bar{z}_2)} \\ &= U(z_1 + z_2) e^{-\frac{1}{2}(z_2\bar{z}_1 - z_1\bar{z}_2)} \\ &= U(z_2)U(z_1) e^{-(z_2\bar{z}_1 - z_1\bar{z}_2)} \end{aligned} \tag{4.83}$$

となるので，$U(z)$ は非可換な演算子である．

また，異なる状態の内積は

$$\langle z_1|z_2\rangle = e^{\bar{z}_1 z_2 - \frac{1}{2}(\bar{z}_1 z_1 + \bar{z}_2 z_2)} \tag{4.84}$$

となる．

ここで，計算例として

$$\langle 0|e^{ikx}|0\rangle \tag{4.85}$$

を求めてみると，ハウスドルフの公式を使って

$$\begin{aligned}\langle 0|e^{ikx}|0\rangle &= \langle 0|e^{\frac{ik}{\sqrt{2}}(a+a^\dagger)}|0\rangle \\ &= \langle 0|e^{\frac{ik}{\sqrt{2}}a^\dagger}e^{\frac{ik}{\sqrt{2}}a}e^{-\frac{k^2}{4}[a,a^\dagger]}|0\rangle \\ &= e^{-k^2/4}\end{aligned} \tag{4.86}$$

となる．

4.6　多次元調和振動子

4.6.1　変数分離

球対称な3次元調和振動子のポテンシャルは，

$$V(r) = \frac{1}{k}r^2 = \frac{1}{2}k(x^2+y^2+z^2) \tag{4.87}$$

である．このポテンシャルは，x 座標，y 座標，z 座標の2乗の和であるので，変数分離形をしている．そのため，この物理系のハミルトニアンは，

$$H = \sum_i H^{(i)}, \quad H^{(i)} = \frac{p_i^2}{2m} + \frac{k}{2}x_i^2 \tag{4.88}$$

のように，各変数ごとの1次元調和振動子ハミルトニアンの和である．だから，デカルト座標で固有値方程式を解く場合は，固有関数を3変数の関数の積

$$\psi(\boldsymbol{x}) = X(x)Y(y)Z(z) \tag{4.89}$$

とおく．その結果，それぞれが，1次元調和振動子の固有関数

$$H^i X(x_i) = E^i X(x_i) \tag{4.90}$$

となるとき，各固有関数の積

$$H\prod_i X(x_i) = \left(\sum_i E^i\right)\prod_i X(x_i) \tag{4.91}$$

は，3次元調和振動子ハミルトニアンの固有状態になり，固有値は和 $\sum_i E^i$ である．

4.6.2 エネルギーの縮退

n_1, n_2, n_3 を x, y, z 方向の状態を示す整数として，ブラケット記号で状態を，

$$|\psi\rangle = |n_1\rangle_1 |n_2\rangle_2 |n_3\rangle_3 \tag{4.92}$$

と表す．この状態は，エネルギー

$$E = \hbar\omega\left(N + \frac{3}{2}\right), \quad N = n_1 + n_2 + n_3 \tag{4.93}$$

をもつ．そのため，同じ N をもつ異なる状態が存在する．

例えば，小さな N では，

$N = 1$ のとき，

$$(n_1, n_2, n_3) = (1,0,0), (0,1,0), (0,0,1) \tag{4.94}$$

の 3 状態が同じエネルギーをもち，

$N = 2$ のとき，

$$(n_1, n_2, n_3) = (2,0,0), (0,2,0), (0,0,2), (1,1,0), (1,0,1), (0,1,1) \tag{4.95}$$

の 6 状態が同じエネルギーをもつ．このようにして，大きな N では縮退度は極めて大きくなる．

4.7 一定の力

線形ポテンシャル

一定の力がはたらく質点の運動は，古典力学では等加速度運動として簡単に解くことができるが，量子力学ではそれほど簡単ではない．この物理系のハミルトニアンは，F を定数とする

$$H = \frac{p^2}{2m} + Fx \tag{4.96}$$

であり，定常状態のシュレディンガー方程式は

$$-\frac{\hbar^2}{2m}\frac{d^2}{dx^2}\psi(x) + Fx\psi(x) = E\psi(x) \tag{4.97}$$

である．ここで，変数を x から新たな変数 $\tilde{x}$

$$\tilde{x} = \frac{\sqrt{2}mF}{\hbar}\left(x - \frac{E}{F}\right) \tag{4.98}$$

と変換して，方程式を

$$\psi'' - \tilde{x}\psi = 0 \tag{4.99}$$

と見やすい形に書いておこう．この解は，II 巻の**付録 D** の解法により，ラプラス変換で

$$\psi = \text{constant} \int_C dt\, e^{\tilde{x}t - t^3/3} \tag{4.100}$$

と表せる．付録 D の関数 P や Q は，今の場合

$$P = t^2, \quad Q = -1, \quad Z = -e^{-t^3/3}, \quad V = e^{\tilde{x}t - t^3/3} \tag{4.101}$$

であり，積分経路は，積分の収束性から決まり，t^3 の実部が正になる t の複素数の領域である．

積分表示を使い，解の漸近形は条件

$$\frac{\partial}{\partial t}\left(\tilde{x}t - \frac{t^3}{3}\right)\bigg|_{t=t_0} = 0 \tag{4.102}$$

を満たす停留点 t_0

$$\tilde{x} - t^2 = 0, \quad t_0 = \pm\sqrt{\tilde{x}} \tag{4.103}$$

と，この点での最速降下線の方向で決まる．最速降下線の方向は，

$$\left(\frac{\partial}{\partial t}\right)^2 \frac{t^3}{3}\bigg|_{t=t_0} = 2t_0 e^{2i\beta} \tag{4.104}$$

が最大の値をとる β で決まり，これらは，$\tilde{x} > 0$ と $\tilde{x} < 0$ で異なり，

$$t_0 = -\sqrt{\tilde{x}}, \quad \beta = \frac{\pi}{2}; \quad \tilde{x} > 0 \tag{4.105}$$

$$t_0 = \pm i\sqrt{|\tilde{x}|}, \quad \beta = \pm\frac{\pi}{4}, \quad \tilde{x} < 0 \tag{4.106}$$

である．これらを使い，解の漸近形が

$$\psi = \frac{1}{2}\tilde{x}^{-1/4} e^{-\frac{2}{3}\tilde{x}^{\frac{3}{2}}}; \quad \tilde{x} > 0 \tag{4.107}$$

$$\psi = |\tilde{x}|^{-1/4} \sin\left(\frac{2}{3}|\tilde{x}|^{3/2} + \frac{\pi}{4}\right); \quad \tilde{x} < 0 \tag{4.108}$$

と求まる．

$\tilde{x} > 0$ では，解は急激にゼロに近づく関数であり，$\tilde{x} < 0$ では解は無限領域で値をもち，平面波に近い性質をもつ．しかしながら，$\tilde{x} < 0$ における位相は

平面波よりも $\tilde{x} \to -\infty$ で急激に振動する関数であり，また一定の値 $\frac{\pi}{4}$ が現れることに注意が必要である．この一定の値は，II 巻で準古典近似を議論する際に重要である．

章末問題

問題 4.1　波動関数

質量 M，ばね定数 k の調和振動子の固有状態の具体的な関数形を求めよう．ハミルトニアンは

$$H = \frac{p^2}{2M} + \frac{k}{2}x^2$$

であり，シュレディンガー方程式は

$$\left\{-\frac{\hbar^2}{2M}\left(\frac{\partial}{\partial x}\right)^2 + \frac{k}{2}x^2\right\}\psi = E\psi$$

である．固有状態を

$$\psi(x) = H\left(\frac{x}{R_0}\right)e^{-\frac{x^2}{2R_0^2}}$$

とおくと，

基底状態　$H(\frac{x}{R_0}) = 1$

第 1 励起状態　$H(\frac{x}{R_0}) = 2\frac{x}{R_0}$

l 次高励起状態　$H(\frac{x}{R_0}) = 4(\frac{x}{R_0})^2 - 2$ である．これを確認せよ．

問題 4.2　エルミート関数の諸性質

エルミート多項式の母関数は

$$e^{-t^2+2t\xi} = \sum_{n=0}^{\infty}\frac{H_n(\xi)}{n!}t^n$$

である．これを使い以下の関係を示せ．

(1)　$H_{n+1}(\xi) - 2\xi H_n(\xi) + 2nH_{n-1}(\xi) = 0$

$$\frac{d}{d\xi}H_n(\xi) = 2nH_{n-1}(\xi)$$

$$H_{n+1}(\xi) = 2\xi H_n(\xi) - \frac{d}{d\xi}H_n(\xi)$$

(2)　$H_0(\xi) = 1, \quad H_1(\xi) = 2\xi, \quad H_2(\xi) = 4\xi^2 - 2, \quad H_3(\xi) = 8\xi^3 - 12\xi$

(3)　$H_n(\xi) = (-1)^n e^{\xi^2} \dfrac{d^n}{d\xi^n} e^{-\xi^2}$

(4)　$\displaystyle\int_{-\infty}^{\infty} d\xi\, H_n(\xi) H_m(\xi) e^{-\xi^2} = 2^n n! \pi^{1/2} \delta_{nm}$

(5) $H_n(\xi)$ が満たす 2 次微分方程式を導け．

問題 4.3　励起エネルギー

励起エネルギーの値の特徴を述べよ．

問題 4.4　行列要素の計算

定常状態 $|n\rangle$ と $|m\rangle$ での座標 y と運動量 $\frac{\partial}{\partial y}$ の行列要素

$$\langle n|y|m\rangle, \quad \left\langle n \left| \frac{\partial}{\partial y} \right| m \right\rangle$$

の計算を，生成演算子と消滅演算子を使って行え．

問題 4.5　中心を平行移動

中心が $x = a$ である調和振動子のハミルトニアン

$$H = \frac{p^2}{2M} + \frac{k}{2}(x-a)^2$$

のシュレディンガー方程式

$$\left\{ -\frac{\hbar^2}{2M} \left(\frac{\partial}{\partial x} \right)^2 + \frac{k}{2}(x-a)^2 \right\} \psi = E\psi$$

の解は，座標を平行移動した

$$\psi(x-a) = H(x-a) e^{-\frac{(x-a)^2}{2R_0^2}}$$

であることを示せ．

問題 4.6　2 次元調和振動子

2 次元調和振動子のハミルトニアンは

$$H = \frac{p_x^2 + p_y^2}{2m} + \frac{k}{2}(x^2 + y^2)$$

である．このとき固有関数を変数分離形

$$\psi = X(x)Y(y)$$

で求めよ．

問題 4.7　**2 次元調和振動子の極座標解**

2 次元調和振動子のハミルトニアンは，

$$H = \frac{p_x^2 + p_y^2}{2m} + \frac{k}{2}(x^2 + y^2)$$

である．このとき固有関数を極座標における変数分離形

$$\psi = R(r)\Theta(\theta)$$

で求めよ．

問題 4.8　**ハウスドルフ公式**

$i, j = 1, 2$ に対して

$$[a_i, a_j] = 0, \quad [a_i, a_j^\dagger] = \delta_{ij}, \quad [a_i^\dagger, a_j^\dagger] = 0$$

が成立している．これより，複素数 c_i, d_i と演算子 a_i, $a_i^\dagger$ からなる期待値

$$\langle 0|e^{\boldsymbol{ca}} e^{\boldsymbol{da}^\dagger}|0\rangle$$

を計算せよ．

問題 4.9　**ゼロ点エネルギー**

何故，エネルギーの最低固有値はゼロでないのか？交換関係から考察せよ．

5 3次元運動

5.1 質点の3次元運動

質点の3次元空間での運動は，3つの空間座標で表され，時間変数と空間の3変数のシュレディンガー方程式で記述される．4変数の偏微分方程式は，空間1次元の2変数の偏微分方程式よりも，だいぶ複雑で，内容が豊富なものとなる．

質量を m，ポテンシャルを $V(\boldsymbol{x})$ とする物理系のハミルトニアンは

$$H = \frac{\boldsymbol{p}^2}{2m} + V(\boldsymbol{x}) \tag{5.1}$$

である．デカルト座標 x_i と運動量 p_j との交換関係

$$[x_i, p_j] = i\hbar\delta_{ij} \tag{5.2}$$

は，座標を単なる実数で表す表示（座標表示）では，運動量は

$$\boldsymbol{p} = -i\hbar\nabla \tag{5.3}$$

のように，座標についての微分演算子で表される．このとき，後で詳しく述べるように，$\boldsymbol{p}^2$ はラプラシアンで表される．方程式は，時間について1階で，空間について2階の偏微分方程式

$$i\hbar\frac{\partial}{\partial t}\psi(\boldsymbol{x}, t) = H\psi(\boldsymbol{x}, t) \tag{5.4}$$

となっている．

波動方程式 (5.4) で，H がエルミート演算子であるため，1次元の場合と同じく，波動関数の絶対値の2乗を積分した内積は一定に保たれ，また，保存する確率の密度と流れが存在している．実際，内積の時間変化は，

$$
\begin{aligned}
& i\hbar\frac{\partial}{\partial t}\int d\boldsymbol{x}\,\psi^\dagger(\boldsymbol{x},t)\psi(\boldsymbol{x},t) \\
&= \int d\boldsymbol{x}\left\{\frac{\partial}{\partial t}\psi^\dagger(\boldsymbol{x},t)\psi(\boldsymbol{x},t)+\psi^\dagger(\boldsymbol{x},t)\frac{\partial}{\partial t}\psi(\boldsymbol{x},t)\right\} \\
&= \int d\boldsymbol{x}\{\psi^\dagger(-H^\dagger)(\boldsymbol{x},t)\psi(\boldsymbol{x},t)+\psi^\dagger(\boldsymbol{x},t)H\psi(\boldsymbol{x},t)\}=0
\end{aligned}
\tag{5.5}
$$

となる．上の変形では，H がエルミート演算子である次の条件式を使った．

$$
H^\dagger = H \tag{5.6}
$$

さらに，波動関数とその複素共役から確率密度 $\rho(\boldsymbol{x},t)$ と確率の流れベクトル $\boldsymbol{j}(\boldsymbol{x},t)$ が

$$
\rho(\boldsymbol{x},t)=\psi^\dagger(\boldsymbol{x},t)\psi(\boldsymbol{x},t) \tag{5.7}
$$

$$
\boldsymbol{j}(\boldsymbol{x},t)=\psi^\dagger(\boldsymbol{x},t)\frac{\boldsymbol{p}}{2m}\psi(\boldsymbol{x},t)-\left(\frac{\boldsymbol{p}}{2m}\psi^\dagger(\boldsymbol{x},t)\right)\psi(\boldsymbol{x},t) \tag{5.8}
$$

と定義される．波動関数が波動方程式を満たすことから，これらは，連続の式

$$
\begin{aligned}
& \frac{\partial}{\partial t}\rho(\boldsymbol{x},t)+\nabla\boldsymbol{j}(\boldsymbol{x},t) \\
&= \frac{\partial}{\partial t}\psi^\dagger(\boldsymbol{x},t)\psi(\boldsymbol{x},t)+\psi^\dagger(\boldsymbol{x},t)\frac{\partial}{\partial t}\psi(\boldsymbol{x},t) \\
&\qquad +\nabla\psi^\dagger(\boldsymbol{x},t)\frac{\boldsymbol{p}}{2m}\psi(\boldsymbol{x},t)+\psi^\dagger(\boldsymbol{x},t)\nabla\frac{\boldsymbol{p}}{2m}\psi(\boldsymbol{x},t) \\
&\qquad -\nabla\frac{\boldsymbol{p}}{2m}\psi^\dagger(\boldsymbol{x},t)\psi(\boldsymbol{x},t)-\frac{\boldsymbol{p}}{2m}\psi^\dagger(\boldsymbol{x},t)\nabla\psi(\boldsymbol{x},t) \\
&= -\frac{\boldsymbol{p}^2}{i\hbar 2m}\psi^\dagger(\boldsymbol{x},t)\psi(\boldsymbol{x},t)+\psi^\dagger(\boldsymbol{x},t)\frac{\boldsymbol{p}^2}{i\hbar 2m}\psi(\boldsymbol{x},t)\psi^\dagger(\boldsymbol{x},t)\nabla\frac{\boldsymbol{p}}{2m}\psi(\boldsymbol{x},t) \\
&\qquad -\nabla\frac{\boldsymbol{p}}{2m}\psi^\dagger(\boldsymbol{x},t)\psi(\boldsymbol{x},t) \\
&= \nabla\cdot\frac{\boldsymbol{p}}{2m}\psi^\dagger(\boldsymbol{x},t)\psi(\boldsymbol{x},t)-\psi^\dagger(\boldsymbol{x},t)\nabla\cdot\frac{\boldsymbol{p}}{2m}\psi(\boldsymbol{x},t) \\
&\qquad +\psi^\dagger(\boldsymbol{x},t)\nabla\frac{\boldsymbol{p}}{2m}\psi(\boldsymbol{x},t)-\nabla\frac{\boldsymbol{p}}{2m}\psi^\dagger(\boldsymbol{x},t)\psi(\boldsymbol{x},t) \\
&= 0
\end{aligned}
\tag{5.9}
$$

を満たす．その結果，確率密度 $\rho(\boldsymbol{x},t)$ を全空間で積分した確率

$$
P=\int d\boldsymbol{x}\,\rho(\boldsymbol{x},t) \tag{5.10}
$$

の時間微分は，ガウスの定理を適用して，

$$
\frac{\partial}{\partial t}P=\int d\boldsymbol{x}\,\dot{\rho}(\boldsymbol{x},t)=-\int d\boldsymbol{x}\,\nabla\cdot\boldsymbol{j}=-\int_{\text{表面}}d\boldsymbol{S}\cdot\boldsymbol{j} \tag{5.11}
$$

と表面積分に変形される．波動関数がゼロになる十分大きな表面を選ぶと，右辺はゼロになる．その結果，全確率は

$$\frac{\partial}{\partial t}P = 0, \quad P = \int d\boldsymbol{x}\, \rho(\boldsymbol{x},t) \tag{5.12}$$

となり，時間に依存しない定数である．

$\rho(\boldsymbol{x},t)$ は，状態 ψ を位置 $\boldsymbol{x}$ に観測する確率を表している．確率は正定値でなければならないが，実際，$\rho(\boldsymbol{x})$ は複素数と複素共役の積であるので正定値である．また，P は全空間での全確率，すなわち場所を指定せずに全空間のどこかで粒子を観測する確率を表す．全確率 P が時間によらず一定であるので，確率は保存する．

定常状態の波動関数は，時間について指数関数

$$\psi(\boldsymbol{x},t) = e^{\frac{-iEt}{\hbar}}\psi(\boldsymbol{x}) \tag{5.13}$$

となる．この波動関数は，時間が経過したときに時間に比例する位相項だけが変化して，本質的には同じ関数 $\psi(\boldsymbol{x},t+a) = e^{\frac{iEa}{\hbar}}\psi(\boldsymbol{x},t)$ に留まっている．このため，定常状態では，確率密度 $\rho(\boldsymbol{x},t)$ や流れ $\boldsymbol{j}(\boldsymbol{x},t)$ は，

$$\rho(\boldsymbol{x},t+a) = \rho(\boldsymbol{x},t) \tag{5.14}$$

$$\boldsymbol{j}(\boldsymbol{x},t+a) = \boldsymbol{j}(\boldsymbol{x},t) \tag{5.15}$$

となり時間に依存しない．

式 (5.13) を式 (5.4) に代入すると，波動関数は，座標に依存する2階の偏微分方程式

$$H\psi(\boldsymbol{x}) = E\psi(\boldsymbol{x}) \tag{5.16}$$

を満たすことがわかる．この方程式は，座標だけを含むので，式 (5.4) よりもやさしい．実験で得られる定常状態の情報は，この方程式の解からわかることになる．

5.2　自由粒子

自由粒子は，$V(\boldsymbol{x}) = 0$ のシュレディンガー方程式

$$i\hbar\frac{\partial}{\partial t}\psi(\boldsymbol{x},t) = -\frac{\hbar^2}{2m}\nabla^2\psi(\boldsymbol{x},t) \tag{5.17}$$

に従う．デカルト座標では，ラプラシアンは

$$\nabla^2 = \frac{\partial^2}{\partial x^2} + \frac{\partial^2}{\partial y^2} + \frac{\partial^2}{\partial z^2} \tag{5.18}$$

となるので，方程式は，それぞれの変数についての変数分離形をしている．

5.2.1 平面波

式 (5.17) の特解として，平面波

$$\psi(\boldsymbol{x}, t) = e^{-i\left(\frac{E}{\hbar}t - \boldsymbol{k}\cdot\boldsymbol{x}\right)} \tag{5.19}$$

解を求めよう．式 (5.19) を式 (5.17) に代入すると，

$$E = \frac{\boldsymbol{p}^2}{2m}, \quad \boldsymbol{p} = \hbar\boldsymbol{k} \tag{5.20}$$

が得られる．この波動関数は，3 変数のそれぞれが 1 次元の平面波

$$\psi(\boldsymbol{x}, t) = \psi_1(x, t)\,\psi_2(y, t)\,\psi_3(z, t) \tag{5.21}$$

$$\psi_1(x, t) = e^{-i\left\{\frac{E(k_x)}{\hbar}t - k_x x\right\}} \tag{5.22}$$

$$\psi_2(y, t) = e^{-i\left\{\frac{E(k_y)}{\hbar}t - k_y y\right\}} \tag{5.23}$$

$$\psi_3(z, t) = e^{-i\left\{\frac{E(k_z)}{\hbar}t - k_z z\right\}} \tag{5.24}$$

の積になっている．また，全エネルギーは，各エネルギーの和

$$E(\boldsymbol{k}) = E(k_x) + E(k_y) + E(k_z) \tag{5.25}$$

$$E(k_x) = \frac{\hbar {k_x}^2}{2m}, \quad E(k_y) = \frac{\hbar {k_y}^2}{2m}, \quad E(k_z) = \frac{\hbar {k_z}^2}{2m} \tag{5.26}$$

である．

このように，固有関数はそれぞれの関数の積であり，エネルギー固有値は各エネルギーの和である．全エネルギーが一定になるのは，運動量の 3 成分の 2 乗の和が一定である，1 つの球面上の図 5.1 のような点である．

また，平面波 (5.19) は，運動量の固有状態でもあり，2 つの固有値方程式

$$He^{-i\left(\frac{E}{\hbar}t - \boldsymbol{k}\cdot\boldsymbol{x}\right)} = E(\boldsymbol{k})e^{-i\left(\frac{E}{\hbar}t - \boldsymbol{k}\cdot\boldsymbol{x}\right)} \tag{5.27}$$

$$\boldsymbol{p}e^{-i\left(\frac{E}{\hbar}t - \boldsymbol{k}\cdot\boldsymbol{x}\right)} = \hbar\boldsymbol{k}e^{-i\left(\frac{E}{\hbar}t - \boldsymbol{k}\cdot\boldsymbol{x}\right)} \tag{5.28}$$

を満たしている．これより，式 (5.27) の左辺に $\boldsymbol{p}$ をかけ，また式 (5.28) の左辺に H をかけて得られる

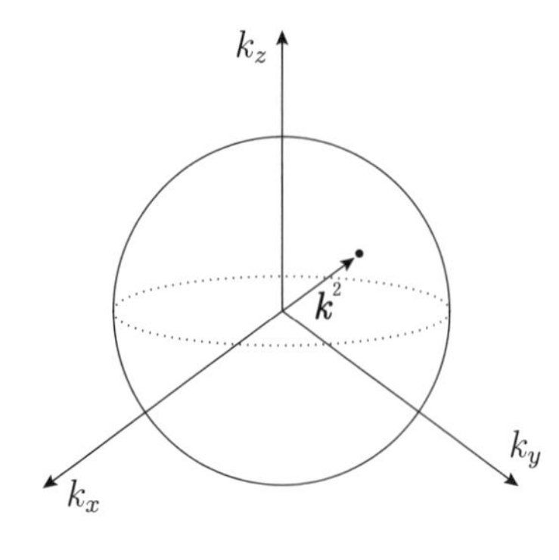

図 5.1　エネルギーが一定である運動量の球面

$$\boldsymbol{p}He^{-i\left(\frac{E}{\hbar}t-\boldsymbol{k}\cdot\boldsymbol{x}\right)} = \hbar\boldsymbol{k}E(\boldsymbol{k})e^{-i\left(\frac{E}{\hbar}t-\boldsymbol{k}\cdot\boldsymbol{x}\right)} \tag{5.29}$$

$$H\boldsymbol{p}e^{-i\left(\frac{E}{\hbar}t-\boldsymbol{k}\cdot\boldsymbol{x}\right)} = E(\boldsymbol{k})\hbar\boldsymbol{k}e^{-i\left(\frac{E}{\hbar}t-\boldsymbol{k}\cdot\boldsymbol{x}\right)} \tag{5.30}$$

の 2 つ関係式の右辺が等しいことから，

$$\begin{aligned}[\boldsymbol{p}, H]e^{-i\left(\frac{E}{\hbar}t-\boldsymbol{k}\cdot\boldsymbol{x}\right)} &= \{\hbar\boldsymbol{k}E(\boldsymbol{k}) - E(\boldsymbol{k})\hbar\boldsymbol{k}\}e^{-i(\frac{E}{\hbar}t-\boldsymbol{k}\cdot\boldsymbol{x})} \\ &= 0 \end{aligned} \tag{5.31}$$

となる．実際，ハミルトニアンと運動量の交換関係は

$$[H, \boldsymbol{p}] = 0 \tag{5.32}$$

とゼロになり，2 つの演算子は互いに可換である．そのため，両演算子の同時固有状態が存在しているわけである．

5.2.2　ホイヘンスの原理

次に，方程式 (5.17) の一般解を，平面波を重ね合わせた

$$\psi(\boldsymbol{x}, t) = \int d\boldsymbol{k}\, dE\, a(\boldsymbol{k}, E)e^{-i\left(\frac{E}{\hbar}t-\boldsymbol{k}\cdot\boldsymbol{x}\right)} \tag{5.33}$$

の形で求めよう．ここで，振幅 $a(\boldsymbol{k}, E)$ は波数ベクトル $\boldsymbol{k}$ とエネルギー E の関数であり，$\psi(\boldsymbol{x}, t)$ がシュレディンガー方程式の解となるように決められる．式 (5.33) を代入すると，式 (5.17) は

$$\int dE\, d\boldsymbol{k} \left(E - \frac{\boldsymbol{p}^2}{2m}\right) a(\boldsymbol{k}, E)e^{-i\left(\frac{E}{\hbar}t-\boldsymbol{k}\cdot\boldsymbol{x}\right)} = 0, \quad \boldsymbol{p} = \hbar\boldsymbol{k} \tag{5.34}$$

となるので，エネルギーの関係式 (5.20) を満たす E を与える振幅

$$a(\boldsymbol{k}, E) = \delta\left(E - \frac{\hbar^2\boldsymbol{k}^2}{2m}\right) a(\boldsymbol{k}) \tag{5.35}$$

となり，$\psi(\boldsymbol{x},t)$ はシュレディンガー方程式の解となっている．E について積分を行った結果，波動関数は

$$\psi(\boldsymbol{x},t) = \int d\boldsymbol{k}\, a(\boldsymbol{k}) e^{-i\left\{\frac{E(\boldsymbol{k})}{\hbar}t - \boldsymbol{k}\cdot\boldsymbol{x}\right\}} \tag{5.36}$$

となる．$a(\boldsymbol{k})$ は $\boldsymbol{k}$ の任意の関数であるが，$t=0$ における波動関数

$$\psi(\boldsymbol{x},0) = \int d\boldsymbol{k}\, a(\boldsymbol{k}) e^{i\boldsymbol{k}\cdot\boldsymbol{x}} \tag{5.37}$$

と関係している．この式の，フーリエ変換の逆変換から

$$a(\boldsymbol{k}) = \left(\frac{1}{2\pi}\right)^3 \int d\boldsymbol{x}\, \psi(\boldsymbol{x},0) e^{-i\boldsymbol{k}\cdot\boldsymbol{x}} \tag{5.38}$$

となる．この $a(\boldsymbol{k})$ を再び代入すると，任意の t での波動関数 $\psi(\boldsymbol{x},t)$ が，$t=0$ での波動関数 $\psi(\boldsymbol{x},0)$ に重み $G(\boldsymbol{x},t)$ をかけて重ね合わせた形

$$\psi(\boldsymbol{x},t) = \int d\boldsymbol{\xi}\, \psi(\boldsymbol{\xi},0) G(\boldsymbol{\xi}-\boldsymbol{x},t) \tag{5.39}$$

$$G(\boldsymbol{\xi}-\boldsymbol{x},t) = \left(\frac{1}{2\pi}\right)^3 \int d\boldsymbol{k}\, e^{-i\left\{\frac{E(\boldsymbol{k})}{\hbar}t - \boldsymbol{k}\cdot(\boldsymbol{\xi}-\boldsymbol{x})\right\}} \tag{5.40}$$

と表されることがわかる．ここで $G(\boldsymbol{x},t)$ は，波動方程式と初期条件

$$\left(i\hbar\frac{\partial}{\partial t} - \frac{-\hbar^2}{2m}\nabla^2\right) G(\boldsymbol{x},t) = 0, \quad G(\boldsymbol{x},0) = \delta(\boldsymbol{x}) \tag{5.41}$$

を満たすことが，式 (5.40) よりわかる．

したがって，$G(\boldsymbol{\xi}-\boldsymbol{x},t)$ は，$t=0$ で $\boldsymbol{\xi}=\boldsymbol{x}$ を波源として伝播する波を表している．これより，式 (5.39) は，$t=0$ で空間の各点 $\boldsymbol{\xi}$ での波 $\psi(\boldsymbol{\xi},0)$ に，この点を波源として伝播する波 $G(\boldsymbol{\xi}-\boldsymbol{x},t)$ をかけて積分したものである．この関係式は，量子力学的なホイヘンスの原理を示している．

量子力学における波は，確率の保存を示す波であるので，ホイヘンスの原理にも，この特徴が現れる．これは，重みの関数 $G(\boldsymbol{\xi}-\boldsymbol{x},t)$ の時間発展が，もともとユニタリー演算子で記述されていることを示す関係式

$$\begin{aligned}
&\int d\boldsymbol{x}\, G(\boldsymbol{\xi}_1-\boldsymbol{x},t) G^*(\boldsymbol{\xi}_2-\boldsymbol{x},t) \qquad (5.42)\\
&= \frac{1}{(2\pi)^6}\int d\boldsymbol{k}_1 d\boldsymbol{k}_2 \int d\boldsymbol{x}\, e^{-i\left\{\frac{E(\boldsymbol{k}_1)}{\hbar}t - \boldsymbol{k}_1\cdot(\boldsymbol{\xi}_1-\boldsymbol{x})\right\}} e^{i\left\{\frac{E(\boldsymbol{k}_2)}{\hbar}t - \boldsymbol{k}_2\cdot(\boldsymbol{\xi}_2-\boldsymbol{x})\right\}}\\
&= \frac{1}{(2\pi)^6}\int d\boldsymbol{k}_1 d\boldsymbol{k}_2 (2\pi)^3 \delta(\boldsymbol{k}_1-\boldsymbol{k}_2) e^{-i\left\{\frac{E(\boldsymbol{k}_1)}{\hbar}t - \boldsymbol{k}_1\cdot\boldsymbol{\xi}_1\right\}} e^{i\left\{\frac{E(\boldsymbol{k}_2)}{\hbar}t - \boldsymbol{k}_2\cdot\boldsymbol{\xi}_2\right\}}
\end{aligned}$$

$$
= \frac{1}{(2\pi)^3}\int d\boldsymbol{k}_1 e^{i\boldsymbol{k}_1\cdot(\boldsymbol{\xi}_1-\boldsymbol{\xi}_2)}
$$
$$
= \delta(\boldsymbol{\xi}_1 - \boldsymbol{\xi}_2)
$$

から見てとれる．なお，$G(\boldsymbol{x},t)$ の具体的な形は，II 巻の第 13 章で求めることになる．

上の式 (5.42) は，$G(\boldsymbol{x},t)$ が時間推進演算子の行列要素であることから導かれ（章末問題 5.1 を参照），確率が保存することを意味している．実際，関係式 (5.42) から，波動関数の内積は

$$
\begin{aligned}
&\int d\boldsymbol{x}\,|\psi(\boldsymbol{x},t)|^2 \\
&= \int d\boldsymbol{x}\,d\boldsymbol{\xi}_1\,\psi^*(\boldsymbol{\xi}_1,0)G^*(\boldsymbol{x}-\boldsymbol{\xi}_1,t)\,d\boldsymbol{\xi}_2\,G(\boldsymbol{x}-\boldsymbol{\xi}_2,t)\psi(\boldsymbol{\xi}_2,0) \\
&= \int d\boldsymbol{\xi}_1\,d\boldsymbol{\xi}_2\,\psi^*(\boldsymbol{\xi}_1,0)\delta(\boldsymbol{\xi}_1-\boldsymbol{\xi}_2)\psi(\boldsymbol{\xi}_2,0) \\
&= \int d\boldsymbol{\xi}_1|\psi(\boldsymbol{\xi}_1,0)|^2
\end{aligned}
\tag{5.43}
$$

となり，時間によらず一定であることがわかる．また，この関数にステップ関数

$$
\theta(t) = \begin{cases} 0, & x < 0 \\ 1, & 0 \le x \end{cases}
\tag{5.44}
$$

をかけた $G_R(\boldsymbol{x},t) = \theta(t)G(\boldsymbol{x},t)$ は，

$$
\left\{ i\hbar\frac{\partial}{\partial t} - \frac{-\hbar^2}{2m}\nabla^2 \right\} G_R(\boldsymbol{x},t) = i\hbar\delta(t)\delta(\boldsymbol{x})
\tag{5.45}
$$

を満たす．$G_R(\boldsymbol{x},t)$ は，$i\hbar\frac{\partial}{\partial t} - \frac{-\hbar^2}{2m}\nabla^2$ のグリーン関数の 1 つである．グリーン関数は，II 巻の第 13 章で述べる散乱問題で重要な役割を演じる．

ガウス波束

第 4 章の 1 次元ガウス波束を 3 次元に拡張しよう．

幅 $\sqrt{\alpha}$ の 1 次元球対称なガウス関数

$$
a(\boldsymbol{k}) = Ne^{-\alpha(\boldsymbol{k}-\boldsymbol{k}_0)^2}, \quad N = \left(\frac{\pi}{\alpha}\right)^{-3/4}
\tag{5.46}
$$

の場合を考察する．関数 (5.36) の関数形は，

$$
\psi(\boldsymbol{x},t) = \int d\boldsymbol{k}\,Ne^{-\alpha(\boldsymbol{k}-\boldsymbol{k}_0)^2 - i\left(\frac{\hbar\boldsymbol{k}^2}{2m}t - \boldsymbol{k}\cdot\boldsymbol{x}\right)}
$$

$$= \tilde{N} \exp \left\{ -\frac{1}{4\left(\alpha + \frac{i\hbar t}{2m}\right)} (\boldsymbol{x} - \boldsymbol{v}_0 t)^2 - i \left(\frac{\hbar \boldsymbol{k}_0^2}{2m} t - \boldsymbol{k}_0 \cdot \boldsymbol{x} \right) \right\} \tag{5.47}$$

$$\boldsymbol{v}_0 = \frac{\boldsymbol{p}_0}{m}, \quad \tilde{N} = N \left(\frac{\pi}{\alpha + \frac{i\hbar t}{2m}} \right)^{3/2} \tag{5.48}$$

となる．式 (5.47) と (5.48) で，波束の指数部の $\alpha + \frac{i\hbar t}{2m}$ は，時間の経過で波束が拡がることを示す．波束は，初期時刻 $t = 0$ では

$$\psi(\boldsymbol{x}, 0) = N \left(\frac{\pi}{\alpha} \right)^{3/2} \exp \left(-\frac{1}{4\alpha} \boldsymbol{x}^2 - i \boldsymbol{k}_0 \cdot \boldsymbol{x} \right) \tag{5.49}$$

となり，座標表示でもガウス型の関数となる．この関数の時間発展を追ってみよう．

短い時間 t

$$\frac{\hbar t}{2m} \ll \alpha \tag{5.50}$$

となる早い時刻では，波動関数は

$$\begin{cases} \psi(\boldsymbol{x}, t) = \tilde{N} \exp \left\{ -\frac{1}{4\alpha} (\boldsymbol{x} - \boldsymbol{v}_0 t)^2 - i \left(\frac{\hbar \boldsymbol{k}_0^2}{2m} t - \boldsymbol{k}_0 \cdot \boldsymbol{x} \right) \right\} \\ \boldsymbol{v}_0 = \frac{\boldsymbol{p}_0}{m}, \quad \tilde{N} = N \left(\frac{\pi}{\alpha} \right)^{3/2} \end{cases} \tag{5.51}$$

となり，これは，速度 v_0 で移動する中心の周りに幅 $\sqrt{\alpha}$ で拡がった関数を表す．拡がり $\sqrt{\alpha}$ が小さいとき，波は速度 $\boldsymbol{v}_0$ の小さな粒子として振る舞う．通常の場合は，この時間領域の考察で十分である．

長い時間 t

$$\frac{\hbar t}{2m} \gg \alpha \tag{5.52}$$

となる極めて遅い時刻では，波動関数は，

$$\begin{cases} \psi(\boldsymbol{x}, t) = \tilde{N} \exp \left\{ -\frac{1}{4\frac{i\hbar t}{2m}} (\boldsymbol{x} - \boldsymbol{v}_0 t)^2 - i \left(\frac{\hbar \boldsymbol{k}_0^2}{2m} t - \boldsymbol{k}_0 \cdot \boldsymbol{x} \right) \right\} \\ \boldsymbol{v}_0 = \frac{\boldsymbol{p}_0}{m}, \quad \tilde{N} = N \left(\frac{\pi}{\frac{-i\hbar t}{2m}} \right)^{3/2} \end{cases} \tag{5.53}$$

となり，$\boldsymbol{x}$ についてゆっくりと振動する関数となる．振動の形から見積もれる波束の大きさは，時間に比例して

$$\frac{2\hbar t}{m} \tag{5.54}$$

で与えられ，徐々に大きくなる．ガウス波束は，早い時刻では，波束の形を保ちながら時刻とともに平行移動し，その後ゆっくりと波束が大きくなり，十分時間が経過した後では十分拡がる．

5.2.3　重ね合わせの原理と干渉

1.3.4 項の 2 重スリットの実験を波束で考察しよう．スリット 1 を通る波束 ψ_1 は，$t=0$ での座標が中心 $\boldsymbol{x}_1$ の近傍で値をもつ

$$\psi_1(\boldsymbol{x},t) = \int d\boldsymbol{k}\, N e^{-\alpha(\boldsymbol{k}-\boldsymbol{k}_0)^2 - i\left\{\frac{\hbar \boldsymbol{k}^2}{2m}t - \boldsymbol{k}\cdot(\boldsymbol{x}-\boldsymbol{x}_1)\right\}} \tag{5.55}$$
$$= \tilde{N} \exp\left[-\frac{1}{4\left(\alpha + \frac{i\hbar t}{2m}\right)}(\boldsymbol{x}-\boldsymbol{x}_1-\boldsymbol{v}_0 t)^2 - i\left\{\frac{\hbar \boldsymbol{k}_0^2}{2m}t - \boldsymbol{k}_0\cdot(\boldsymbol{x}-\boldsymbol{x}_1)\right\}\right]$$

とし，スリット 2 を通る波束 ψ_2 は，$t=0$ での座標が中心 $\boldsymbol{x}_2$ の近傍で値をもつ

$$\psi_2(\boldsymbol{x},t) = \int d\boldsymbol{k} N e^{-\alpha(\boldsymbol{k}-\boldsymbol{k}_0)^2 - i\left\{\frac{\hbar \boldsymbol{k}^2}{2m}t - \boldsymbol{k}\cdot(\boldsymbol{x}-\boldsymbol{x}_2)\right\}} \tag{5.56}$$
$$= \tilde{N} \exp\left[-\frac{1}{4\left(\alpha + \frac{i\hbar t}{2m}\right)}(\boldsymbol{x}-\boldsymbol{x}_2-\boldsymbol{v}_0 t)^2 - i\left\{\frac{\hbar \boldsymbol{k}_0^2}{2m}t - \boldsymbol{k}_0\cdot(\boldsymbol{x}-\boldsymbol{x}_2)\right\}\right]$$

のように表せる．

これら 2 つの波 ψ_1 と ψ_2 の和 $\psi = \psi_1 + \psi_2$ の性質は，それぞれの波とは大きく異なる．特に，波の特徴である干渉を示す波が形成されている．図 1.5 と 1.6 は，波束でのこの様子を具体的に示している．

5.2.4　重ね合わせの原理と粒子の軌道（軌跡）の観測

重ね合わせの原理と粒子像は，矛盾するのだろうか？

時間方向に連続的に行う観測

粒子を観測する測定器は，粒子が形成する軌道を通して粒子の飛跡を測定する．もしも軌道がなかったり見えなかったら，粒子として同定することはできないだろう．では，何故粒子は 1 つの（古典）軌道に沿って観測されるのだろうか？ もしも，粒子がいつも完全な平面波で記述されているならば，空間における場所が定まらず，観測が局所的な測定でなされるとしても，その軌跡が古典軌道になる保証はない．しかし，粒子が有限な波束で記述されるならば，

粒子はいつもその波束の有限な内部で観測される．もしも，波束が粒子のように古典軌道に沿って運動するならば，粒子の軌道が観測されることになる．

粒子が測定器で観測されるのは，実際に粒子が形成する軌道による．波束は有限な大きさをもつので，内部で測定器と反応し，その結果，軌道が形成される．測定器との反応は，有限な幅で拡がった位置の空間領域で行われ，また有限な運動量が測定された結果，この運動量が粒子から失われる．この結果，初期状態として形成された粒子の状態は，位置と運動量が定まらない拡がりをもつ波束である．そのため，観測される粒子を表現するには，波束による記述が必要である．波束を使うことにより，粒子軌道を実現する振幅が構成される．

時間方向に拡がった観測

測定器の反応が瞬間的ではなく，有限の時間幅で起きるとしよう．この場合の測定器を表す波束の波動関数には空間的な拡がりと時間的な拡がりを共に導入する必要がある．このような波の干渉は，時間的に局所的な波動関数を使う場合とは異なる．

5.3 球座標

多くの力は中心力であり，ポテンシャルは球対称である．中心力の場合の波動方程式は，球座標 r, θ, ϕ を使うと簡単になる．II 巻の**付録 B** で与えられているように，球座標ではラプラシアンは

$$\nabla^2 \Psi(\boldsymbol{x}) = \frac{1}{r^2}\partial_r(r^2\partial_r\Psi(\boldsymbol{x})) + \frac{1}{r^2}d^2_{\theta,\phi}\Psi(\boldsymbol{x}) \tag{5.57}$$

$$d_{\theta,\phi}{}^2\Psi(\boldsymbol{x}) = \frac{1}{\sin\theta}\partial_\theta(\sin\theta\partial_\theta\Psi(\boldsymbol{x})) + \frac{1}{\sin\theta^2}\partial_\phi{}^2\Psi(\boldsymbol{x}) \tag{5.58}$$

のように変数 r, θ, ϕ に関する一見複雑な 2 階微分で表せる．式 (5.57) の右辺の第 1 項は r 微分，第 2 項は角度微分である．この形より，動径座標 r と角度座標 θ, ϕ が分離していることがわかる．角度変数に関する微分項は，次に説明する角運動量演算子 $\boldsymbol{L}$ の 2 乗 $\boldsymbol{L}^2$ に比例して

$$\boldsymbol{L}^2 = -\hbar^2 d_{\theta,\phi}{}^2 \tag{5.59}$$

となっている．そのため，波動方程式の解は，r の関数と角度座標 θ, ϕ の関数の積の形の変数分離形で求めることができる．

5.3.1　球座標での変数分離

定常状態の波動方程式は

$$-\frac{\hbar^2}{2m}\left\{\frac{1}{r^2}\partial_r\left(r^2\partial_r\Psi(\boldsymbol{x})\right)+\frac{1}{r^2}{d_{\theta,\phi}}^2\Psi(\boldsymbol{x})\right\}+V(r)\Psi(\boldsymbol{x})=E\Psi(\boldsymbol{x}) \tag{5.60}$$

である．この微分方程式を解くにあたり，変数 r と角度 θ,ϕ が分離した関数，

$$\Psi(\boldsymbol{x})=R(r)Y(\theta,\phi) \tag{5.61}$$

を仮定すると，より簡単になり，これを代入した式

$$-\frac{\hbar^2}{2m}Y(\theta,\phi)\left\{\frac{1}{r^2}\partial_r\left(r^2\partial_r R(r)\right)+\frac{1}{r^2}R(r){d_{\theta,\phi}}^2Y(\theta,\phi)\right\}+V(r)R(r)Y(\theta,\phi)$$
$$=ER(r)Y(\theta,\phi) \tag{5.62}$$

の両辺を $R(r)Y(\theta,\phi)$ で割って，等式

$$-\frac{\hbar^2}{2m}\frac{1}{R(r)}\left[\partial_r\{r^2\partial_r R(r)\}\right]+\{V(r)-E\}r^2=-\frac{\hbar^2}{2m}\frac{1}{Y(\theta,\phi)}{d_{\theta,\phi}}^2Y(\theta,\phi) \tag{5.63}$$

を得る．

この等式は，任意の r と θ, ϕ で成立する．ところが，左辺は r の関数であり，一方右辺は角度の関数である．そのため，両辺が r, θ, ϕ によらない定数になる．この結果，$R(r)$ は変数 r についての 2 階微分方程式

$$-\frac{\hbar^2}{2m}\left[\frac{1}{r^2}\partial_r\left\{r^2\partial_r R(r)\right\}-\frac{1}{r^2}l(l+1)\right]R(r)+V(r)R(r)=ER(r) \tag{5.64}$$

を満たし，$Y(\theta,\phi)$ は角度についての 2 階微分方程式

$${d_{\theta,\phi}}^2Y(\theta,\phi)=-l(l+1)Y(\theta,\phi) \tag{5.65}$$

を満たす．角度に依存する関数 $Y(\theta,\phi)$ は，ポテンシャルに依存しない微分方程式を満たしている．$l(l+1)$ は変数分離を行う場合の未知の定数である．この定数は，変数分離に際しては任意の実数として扱われるが，今の場合，固有値方程式 (5.65) を満たすことから，特別の値 $l(l+1)$ に限定されることになる．これは，次節で詳しく説明するように，角運動量が満たす交換関係からも決められる．

5.3.2 波動関数の規格化

変数分離形の 2 つの関数

$$\Psi_1(\boldsymbol{x}) = R_1(r)Y_1(\theta,\phi) \tag{5.66}$$

$$\Psi_2(\boldsymbol{x}) = R_2(r)Y_2(\theta,\phi) \tag{5.67}$$

の内積は，球座標では

$$(\Psi_1(\boldsymbol{x}),\Psi_2(\boldsymbol{x})) = \int r^2 dr \sin\theta\, d\theta\, d\phi\, (R_1(r)Y_1(\theta,\phi), R_2(r)Y_2(\theta,\phi) \tag{5.68}$$

$$= \int_0^\infty r^2\, dr\, R_1(r)^* R_2(r) \int_0^\pi \sin\theta d\theta \int_0^{2\pi} d\phi Y_1(\theta,\phi)^* Y_2(\theta,\phi) \tag{5.69}$$

のように，r についての積分と θ, ϕ についての積分の積となる．r の積分要素にスケール因子（II 巻の**付録 B** の B.8 節を参照されたい）より r^2 がかかり，θ の積分要素に $\sin\theta$ がかかることに注意する必要がある．

5.4 動径波動関数

式 (5.65) を式 (5.63) に代入して得られる動径座標 r に関する方程式

$$-\frac{\hbar^2}{2m}\left[\frac{1}{r^2}\partial_r\left\{r^2\partial_r R(r)\right\} + \left\{\frac{\hbar^2}{2m}\frac{1}{r^2}l(l+1) + V(r)\right\}\right] R(r) = ER(r) \tag{5.70}$$

を次に考察する．これは，1 次元空間におけるシュレディンガー方程式とよく似ている．しかし，

(1) r の 1 階微分を含むこと，

(2) ポテンシャル $V(r)$ 以外に，角度変数の分離のパラメーター l に依存する大きさをもつ座標の関数 $\frac{\hbar^2}{2m}\frac{1}{r^2}l(l+1)$ を含むこと，

(3) 波動関数の規格化 (5.69) の際，積分要素に r^2 がかかること，

等の点で，通常の 1 次元系とは異なる．

(1) については，$u(r)$ を r で割った関数 $R(r)$

$$R(r) = \frac{u(r)}{r} \tag{5.71}$$

を使って方程式を書き換えると，微分が

$$\partial_r R(r) = \frac{u'(r)r - u(r)}{r^2} \tag{5.72}$$

$$\begin{aligned}\partial_r\{r^2\partial_r R(r)\} &= \partial_r\{u'(r)r - u(r)\} \\ &= u''(r)r \end{aligned} \tag{5.73}$$

となる．したがって，方程式は

$$\begin{cases} -\dfrac{\hbar^2}{2m}\left[\dfrac{u''(r)}{r} + \left\{\dfrac{\hbar^2}{2m}\dfrac{1}{r^2}l(l+1) + V(r)\right\}\dfrac{u(r)}{r}\right] = E\dfrac{u(r)}{r} \\ -\dfrac{\hbar^2}{2m}u''(r) + \left\{\dfrac{\hbar^2}{2m}\dfrac{1}{r^2}l(l+1) + V(r)\right\}u(r) = Eu(r) \end{cases} \tag{5.74}$$

のように 1 次元で 1 階微分項を含まない 2 階微分方程式になる．ここで，

$$u'(r) = \frac{d}{dr}u(r) \tag{5.75}$$

である．

(2) における，原点で発散する関数 $\frac{\hbar^2}{2m}\frac{1}{r^2}l(l+1)$ は，角運動量の大きさに依存する斥力ポテンシャル，いわゆる遠心力ポテンシャルを表している．

(3) の関数の規格化については，$u(r)$ を使うと，

$$\int_0^\infty r^2\,dr\,R_1(r)^*R_2(r) = \int_0^\infty dr\,u_1(r)^*u(r)_2 \tag{5.76}$$

と簡単になる．しかしながら，変数 r は，半無限領域

$$r \geq 0 \tag{5.77}$$

をとる点で，通常の 1 次元の変数とは異なる．

5.4.1　原点近傍

まず，式 (5.74) を原点の近傍で考察しよう．$V(r)$ は，$r \simeq 0$ で発散しないなめらかな関数であるとする．この領域で，ベキ関数

$$R(r) = r^\gamma \tag{5.78}$$

とおき，これを式 (5.74) の微分方程式に代入すると，r が小さい領域では，

$$\{\gamma(\gamma+1) - l(l+1)\}r^{\gamma-2} = 0 \tag{5.79}$$

となることがわかる．これより，γ は $\gamma = l, -l-1$ となる．後者の $\gamma = -l-1$ の解は，原点で内積 (5.76) が発散する．したがって，原点を含む領域における

規格化された波動関数にはならない．しかし，原点を含まない領域での波動関数にはなりうる．

一方，前者の $\gamma = l$ の関数は，原点の近傍でなめらかであり，

$$R(r) = r^l \tag{5.80}$$

と有限であり，$l \geq 1$ ならば原点でゼロとなる．このため，原点を含む領域を表す波動関数として適している．この場合に，粒子の存在確率が原点の近傍の領域においてゼロとなることは，角運動量の積 $l(l+1)$ に比例する強い斥力ポテンシャルのために生じている．この性質は，古典力学において，遠心力ポテンシャルのために質点が原点から遠ざけられることに対応している．$l = 0, 1, 2, \cdots$ の波を S 波，P 波，Q 波，等の名前で呼ぶ．

5.4.2 漸近形

次に，原点から遠く離れた領域で式 (5.74) を考察しよう．$V(r)$ は短距離型であり，ゼロとみなせるとする．この領域で，$u(r)$ が満たす方程式は

$$-\frac{\hbar^2}{2m}\partial_r{}^2 u(r) = Eu(r) \tag{5.81}$$

である．解の性質は，正エネルギーと負エネルギーで大きく異なる．

正エネルギー

$E \geq 0$ の場合，関数は進行波では

$$u(r) = Ne^{\pm ikr}, \quad k = \frac{\sqrt{2mE}}{\hbar} \tag{5.82}$$

であり，定在波では

$$u(r) = N\cos kr, \quad N\sin kr \tag{5.83}$$

である．N は規格化定数であり，状況に応じた値をとる．

進行波では，式 (5.7) と (5.8) より確率密度や流れの密度は

$$\rho(r) = |N|^2\frac{1}{r^2} \tag{5.84}$$

$$\boldsymbol{j}(r) = \pm|N|^2\boldsymbol{e}_r v\frac{1}{r^2} + O\left(\frac{1}{r^3}\right), \quad v = \frac{\hbar k}{m} \tag{5.85}$$

となり，大きな r の領域で，r^2 に逆比例する値をもつ．流れの方向は動径方向であり，流れの大きさは速さ v に比例する．確率 $\rho(r)$ を半径 R の球の内部で積分すると，半径 r の球の表面積が r^2 に比例するため，

$$\int_0^R dr\, r^2 \sin\theta\, d\theta\, d\phi\, \rho(r) = 4\pi |N|^2 R \tag{5.86}$$

のように半径によらない値となり，半径 R の球面をきる確率の流れ，すなわち $\boldsymbol{j}$ を同じ球面で面積分したものは

$$\int_{r=R} \boldsymbol{j} \cdot d\boldsymbol{S} = \pm 4\pi |N|^2 v \tag{5.87}$$

となる．つまり，球面を横切る確率は，速さ $v = \frac{\hbar k}{m}$ に比例して，外向きの場合と内向きの場合がある．

負エネルギー

$E \leq 0$ の場合，$r \to \infty$ で発散しない関数は

$$R(r) = \frac{e^{-kr}}{r}, \quad k = \frac{\sqrt{-2mE}}{\hbar} \tag{5.88}$$

となり，遠方で急激に減少してゼロとなる．この関数の確率密度や流れは

$$\rho(r) = \frac{e^{-2pr}}{r^2}, \quad \boldsymbol{j}(r) = 0 \tag{5.89}$$

となるため，密度は r とともに急激に小さくなり，また流れはゼロである．

確率 $\rho(r)$ を半径 $R = \infty$ の球の内部で積分すると

$$\int_0^\infty dr\, r^2 4\pi \rho(r) = 4\pi |N|^2 \frac{1}{2p} \tag{5.90}$$

のように一定の値になり，また半径 R の球面を横切る確率の流れは

$$\int_{r=R} \boldsymbol{j} \cdot d\boldsymbol{S} = 0 \tag{5.91}$$

のようにゼロである．つまり，有限な半径の球面を横切る確率はゼロである．

このように，$E \leq 0$ の場合は，空間の内部に留まる状態，すなわち束縛状態を表している．

5.4.3　自由球面波

ポテンシャルがゼロである場合，エネルギーは正定値となり方程式 (5.70) は

$$-\frac{\hbar^2}{2m}\left[\frac{1}{r^2}\partial_r\left\{r^2 \partial_r R(r)\right\} + \frac{\hbar^2}{2m}\frac{1}{r^2} l(l+1)\right] R(r) = ER(r) \tag{5.92}$$

である．これは，球ベッセル関数の微分方程式

$$\partial_r{}^2 R(r) + \frac{2}{r}\partial_r R(r) - \frac{1}{r^2} l(l+1) R(r) + \frac{2mE}{\hbar^2} R(r) = 0 \tag{5.93}$$

の形をしている．$r = cz$ とおいて変数変換すると

$$\partial_z{}^2 R(z) + \frac{2}{z}\partial_z R(z) - \frac{1}{z^2}l(l+1)R(z) + c^2\frac{2mE}{\hbar^2}R(z) = 0 \tag{5.94}$$

となる．係数を

$$c^2 = \left(\frac{2mE}{\hbar^2}\right)^{-1}, \quad c = \frac{\hbar}{p} = \frac{1}{k} \tag{5.95}$$

と選んだときの変数を ρ とすると，方程式は球ベッセルの方程式

$$\partial_\rho{}^2 R(\rho) + \frac{2}{\rho}\partial_\rho R(\rho) + \left\{1 - \frac{l(l+1)}{\rho^2}\right\} R(\rho) = 0 \tag{5.96}$$

に一致することがわかる．

この方程式には，独立な関数が定在波で

$$R(\rho) = j_l(\rho), n_l(\rho) \tag{5.97}$$

と 2 つある．前者 j_l は，原点近傍で r^l と振る舞って有限であり，後者 n_l は，原点近傍で r^{-l-1} と振る舞って発散する．

球ベッセル関数 j_l は，l が小さいとき

$$j_0(\rho) = \frac{\sin\rho}{\rho} \tag{5.98}$$

$$j_1(\rho) = \frac{\sin\rho}{\rho^2} - \frac{\cos\rho}{\rho} \tag{5.99}$$

$$j_2(\rho) = \left(\frac{3}{\rho^3} - \frac{1}{\rho}\right)\sin\rho - \frac{3}{\rho^2}\cos\rho \tag{5.100}$$

であり，原点で発散する球ベッセル関数 n_l は，l が小さいとき

$$n_0(\rho) = -\frac{\cos\rho}{\rho} \tag{5.101}$$

$$n_1(\rho) = -\frac{\cos\rho}{\rho^2} - \frac{\sin\rho}{\rho} \tag{5.102}$$

$$n_2(\rho) = -\left(\frac{3}{\rho^3} - \frac{1}{\rho}\right)\cos\rho - \frac{3}{\rho^2}\sin\rho \tag{5.103}$$

である．

進行波では，$\rho = kr$ を代入して，線形結合

$$R_+(r) = j_l(kr) + in_l(kr) \tag{5.104}$$

$$R_-(r) = j_l(kr) - in_l(kr) \tag{5.105}$$

となる．$R_+(r)$ は原点から外向きに進行する波であり，$l = 0$ や $l = 1$ では

$$l = 0; \quad R_+(r) = -i\frac{e^{ikr}}{kr} \tag{5.106}$$

$$l = 1; \quad R_+(r) = -e^{ikr}\frac{1}{kr}\left(1 + i\frac{1}{kr}\right) \tag{5.107}$$

となり，$R_-(r)$ は外から原点に内向きに進行する波であり，

$$l = 0; \quad R_-(r) = i\frac{e^{-ikr}}{kr} \tag{5.108}$$

$$l = 1; \quad R_-(r) = e^{-ikr}\frac{1}{kr}\left(1 + i\frac{1}{kr}\right) \tag{5.109}$$

となる関数である．有限な角運動量 $l \neq 0$ の進行波は，有限な r では l ごとに異なる振る舞いをするが，$r \to \infty$ では $l = 0$ の球面波と同じ r 依存性をもつ．むろん，角度依存性は $Y_{lm}(\theta, \varphi)$ で決まり，l や m に依存する．

後で述べる散乱問題では，有限な領域におけるポテンシャルの影響を受けた波が形成される．この波は，j_l と n_l を式 (5.107) とは異なる重みをつけて重ね合わせた波動関数である．

5.4.4　固有値方程式

全領域で，方程式 (5.70) を満たす関数の振る舞いは，ポテンシャルにより異なる．一定の球形ポテンシャル，$\frac{1}{r}$ の形のクーロンポテンシャルと r^2 の形の調和振動子の場合は，解析的に求められる．一定の球形ポテンシャルと r^2 の形の調和振動子は次の節で扱い，クーロンポテンシャルは次の章で扱う．他の場合には，数値的な方法や近似的な方法が適用される．

5.5　球形井戸型ポテンシャル中の束縛状態

球形井戸型ポテンシャル

$$V = \begin{cases} V_0, & r \leq R \quad (5.110) \\ 0, & r \geq R \quad (5.111) \end{cases}$$

中の質点の従う動径方向の微分方程式は，$r \leq R$ と $R < r$ と同じ表式で

$$-\frac{\hbar^2}{2m}\left[\frac{1}{r^2}\partial_r\left\{r^2\partial_r R(r)\right\} + \frac{\hbar^2}{2m}\frac{1}{r^2}l(l+1)\right]R(r) = \frac{\tilde{p}^2}{2m}R(r) \tag{5.112}$$

となる．ただし，右辺の定数係数は，$r = R$ の中では有限のポテンシャルの影響で外で異なり，

$$\frac{\tilde{p}^2}{2m} = \begin{cases} E - V_0, & r \leq R \quad (5.113) \\ E, & R < r \quad (5.114) \end{cases}$$

である．

いま，$V_0 < 0$ として，$V_0 < E < 0$ のエネルギーをもつ束縛状態を求めよう．内部と外部の運動量として

$$\tilde{p}_{\rm in} = \pm\sqrt{2m(E - V_0)}, \quad r \leq R \tag{5.115}$$

$$\tilde{p}_{\rm out} = \sqrt{-2mE}, \quad R < r \tag{5.116}$$

とおき，さらに，

$$k_{\rm in} = \frac{p_{\rm in}}{\hbar}, \quad k_{\rm out} = \frac{p_{\rm out}}{\hbar} \tag{5.117}$$

とおくと，$r < R$ で有界で $R < r$ で収束する波動関数は，未定の定数 $N_l(k_{\rm in})$ と $M_l(k_{\rm out})$ を用いると，

$$N_l(k_{\rm in}) j_l(k_{\rm in} r), \quad r \leq R \tag{5.118}$$

$$M_l(k_{\rm out})\{j_l(i\tilde{k}_{\rm out} r) + i n_l(i\tilde{k}_{\rm out} r)\}, \quad R < r \tag{5.119}$$

となる．

2 階微分方程式の解は，関数値とその 1 階微分が連続になる．そのため，図 5.2 のように，$r = R$ での波動関数とその 1 階微分は連続性の条件

$$N_l(k_{\rm in}) j_l(k_{\rm in} R) = M_l(k_{\rm out})\{j_l(i\tilde{k}_{\rm out} R) + i n_l(i\tilde{k}_{\rm out} R)\} \tag{5.120}$$

$$N_l(k_{\rm in}) \frac{\partial}{\partial r} j_l(k_{\rm in} r)\bigg|_{r=R} = M_l(k_{\rm out}) \frac{\partial}{\partial r}\{(j_l(i\tilde{k}_{\rm out} r) + i n_l(i\tilde{k}_{\rm out} r)\}\bigg|_{r=R} \tag{5.121}$$

を満たす．これらは，規格化定数 N_l, M_l による．しかし，両辺の比をとることにより，規格化定数に依存しない関係式

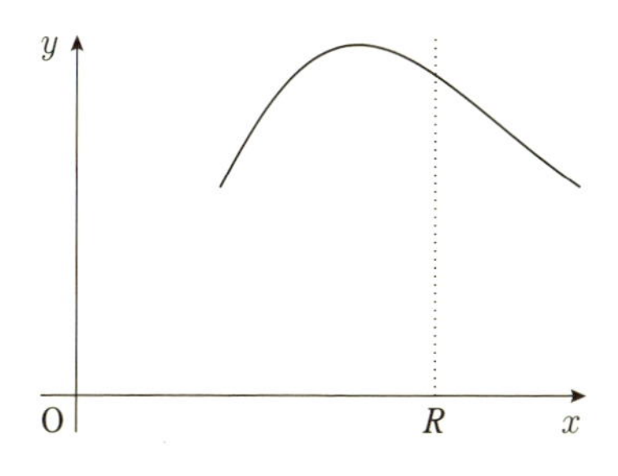

図 5.2　R で連続な波動関数

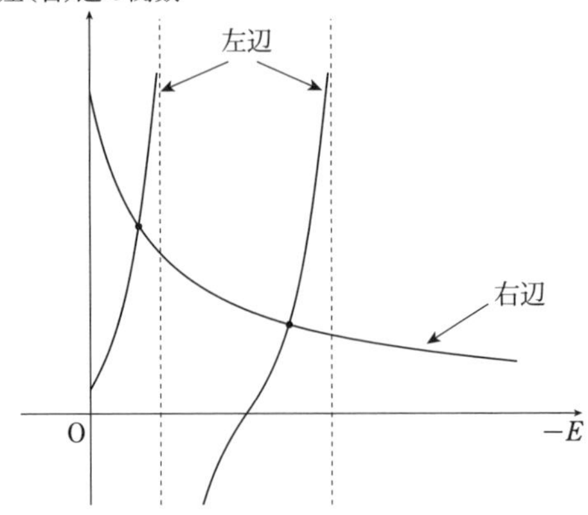

図 5.3　グラフの交点が固有値を示す．

$$\frac{\frac{\partial}{\partial r}j_l(k_{\text{in}}r)\big|_{r=R}}{j_l(k_{\text{in}}R)} = \frac{\frac{\partial}{\partial r}(j_l(i\tilde{k}_{\text{out}}r) + in_l(i\tilde{k}_{\text{out}}r))\big|_{r=R}}{j_l(i\tilde{k}_{\text{out}}R) + in_l(i\tilde{k}_{\text{out}}R)} \tag{5.122}$$

が導かれる．この式で，エネルギーが決定される．

$l=0$ では，上の式は簡単になる．このとき，$j_0(kr) = D\frac{\sin kr}{r}$（$D$ は $\frac{1}{k}$）であり，$j_0(ikr) + in_0(ikr) = C\frac{e^{-kr}}{r}$（$C$ は $\frac{-1}{k}$）であるので，固有値を決める式 (5.122) は，

$$\frac{k_{\text{in}}R\cos k_{\text{in}}R - \sin k_{\text{in}}R}{R\sin k_{\text{in}}R} = \frac{k_{\text{out}}R+1}{R} \tag{5.123}$$

となり，さらに変形して

$$\frac{k_{\text{in}}R\cos k_{\text{in}}R - \sin k_{\text{in}}R}{\sin k_{\text{in}}R} = k_{\text{out}}R+1 \tag{5.124}$$

$$k_{\text{in}}R(\tan k_{\text{in}}R)^{-1} - 1 = k_{\text{out}}R+1 \tag{5.125}$$

となる．したがって

$$\frac{\tan(k_{\text{in}}R)}{k_{\text{in}}R} = \frac{1}{k_{\text{out}}R+2} \tag{5.126}$$

が得られる．この両辺は，変数 E の関数として図 5.3 のようになり，両関数の交点から固有値が決まる．

束縛状態である $E<0$ の固有状態の数は，V_0 の絶対値の増大とともに大きくなることがわかる．特に，左辺が発散するのは

$$\tan\sqrt{2m(E-V_0)}R = \infty \tag{5.127}$$

となるときであり，このときエネルギーは

$$E = V_0 + \frac{(2n+1)^2\pi^2}{8mR^2} \tag{5.128}$$

となっている．同様に，左辺がゼロとなるのは

$$\tan\sqrt{2m(E-V_0)}R = 0 \tag{5.129}$$

となるときであり，このときエネルギーは

$$E = V_0 + \frac{(2n)^2\pi^2}{8mR^2} \tag{5.130}$$

となっている．したがって，エネルギー固有値は，この値の間にあることになる．

5.6 動径座標についての方程式

5.6.1 球対称調和振動子の基底状態

球対称な 3 次元調和振動子のポテンシャルは

$$V(r) = \frac{1}{k}r^2 = \frac{1}{2}k(x^2+y^2+z^2) \tag{5.131}$$

である．このポテンシャルは $r \to \infty$ で発散するので，一定のエネルギーの値 E より大きくなり，固有値方程式の解は，すべて $|\boldsymbol{x}| \to \infty$ で $|\psi(\boldsymbol{x})| \to 0$ となる積分が収束して

$$\int d\boldsymbol{x}\,|\psi(\boldsymbol{x})|^2 = 1 \tag{5.132}$$

となる束縛状態である．この性質は，古典力学における，3 次元調和振動子の振る舞いと同じである．

動径座標 r に関する波動方程式 (5.70) にポテンシャルを代入すると

$$-\frac{\hbar^2}{2m}\left[\frac{1}{r^2}\partial_r\left\{r^2\partial_r R(r)\right\} + \left\{\frac{\hbar^2}{2m}\frac{1}{r^2}l(l+1) + \frac{k}{2}r^2\right\}\right]R(r) = ER(r) \tag{5.133}$$

が得られる．

はじめ，角運動量がゼロである $l=0$ の場合の方程式を考察する．このとき，方程式は

$$-\frac{\hbar^2}{2m}\left[\frac{1}{r^2}\partial_r\left\{r^2\partial_r R(r)\right\} + \frac{k}{2}r^2\right]R(r) = ER(r) \tag{5.134}$$

となり，1 次元調和振動子のシュレディンガー方程式とほぼ同じ形になる．そのため，特殊解として，1 次元の場合と同じ形

$$R(r) = e^{-cr^2} \tag{5.135}$$

を仮定する．ここで，c は未知の定数とする．これを式 (5.134) に代入するため，この関数の 1 階微分と 2 階微分を計算すると

$$R'(r) = -2cre^{-cr^2} \tag{5.136}$$

$$R''(r) = \{-2c + (-2cr)^2\}e^{-cr^2} \tag{5.137}$$

が得られる．このため，シュレディンガー方程式は

$$-\frac{\hbar^2}{2m}(-2c + 4c^2r^2 - 4c)e^{-cr^2} + \frac{k}{2}r^2e^{-cr^2} = Ee^{-cr^2} \tag{5.138}$$

となり，係数が

$$-\frac{\hbar^2}{2m}(4c^2) + \frac{k}{2} = 0, \quad c = \frac{\sqrt{m}k}{2\hbar} \tag{5.139}$$

を満たすとき，式 (5.138) は任意の r で成立する．つまり，e^{-cr^2} は $c = \frac{\sqrt{m}k}{2\hbar}$ のとき，式 (5.138) の解となっている．このとき，エネルギーは

$$E = \frac{\hbar^2}{2m}(6c) = 3 \times \frac{\hbar}{2}\sqrt{\frac{k}{m}} \tag{5.140}$$

である．

この解は，動径座標 r の関数として，$r \to \infty$ で急激に小さくなり，また有限の r ではゼロになることのない，基底状態である．このエネルギーは 3 次元調和振動子のゼロ点エネルギーと呼ばれ，最低固有状態のエネルギーであり，また必ず正定値である．

このように，3 次元調和振動子のハミルトニアンは，3 方向の調和振動子の和であり，ゼロ点エネルギーも 1 次元振動子のゼロ点エネルギーの 3 倍となっている．

5.6.2　水素原子の基底状態

水素原子のクーロンポテンシャルは

$$V(r) = -\frac{\alpha_{\mathrm{c}}}{r}, \quad \alpha_{\mathrm{c}} > 0 \tag{5.141}$$

であり，異符号電荷の間に引力がはたらいている．このポテンシャルは，$r \to \infty$ でゼロとなるので，負エネルギー $E < 0$ の固有値方程式の解は，すべて

$$|\psi(\boldsymbol{x})| \to 0, \quad |\boldsymbol{x}| \to \infty \tag{5.142}$$

となり，さらに積分が収束して

$$\int d\boldsymbol{x}\,|\psi(\boldsymbol{x})|^2 = 1 \tag{5.143}$$

となる束縛状態である．この性質は，古典力学における万有引力の下での，負エネルギーの解と同じである．

動径座標 r に関する波動方程式 (5.70) にポテンシャルを代入して，

$$-\frac{\hbar^2}{2m}\left[\frac{1}{r^2}\partial_r\left\{r^2\partial_r R(r)\right\}+\left\{\frac{\hbar^2}{2m}\frac{1}{r^2}l(l+1)-\frac{\alpha_{\mathrm{c}}}{r}\right\}\right]R(r)=ER(r) \tag{5.144}$$

が得られる．

次に，角運動量がゼロである $l=0$ 場合の方程式を考察する．このとき，方程式は

$$-\frac{\hbar^2}{2m}\left[\frac{1}{r^2}\partial_r\left\{r^2\partial_r R(r)\right\}-\frac{\alpha_{\mathrm{c}}}{r}\right]R(r)=ER(r) \tag{5.145}$$

となり，前節とは大きく異なる形になる．しかし，$r\to\infty$ で急激に小さくなる固有関数があるはずである．そのため，特殊解として，式 (5.135) を少し修正した形

$$R(r)=e^{-cr} \tag{5.146}$$

を仮定する．この関数の 1 階微分と 2 階微分を計算して得られる

$$R'(r)=-ce^{-cr},\quad R''(r)=(-c)^2e^{-cr} \tag{5.147}$$

を式 (5.145) に代入すると，シュレディンガー方程式は

$$-\frac{\hbar^2}{2m}\left(c^2-2c\frac{1}{r}\right)e^{-cr}-\frac{\alpha_{\mathrm{c}}}{r}e^{-cr}=Ee^{-cr} \tag{5.148}$$

となり，係数が

$$-\frac{\hbar^2}{2m}(-2c)-\alpha_{\mathrm{c}}=0,\quad c=\frac{m\alpha_{\mathrm{c}}}{\hbar^2} \tag{5.149}$$

を満たすとき，式 (5.148) は任意の r で成立する．つまり，e^{-cr} は $c=\frac{m\alpha_{\mathrm{c}}}{\hbar^2}$ のとき，式 (5.148) の解となっている．このとき，エネルギーは

$$E=-\frac{\hbar^2}{2m}c^2=-\frac{m\alpha_{\mathrm{c}}^2}{2\hbar^2} \tag{5.150}$$

である．

この解は，動径座標 r の関数として，$r \to \infty$ で急激に小さくなり，また有限の r ではゼロにならない，基底状態である．このエネルギーは，水素原子の最低固有状態のエネルギーである．他の多くの励起状態の波動関数や，エネルギー固有値については，第6章で考察する．

5.7　角運動量

5.7.1　角運動量の交換関係

球対称ポテンシャル $V(r)$ 中で運動する質点は，角運動量保存則を満たしている．角運動量の3成分

$$L_x = yp_z - zp_y, \quad L_y = zp_x - xp_z, \quad L_z = xp_y - yp_x \tag{5.151}$$

は，ハミルトニアンとの間で交換関係

$$[H, L_i] = 0 \tag{5.152}$$

を満たす．ここで，成分 L_x, L_y, L_z を L_1, L_2, L_3 と表すことにし，他のベクトルについても，以下，同じ表記法をとる．式(5.152)より，量子力学でも角運動量の各成分は時間によらない保存量である．

ところで，角運動量の2つの成分の間の交換関係を計算すると

$$[L_x, L_y] = i\hbar L_z \tag{5.153}$$

となり，角運動量のもう1つの成分が導かれることがわかる．II巻の**付録A**にある反対称テンソル ϵ_{ijk} を用いると，角運動量の各成分は

$$L_i = \epsilon_{ijk} x_k p_l \tag{5.154}$$

と一般的に表され，位置や運動量の各成分との間で交換関係は

$$[L_i, x_j] = \epsilon_{ikl}[x_k p_l, x_j] = i\hbar\epsilon_{ikl} x_k \delta_{jl} = i\hbar\epsilon_{ikj} x_k \tag{5.155}$$

$$[L_i, p_j] = \epsilon_{ikl}[x_k p_l, p_j] = i\hbar\epsilon_{ikl} p_l \delta_{jk} = i\hbar b\epsilon_{ijl} p_l \tag{5.156}$$

となる．

上の計算で，同じ添字 i 等が繰り返されるときは，その添字の和 $\sum_i$ を取る．これらは，角運動量ベクトルと，交換関係

$$[L_i, A_j] = i\hbar\epsilon_{ikj} A_k \tag{5.157}$$

を満たす演算子の例である．このような演算子 A_i をベクトル演算子と呼ぶ．この交換関係は，角運動量が座標回転を引き起こす生成子であり，座標回転で演算子 A_i がベクトルとして変換を受けることを表している．さらにこれらより，スカラー量である $\boldsymbol{A}^2$ は

$$[L_i, A_j^2] = A_j[L_i, A_j] + [L_i, A_j]A_j = i\hbar\epsilon_{ijk}(A_jA_k + A_kA_j) = 0 \tag{5.158}$$

となり，角運動量と可換であることがわかる．$\boldsymbol{A}^2$ の任意の関数も

$$[L_i, F(A_j^2)] = 0 \tag{5.159}$$

となる．

角運動量間の交換関係は，式 (5.155) と (5.156) より確かに

$$\begin{aligned}[L_i, L_j] &= [L_i, \epsilon_{jkl}x_kp_l] \\ &= \epsilon_{jkl}x_k[L_i, p_l] + \epsilon_{jkl}[L_i, x_k]p_l \\ &= i\hbar(\epsilon_{jkl}\epsilon_{ilm}x_kp_m + \epsilon_{jkl}\epsilon_{ikm}x_mp_l) \\ &= i\hbar\epsilon_{ijk}L_k \end{aligned} \tag{5.160}$$

となる．角運動量は，上の演算子 A_i の 1 つであり，また，閉じた代数関係を満たしている．

5.7.2 角運動量の行列表現

角運動量ベクトルの 3 成分が満たす閉じた代数 (5.160) は，強力な関係式である．これを使うことにより，代数を満たす有限次元の行列を，交換関係だけを使って求めることができる．

まず，交換関係の両辺の行列のトレースを計算して，

$$\mathrm{Tr}[L_i, L_j] = i\hbar\epsilon_{ijk}\,\mathrm{Tr}\,L_k \tag{5.161}$$

を得る．ここで，左辺は任意の有限次元行列で成立する関係式

$$\mathrm{Tr}[A, B] = \sum_i [A, B]_{ii} = \sum_{i.l}(A_{il}B_{li} - B_{il}A_{li}) = 0 \tag{5.162}$$

であり，この結果

$$\mathrm{Tr}\,L_k = 0 \tag{5.163}$$

となる．つまり，この3個の行列は，トレースがゼロとなる行列である．

以下，簡単のために $\frac{L_i}{\hbar}$ を L_i と表して計算する．これは $\hbar = 1$ なる単位系をとるのと同じである．

さて，次のように定義する昇降演算子

$$L_+ = L_1 + iL_2, \quad L_- = L_1 - iL_2 \tag{5.164}$$

を使うと，見通しよく計算できる．昇降演算子は交換関係

$$\begin{cases} [L_3, L_+] = L_+, \quad [L_3, L_-] = -L_- \\ [L_+, L_-] = 2L_3 \end{cases} \tag{5.165}$$

を満たし，角運動量ベクトルの大きさの2乗の昇降演算子での表現

$$\begin{aligned} \boldsymbol{L}^2 = \sum_i L_i^2 &= L_+L_- + L_3(L_3 - 1) \\ &= L_-L_+ + L_3(L_3 + 1) \end{aligned} \tag{5.166}$$

を与える．

交換関係を満たす行列 L_i $(i = 1, 2, 3)$ を求めるにあたり，

(1) 行列の一意性

(2) 直交基底ベクトル

(3) 対角行列とその成分

に着目する．

(1) 行列の任意性：

1つの行列の組 L_i が，交換関係 (5.160) を満たすとき，1つのユニタリー行列 U で変換した行列

$$\tilde{L}_i = U^\dagger L_i U, \quad U^\dagger U = 1 \tag{5.167}$$

は，容易にわかるように同じ交換関係

$$[\tilde{L}_i, \tilde{L}_j] = i\hbar\epsilon_{ijk}\tilde{L}_k \tag{5.168}$$

を満たす．

(2) 直交基底ベクトル：

上のように，1つの行列がわかればよいので，行列を計算しやすい直交基底ベクトルを選ぶ．

(3) 対角行列とその成分：

L_3 を対角行列にするとき，固有値方程式

$$L_3|b\rangle = b|b\rangle \tag{5.169}$$

の解である固有値が，どのように分布するかを知ることが大切である．

さて，交換関係

$$[\boldsymbol{L}^2, L_i] = 0, \quad [L_i, L_i] = 0 \tag{5.170}$$

から，$\boldsymbol{L}^2$ と L_i の 1 つは互いに可換である．そのため，同時に対角形にできる．いま，$\boldsymbol{L}^2$ と L_3 に着目して，これらを対角形とする表示を求める．このため，これらの固有値を (a, b)，固有ベクトルを $|a, b\rangle$

$$\boldsymbol{L}^2|a, b\rangle = a|a, b\rangle, \quad L_3|a, b\rangle = b|a, b\rangle \tag{5.171}$$

とおいて，固有値や固有ベクトルの関係式や，この固有ベクトルによる角運動量の行列表示を求める．

この空間における演算子 L_i やそれらの任意の積はすべて $\boldsymbol{L}^2$ と可換であるので，固有ベクトル $|a, b\rangle$ に演算子 L_i またはその積をかけた状態は

$$\boldsymbol{L}^2 L_1^l L_2^m L_3^n |a, b\rangle = a L_1^l L_2^m L_3^n |a, b\rangle \tag{5.172}$$

となる．そのため，この空間では，$\boldsymbol{L}^2$ の固有値 a は一定の値に固定されている．しかし，b はいくつかの値をとる．それらの値を大きさの順に $b_1, b_2, \cdots, b_N$ とすると，このベクトル空間は

$$|a, b_1\rangle, |a, b_2\rangle, |a, b_2\rangle, \cdots, |a, b_N\rangle \tag{5.173}$$

からなっている．昇降演算子と L_3 との交換関係から

$$L_3(L_-)|a, b\rangle = ([L_3, L_-] + L_- L_3)|a, b\rangle = (b-1)L_-|a, b\rangle \tag{5.174}$$

となり，L_- は L_3 の固有値を 1 下げ

$$L_3(L_+)|a, b\rangle = ([L_3, L_+] + L_+ L_3)|a, b\rangle = (b+1)L_+|a, b\rangle \tag{5.175}$$

となり，L_+ は L_3 の固有値を 1 上げる．このため，$b_{i+1} = b_i + 1$ であることがわかり，まだ不定の規格化定数 N を残して

$$L_+|a, b\rangle = N|a, b+1\rangle, \quad L_-|a, b\rangle = N^{'}|a, b-1\rangle \tag{5.176}$$

と書ける．規格化定数は，状態の規格化から決まり，後で具体形を求める．

ここで，L_3 の上限値と下限値をもつベクトル $|a, b_N\rangle$, $|a, b_1\rangle$ に着目する．これらは

$$L_+|a, b_N\rangle = 0, \quad L_-|a, b_1\rangle = 0 \tag{5.177}$$

を満たす．何故ならば，もし前者の等式が成立しないとすれば

$$L_+|a, b_N\rangle \neq 0 \tag{5.178}$$

となり，L_3 の固有値 $b_N + 1$ をもつ状態が存在することになる．これは，b_N が L_3 の上限値であることに矛盾する．したがって，上の等式が成立する．後者の等式についても同様である．

ここでは，便宜上 $b_{\max} = b_N$, $b_{\min} = b_1$ とおく．このとき，L_+ や L_- を使う表示 (5.166) から，さらに

$$\begin{cases} \boldsymbol{L}^2|a, b_{\max}\rangle = (b_{\max}^2 + b_{\max})|a, b_{\max}\rangle \\ \boldsymbol{L}^2|a, b_{\min}\rangle = (b_{\min}^2 - b_{\min})|a, b_{\min}\rangle \end{cases} \tag{5.179}$$

を満たす．よって，最大固有値と最小固有値と a の間に，等式

$$a = b_{\max}^2 + b_{\max} = b_{\min}^2 - b_{\min} \tag{5.180}$$

が成立する．これを変形すると

$$b_{\max}^2 + b_{\max} - b_{\min}^2 + b_{\min} = 0 \tag{5.181}$$

$$(b_{\max} + b_{\min})(b_{\max} - b_{\min} + 1) = 0 \tag{5.182}$$

となることから，2 つの解

$$b_{\max} = -b_{\min}, \quad b_{\max} = b_{\min} - 1 \tag{5.183}$$

が得られる．後者の解は，大きさの条件を満たさないので除外する．その結果，一般に

$$b_{\max} = -b_{\min} = l \tag{5.184}$$

とおくと，a が

$$a = l(l+1) \tag{5.185}$$

となることがわかる．

この空間で，基底ベクトルの数は $2l+1$ であり，ベクトル空間の次元は，多重度，$2l+1$ となる．したがって，角運動量 L_i は $(2l+1)\times(2l+1)$ 行列となる．また，$2l+1$ が整数なので，l は整数か半整数である．しかしながら，軌道角運動量では，波動関数の空間座標での 1 価性を満たす条件から，l は整数である．スピンでは，その必要がないので，半整数が許される．

次に，状態の規格化条件から規格化定数 N, N' を求める．式の内積から，

$$|N|^2\langle a,m+1|a,m+1\rangle=(a-m^2-m)\langle a,m|a,m\rangle \tag{5.186}$$

$$|N'|^2\langle a,m-1|a,m-1\rangle=(a-m^2+m)\langle a,m|a,m\rangle \tag{5.187}$$

となる．ここで，規格化されているベクトルを使うと

$$|N|^2=(a-m^2-m) \tag{5.188}$$

$$|N'|^2=(a-m^2+m) \tag{5.189}$$

が得られ，

$$|N|=\sqrt{l(l+1)-m(m+1)} \tag{5.190}$$

$$|N'|=\sqrt{l(l+1)-m(m-1)} \tag{5.191}$$

となる．定数の位相は決まらないが，実数になるようにベクトルの位相を決めると，最終的に

$$N=\sqrt{l(l+1)-m(m+1)} \tag{5.192}$$

$$N'=\sqrt{l(l+1)-m(m-1)} \tag{5.193}$$

が得られる．

よって，

$$L_+|a,m\rangle=\sqrt{l(l+1)-m(m+1)}|a,m+1\rangle \tag{5.194}$$

$$L_-|a,m\rangle=\sqrt{l(l+1)-m(m-1)}|a,m-1\rangle \tag{5.195}$$

となり，さらに元の角運動量の成分を使うと

$$\begin{aligned}L_x|a,m\rangle&=\frac{1}{2}(L_++L_-)|a,m\rangle\\&=\frac{1}{2}\left\{\sqrt{l(l+1)-m(m+1)}|a,m+1\rangle\right.\\&\qquad\left.+\sqrt{l(l+1)-m(m-1)}|a,m-1\rangle\right\}\end{aligned} \tag{5.196}$$

$$L_y|a,m\rangle = \frac{1}{2i}(L_+ - L_-)|a,m\rangle$$
$$= \frac{1}{2i}\left\{\sqrt{l(l+1)-m(m+1)}|a,m+1\rangle\right.$$
$$\left.-\sqrt{l(l+1)-m(m-1)}|a,m-1\rangle\right\} \quad (5.197)$$

となる．以上より，角運動量の行列要素が，

$$\langle a,m_1|L_x|a,m_2\rangle = \frac{1}{2}\left\{\sqrt{l(l+1)-m(m+1)}\delta_{m_1\,m_2+1}\right.$$
$$\left.+\sqrt{l(l+1)-m(m-1)}\delta_{m_1\,m_2-1}\right\} \quad (5.198)$$

$$\langle a,m_1|L_y|a,m_2\rangle = \frac{1}{2i}\left\{\sqrt{l(l+1)-m(m+1)}\delta_{m_1\,m_2+1}\right.$$
$$\left.-\sqrt{l(l+1)-m(m-1)}\delta_{m_1\,-m_2-1}\right\} \quad (5.199)$$

$$\langle a,m_1|L_z|a,m_2\rangle = m_2\delta_{m_1\,m_2} \quad (5.200)$$

となることがわかる．L_x と L_y は対角成分がゼロであるので，明らかに，$\mathrm{Tr}\,L_i = 0,\ i=1,2$ である．また L_z は対角行列であるが，対角成分の和は明らかにゼロである．以上の結果に $l=1/2\hbar$ と $l=1\hbar$ を代入して具体的な行列を求めよう．ここで，$\hbar$ をあからさまに入れておく．

例 1：$l=1/2$ のとき

$$l_z = \frac{1}{2}\hbar\begin{pmatrix}1 & 0\\ 0 & -1\end{pmatrix},\quad l_x = \frac{1}{2}\hbar\begin{pmatrix}0 & 1\\ 1 & 0\end{pmatrix},\quad l_y = \frac{1}{2}\hbar\begin{pmatrix}0 & -i\\ i & 0\end{pmatrix}$$

例 2：$l=1$ のとき

$$l_z = \hbar\begin{pmatrix}1 & 0 & 0\\ 0 & 0 & 0\\ 0 & 0 & -1\end{pmatrix},\quad l_x = \frac{\hbar}{\sqrt{2}}\begin{pmatrix}0 & 1 & 0\\ 1 & 0 & 1\\ 0 & 1 & 0\end{pmatrix},\quad l_y = \frac{\hbar}{\sqrt{2}}\begin{pmatrix}0 & -i & 0\\ i & 0 & -i\\ 0 & i & 0\end{pmatrix}$$

5.7.3　球座標による角運動量状態

球座標を使って角運動量の状態を求める．そのため，デカルト座標と球座標の関係

$$\begin{cases} x = r\sin\theta\cos\phi, \quad y = r\sin\theta\sin\phi, \quad z = r\cos\theta \\ r = \sqrt{x^2+y^2+z^2} \\ \tan\theta = \dfrac{\sqrt{x^2+y^2}}{z}, \quad \tan\phi = \dfrac{y}{x} \end{cases} \quad (5.201)$$

を使い，微分演算子を球座標で表す．その結果，

$$
\begin{aligned}
p_x &= -i\hbar\frac{\partial}{\partial x} \\
&= -i\hbar\left(\frac{\partial r}{\partial x}\frac{\partial}{\partial r}+\frac{\partial\theta}{\partial x}\frac{\partial}{\partial\theta}+\frac{\partial\phi}{\partial x}\frac{\partial}{\partial\phi}\right) \\
&= -i\hbar\left(\sin\theta\cos\phi\frac{\partial}{\partial r}+\frac{\cos\theta\cos\phi}{r}\frac{\partial}{\partial\theta}-\frac{\sin\phi}{r\sin\theta}\frac{\partial}{\partial\phi}\right) \qquad (5.202)
\end{aligned}
$$

$$
\begin{aligned}
p_y &= -i\hbar\frac{\partial}{\partial y} \\
&= -i\hbar\left(\cos\theta\sin\phi\frac{\partial}{\partial r}+\frac{\cos\theta\sin\phi}{r}\frac{\partial}{\partial\theta}+\frac{\cos\phi}{r\sin\theta}\frac{\partial}{\partial\phi}\right) \qquad (5.203)
\end{aligned}
$$

$$
\begin{aligned}
p_z &= -i\hbar\frac{\partial}{\partial z} \\
&= -i\hbar\left(\cos\theta\frac{\partial}{\partial r}-\frac{\sin\theta}{r}\frac{\partial}{\partial\theta}\right) \qquad (5.204)
\end{aligned}
$$

が得られる．これより，角運動量は

$$
l_\pm = e^{\pm i\phi}\left(\pm\frac{\partial}{\partial\theta}+i\cot\theta\frac{\partial}{\partial\phi}\right) \qquad (5.205)
$$

$$
l_z = -i\hbar\frac{\partial}{\partial\phi} \qquad (5.206)
$$

$$
\boldsymbol{l}^2 = -\left\{\frac{1}{\sin^2\theta}\frac{\partial^2}{\partial\phi^2}+\frac{1}{\sin\theta}\frac{\partial}{\partial\theta}\left(\sin\theta\frac{\partial}{\partial\theta}\right)\right\} \qquad (5.207)
$$

となることがわかる．

$\boldsymbol{l}^2$ と l_z の固有関数は，

$$
Y_{lm} = \frac{1}{2\pi}e^{im\phi}\Theta_{lm}(\theta) \qquad (5.208)
$$

$$
\boldsymbol{l}^2 Y_{lm} = l(l+1)Y_{lm} \qquad (5.209)
$$

$$
l_z Y_{lm} = mY_{lm} \qquad (5.210)
$$

のように，さらに角度変数を分離して表せる．一連の方程式 (5.209) と (5.210) を解くのにあたり，まず，前節に使った Y_{ll} や Y_{l-l} を求め，次にこれらの状態に昇降演算子をかけて，逐次すべての状態を求めることにする．

Y_{ll} は最大の m の値をもつ状態であり，Y_{l-l} は最小の m の値をもつ状態である．そのため，1 階微分方程式 (5.177)

$$
l_+Y_{ll} = 0, \quad l_-Y_{l-l} = 0 \qquad (5.211)
$$

を満たす．1 階微分方程式を解くのは，2 階微分方程式を解くよりもはるかに

やさしい．そのため，簡単に解を求められる．Θ_{ll} については，方程式

$$\frac{d\Theta_{ll}}{d\theta} - l\cot\theta\,\Theta_{ll} = 0 \tag{5.212}$$

を変形した後，積分して

$$\frac{1}{\Theta_{ll}}\frac{d\Theta_{ll}}{d\theta} = \log\cot\theta\,\Theta_{ll} \tag{5.213}$$

$$\log\Theta_{ll} = \log\sin^l\theta$$

$$\Theta_{ll} = N\sin^l\theta \tag{5.214}$$

となり，よって，

$$Y_{ll} = \frac{1}{2\pi}e^{il\phi}\Theta_{ll}(\theta) \tag{5.215}$$

と解が求まる．

一般の解は，演算子 l_- を Y_{lm} にかけて得られる関係式

$$l_- Y_{lm} = \sqrt{(l-m+1)(l+m)}Y_{l,m-1} \tag{5.216}$$

を使えばよい．この結果得られる関係式,

$$Y_{lm} = \left[\frac{1}{(2l)!}\right]^{-1/2}\sqrt{\frac{(l-m)!}{(l+m)!}}(l_-)^{l-m}Y_{ll} \tag{5.217}$$

と，恒等式

$$(l_-)f(\theta)e^{im\phi} = e^{i(m-1)\phi}\sin\theta^{-m}\frac{d}{d\cos\theta}(f(\theta)\sin^m\theta) \tag{5.218}$$

を使い，

$$Y_{lm}(\theta,\phi) = \frac{1}{2\pi}e^{im\phi}\Theta_{lm}(\theta) \tag{5.219}$$

$$\Theta_{lm}(\theta) = N_{lm}\frac{1}{2^l l!\sin^m\theta}\frac{d^{l-m}}{d\cos^{l-m}\theta}\sin^{2l}\theta \tag{5.220}$$

$$N_{lm} = (-i)^l\sqrt{\frac{(2l+1)(l+m)!}{2(l-m)!}} \tag{5.221}$$

が得られる．ただし，規格化条件

$$\int \sin\theta\,d\theta\,|\Theta_{lm}(\theta)|^2 = 1 \tag{5.222}$$

を満たすように規格化定数を決めた．これは，規格化条件

$$\int \sin\theta\,d\theta\,d\phi\,|Y_{lm}(\theta,\phi)|^2 = 1 \tag{5.223}$$

に対応する．このようにして，式 (5.65) の解がわかった．

$Y_{l\,-l}(\theta,\phi)$ を出発しても同じようにして，$Y_{lm}(\theta,\phi)$ が得られる．

1 価性と軌道角運動量

球座標で求めた角運動量の固有状態 $Y_{lm}(\theta,\phi)$ が 1 価関数になるためには,

$$Y_{lm}(\theta,\phi+2\pi)=Y_{lm}(\theta,\phi),\quad e^{im(2\pi)}=1 \tag{5.224}$$

となり, m は整数でなければならない. 前節で求めた交換関係に基づく角運動量の一般論からは, 半整数も許された. しかし, 軌道角運動量は, 整数の値だけをとる. 半整数の値をとるのは, 後で述べるスピン角運動量である.

5.7.4 ルジャンドル微分方程式

2 階微分方程式 (5.209) を直接解いて $\Theta(\theta)_{lm}$ を求めることもできる. 方程式は, $x=\cos\theta$ とおいて $m=0$ では簡単なルジャンドルの微分方程式

$$(1-x^2)P_l''-2xP_l'+l(l+1)P_l=0 \tag{5.225}$$

になり, 解が II 巻の**付録 D** の D.2 節で与えられたように

$$P_{2n}=\sum_{r=0}^{n}(-1)^{n-r}\frac{(2n+2r-1)!!}{(2r)!(2n-2r)!!}x^{2r} \tag{5.226}$$

$$P_{2n+1}=\sum_{r=0}^{n}(-1)^{n-r}\frac{(2n+2r+1)!!}{(2r+1)!(2n-2r)!!}x^{2r+1} \tag{5.227}$$

と表せる. 得られた結果は, 式 (5.220) で $m=0$ としたものに一致する.

5.7.5 角運動量ハミルトニアン

ハミルトニアンが

$$H=\frac{1}{2I}\sum_i {L_i}^2 \tag{5.228}$$

で与えられる物理系を考察する. たとえば, 半径が R に固定された球面上の質量 m の質点の自由な運動の場合,

$$I=mR^2 \tag{5.229}$$

である. この系では, 力学変数は L_i であり, 座標 x_i は全く顔を出さない. L_i の時間依存性がわかれば, 運動がわかることになる.

角運動量の特徴は, 3 つの成分が閉じた代数関係 $[L_i,L_j]=i\hbar\epsilon_{ijk}L_k$ をなすことである. このため, 運動方程式は

$$\dot{L}_i = \frac{1}{i\hbar}[H, L_i] = 0 \tag{5.230}$$

であり，簡単に積分できて

$$L_i(t) = L_i(0) \tag{5.231}$$

となる．

ハミルトニアンの固有状態は，角運動量の2乗 $\boldsymbol{L}^2$ の固有状態 $|l, m\rangle$ であり，

$$H|l, m\rangle = \frac{1}{2I}\hbar^2 l(l+1)|l, m\rangle \tag{5.232}$$

のように，固有値は $\frac{1}{2I}\hbar^2 l(l+1)$ である．

5.8　スピン角運動量

電子は，位置と運動量のベクトル積である軌道角運動量に加えて，スピン角運動量 $\boldsymbol{s}$ をもつことがわかっている．スピンは，電子の位置や運動量とは独立な自由度であり，スピン演算子 $\boldsymbol{s}$ の成分は位置，運動量と可換であり，当然ながら軌道角運動量とも可換である．そのためスピンの各成分は，交換関係

$$[s_i, x_j] = [s_i, p_j] = 0, \quad [s_i, L_j] = 0 \tag{5.233}$$

と

$$[s_i, s_j] = i\epsilon_{ijk} s_k \tag{5.234}$$

を満たしている．

スピンは角運動量であるため，その大きさは，$\hbar$ の半整数倍か整数倍である．電子のスピンの大きさは $\frac{1}{2}\hbar$ であり，s_3 の固有値も，$\pm\frac{1}{2}\hbar$ をとる 2×2 の行列を構成する2次元ベクトル空間で表される．このため，ξ は $\pm 1/2$ の2つの値をとるとして，電子は $\psi_{-1/2}(\boldsymbol{x}, t)$ と $\psi_{1/2}(\boldsymbol{x}, t)$ の2つの成分をもつ波動関数

$$\psi_\xi(\boldsymbol{x}, t) \tag{5.235}$$

で表される．陽子や中性子のスピンの大きさも $\frac{1}{2}\hbar$ であり，2つの成分をもつ波動関数で表される．

$\frac{1}{2}\hbar$ の大きさをもつ電子のスピン角運動量は，2×2 の行列

$$(s_i)_{\xi,\eta}; \quad \xi, \eta = -\frac{1}{2}, \frac{1}{2} \tag{5.236}$$

で表される．このとき，スピン角運動量のスピン自由度を表す変数 ξ に依存する波動関数への作用は，

$$\{s_i\psi(\boldsymbol{x},t)\}_\xi = \sum_\eta (s_i)_{\xi,\eta}\psi_\eta(\boldsymbol{x},t) \tag{5.237}$$

と定義される．

5.9 角運動量の合成

5.9.1 角運動量状態の直積

全角運動量 $\boldsymbol{J}$ が 2 つの角運動量 $\boldsymbol{L}_1$ と $\boldsymbol{L}_2$ の和 $\boldsymbol{J} = \boldsymbol{L}_1 + \boldsymbol{L}_2$ である系で，角運動量 $\boldsymbol{L}_1$ の基底ベクトル $|l_1, m_1\rangle_1$ について

$$\begin{cases} \boldsymbol{L}_1^2|l_1, m_1\rangle_1 = l_1(l_1+1)|l_1, m_1\rangle_1 \\ L_1^3|l_1, m_1\rangle_1 = m_1|l_1, m_1\rangle_1 \end{cases} \tag{5.238}$$

と，角運動量 $\boldsymbol{L}_2$ の基底ベクトル $|l_2, m_2\rangle_2$ について

$$\begin{cases} \boldsymbol{L}_2^2|l_2, m_2\rangle_2 = l_2(l_2+1)|l_2, m_2\rangle_2 \\ L_2^3|l_2, m_2\rangle_2 = m_2|l_2, m_2\rangle_2 \end{cases} \tag{5.239}$$

がわかっているとき，これらの固有状態から全角運動量の固有状態を構成できる．なお，2 つの角運動量は独立なので，

$$[L_1^i, L_2^j] = 0 \tag{5.240}$$

が成立している．

全角運動量の z 成分と，大きさの 2 乗は，

$$\begin{aligned} J^{(3)} &= L_1^{(3)} + L_2^{(3)} \\ \boldsymbol{J}^2 &= (\boldsymbol{L}_1 + \boldsymbol{L}_2)^2 = \boldsymbol{L}_1^2 + \boldsymbol{L}_2^2 + 2\boldsymbol{L}_1\cdot\boldsymbol{L}_2 \\ &= \boldsymbol{L}_1^2 + \boldsymbol{L}_2^2 + 2L_1^{(3)}L_2^{(3)} + L_1^{(+)}L_2^{(-)} + L_1^{(-)}L_2^{(+)} \end{aligned} \tag{5.241}$$

となる．つまり，全角運動量の z 成分では変数が分離しているが，角運動量の大きさの 2 乗では変数が分離せず，両変数の積の項が含まれている．このため，角運動量の 2 つの状態の直積 $|l_1, m_1\rangle_1 \otimes |l_2, m_2\rangle_2$ は角運動量の z 成分の固有状態であり

$$J^{(3)}|l_1,m_1\rangle_1\otimes|l_2,m_2\rangle_2=(L_1^{(3)}+L_2^{(3)})|l_1,m_1\rangle_1\otimes|l_2,m_2\rangle_2$$
$$=(m_1+m_2)|l_1,m_1\rangle_1\otimes|l_2,m_2\rangle_2 \quad (5.242)$$

となるが，角運動量の大きさの2乗では

$$\begin{aligned}&\boldsymbol{J}^2|l_1,m_1\rangle_1\otimes|l_2,m_2\rangle_2\\&=(\boldsymbol{L}_1+\boldsymbol{L}_2)^2|l_1,m_1\rangle_1\otimes|l_2,m_2\rangle_2\\&=(\boldsymbol{L}_1^2+\boldsymbol{L}_2^2+2\boldsymbol{L}_1\cdot\boldsymbol{L}_2)|l_1,m_1\rangle_1\otimes|l_2,m_2\rangle_2\\&=\{l_1(l_1+1)+l_2(l_2+1)+2m_1m_2\}|l_1,m_1\rangle_1\otimes|l_2,m_2\rangle_2\\&\quad+(L_1^{(+)}L_2^{(-)}+L_1^{(-)}L_2^{(+)})|l_1,m_1\rangle_1\otimes|l_2,m_2\rangle_2\end{aligned} \quad (5.243)$$

となり，右辺最後の項のため，例外を除いては固有状態ではない．このために，2つの状態の直積 $|l_1,m_1\rangle_1\otimes|l_2,m_2\rangle_2$ は，全角運動量演算子の様々な大きさ j を含んでいる．このとき，表現は**既約表現**ではないという．

このベクトル空間を各 j ごとのベクトル空間の和の形で表せれば，各 j に属する空間内の任意のベクトルは全角運動量演算子をかけたとき同じ j の空間内にあり，既約表現をなしている．2つの角運動量の直積に含まれる既約表現の全体を求めるにはどうしたら良いだろうか？

5.9.2　全角運動量 l_1+l_2 の状態

もしも，式(5.243)の右辺最後の項がゼロであれば，上の直積は全角運動量の固有状態である．このことを使って，一般の既約表現を求めることができる．この項がゼロとなるのは，

$$L_1^{(+)}|l_1,m_1\rangle_1\otimes|l_2,m_2\rangle_2=0 \quad (5.244)$$
$$L_2^{(+)}|l_1,m_1\rangle_1\otimes|l_2,m_2\rangle_2=0 \quad (5.245)$$

を実現する $m_1=l_1$, $m_2=l_2$ の場合か，

$$L_1^{(-)}|l_1,m_1\rangle_1\otimes|l_2,m_2\rangle_2=0 \quad (5.246)$$
$$L_2^{(-)}|l_1,m_1\rangle_1\otimes|l_2,m_2\rangle_2=0 \quad (5.247)$$

を実現する $m_1=-l_1$, $m_2=-l_2$ の場合である．前者では

$$\boldsymbol{J}^2|l_1,l_1\rangle_1\otimes|l_2,l_2\rangle_2=(l_1+l_2)(l_1+l_2+1)|l_1,l_1\rangle_1\otimes|l_2,l_2\rangle_2 \quad (5.248)$$

$$J^{(3)}|l_1, l_1\rangle_1 \otimes |l_2, l_2\rangle_2 = (l_1 + l_2)|l_1, l_1\rangle_1 \otimes |l_2, l_2\rangle_2 \tag{5.249}$$

を満たす全角運動量ベクトルの固有状態

$$|l_1 + l_2,\ l_1 + l_2\rangle = |l_1, l_1\rangle_1 \otimes |l_2, l_2\rangle_2 \tag{5.250}$$

であり，後者では

$$\boldsymbol{J}^2|l_1, -l_1\rangle_1 \otimes |l_2, -l_2\rangle_2 = (l_1 + l_2)(l_1 + l_2 + 1)|l_1, -l_1\rangle_1 \otimes |l_2, -l_2\rangle_2 \tag{5.251}$$

$$J^{(3)}|l_1, -l_1\rangle_1 \otimes |l_2, -l_2\rangle_2 = (-l_1 - l_2)|l_1, -l_1\rangle_1 \otimes |l_2, -l_2\rangle_2 \tag{5.252}$$

を満たす全角運動量ベクトルの固有状態

$$|l_1 + l_2, -l_1 - l_2\rangle = |l_1, -l_1\rangle_1 \otimes |l_2, -l_2\rangle_2 \tag{5.253}$$

である．これらは，全角運動量の大きさが $l_1 + l_2$ であり，全角運動量の z 成分が，最大値の $l_1 + l_2$ か最小値の $-l_1 - l_2$ である．

このように，これらの状態は直積で簡単に構成できる．これは，直積ベクトルで，全角運動量の大きさが $l_1 + l_2$ であり，全角運動量の z 成分が最大値の $l_1 + l_2$ となるのは，唯一 $|l_1, l_1\rangle_1 \otimes |l_2, l_2\rangle_2$ だけであることからもわかる．同様に，全角運動量の z 成分が最小値の $-l_1 - l_2$ となるのは，唯一 $|l_1, -l_1\rangle_1 \otimes |l_2, -l_2\rangle_2$ だけである．

他の状態については，積 $|l_1, m_1\rangle_1 \otimes |l_2, m_2\rangle_2$ は，全角運動量の z 成分 $m_1 + m_2$ をもつので，全角運動量の大きさについては，$m_1 + m_2$ から $l_1 + l_2$ までの様々な組み合わせがありえる．そのため，これらの線形結合をとることにより，全角運動量の良い状態が構成できる．この状態は，適当な重み $C^j_{m_1\,m_2}$ をかけて作った状態

$$|j, m_1 + m_2\rangle = \sum C^j_{m_1\,m_2}|l_1, m_1\rangle_1 \otimes |l_2, m_2\rangle_2 \tag{5.254}$$

に，固有値方程式

$$\boldsymbol{J}^2 \sum C^j_{m_1\,m_2}|l_1, m_1\rangle_1 \otimes |l_2, m_2\rangle_2 = j(j+1) \sum C^j_{m_1\,m_2}|l_1, m_1\rangle_1 \otimes |l_2, m_2\rangle_2 \tag{5.255}$$

を用いて解けばよい．しかし，これは相当面倒である．むしろ，前の節で展開した昇降演算子を応用する方がやさしい．そのため，この方法を以下で用いる．

全角運動量の昇降演算子 $J^{(\pm)}$ は，それぞれの昇降演算子 $L_i^{(\pm)}$ の和であるので，状態へ作用させる計算が簡単に行える．全角運動量に関する関係式

$$J^{(+)}|j,m\rangle = \sqrt{j(j+1)-m(m+1)}|j,m+1\rangle \tag{5.256}$$

$$J^{(-)}|j,m\rangle = \sqrt{j(j+1)-m(m-1)}|j,m-1\rangle \tag{5.257}$$

から，

$$\begin{aligned}|j,m+1\rangle &= \frac{1}{\sqrt{j(j+1)-m(m+1)}}J^{(+)}|j,m\rangle \\ &= \frac{1}{\sqrt{j(j+1)-m(m+1)}}(L_1^{(+)}+L_2^{(+)}) \\ &\quad \times \sum C^j_{m_1\,m_2}|l_1,m_1\rangle_1 \otimes |l_2,m_2\rangle_2 \end{aligned} \tag{5.258}$$

$$\begin{aligned}|j,m-1\rangle &= \frac{1}{\sqrt{j(j+1)-m(m-1)}}J^{(-)}|j,m\rangle \\ &= \frac{1}{\sqrt{j(j+1)-m(m-1)}}(L_1^{(-)}+L_2^{(-)}) \\ &\quad \times \sum C^j_{m_1\,m_2}|l_1,m_1\rangle_1 \otimes |l_2,m_2\rangle_2 \end{aligned} \tag{5.259}$$

が得られる．$|j,j-1\rangle$ については，

$$\begin{aligned}|j,j-1\rangle &= \frac{1}{\sqrt{j(j+1)-j(j-1)}}J^{(-)}|j,j\rangle \\ &= \frac{1}{\sqrt{j(j+1)-m(m-1)}}(L_1^{(-)}+L_2^{(-)})|l_1,l_1\rangle_1 \otimes |l_2,l_2\rangle_2 \\ &= \frac{1}{\sqrt{j(j+1)-m(m-1)}}|A\rangle \end{aligned} \tag{5.260}$$

$$\begin{aligned}|A\rangle &= \sqrt{l_1(l_1+1)-l_1(l_1-1)}|l_1,l_1-1\rangle_1 \otimes |l_2,l_2\rangle_2 \\ &\quad + \sqrt{l_2(l_2+1)-l_2(l_2-1)}|l_1,l_1\rangle_1 \otimes |l_2,l_2-1\rangle_2 \end{aligned} \tag{5.261}$$

となり，さらに同じ方法を繰り返して使うと，$|j,m\rangle$ が得られる．

5.9.3　全角運動量が l_1+l_2 より小さい状態

次に，上の $|j,j-1\rangle$ と直交する状態が

$$\begin{aligned}|\psi\rangle &= \sqrt{l_2(l_2+1)-l_2(l_2-1)}|l_1,l_1-1\rangle_1 \otimes |l_2,l_2\rangle_2 \\ &\quad - \sqrt{l_1(l_1+1)-l_1(l_1-1)}|l_1,l_1\rangle_1 \otimes |l_2,l_2-1\rangle_2 \end{aligned} \tag{5.262}$$

と構成できる．この状態に $J^{(+)}$ をかけると

$$
\begin{aligned}
&J^{(+)}|\psi\rangle \\
&= \sqrt{l_2(l_2+1)-l_2(l_2-1)}\sqrt{l_1(l_1+1)-l_1(l_1-1)}|l_1,l_1\rangle_1 \otimes |l_2,l_2\rangle_2 \\
&\qquad - \sqrt{l_1(l_1+1)-l_1(l_1-1)}\sqrt{l_2(l_2+1)-l_2(l_2-1)}|l_1,l_1\rangle_1 \otimes |l_2,l_2\rangle_2 \\
&= 0
\end{aligned}
$$

とゼロになる．このため，

$$
\begin{aligned}
\boldsymbol{J}^2|\psi\rangle &= \{J^{(-)}J^{(+)} + L_3(L_3+1)\}|\psi\rangle \\
&= (l_1+l_2-1)(l_1+l_2)|\psi\rangle
\end{aligned} \tag{5.263}
$$

となり，この状態は $\boldsymbol{J}^2$ の固有状態 $|l_1+l_2-1, l_1+l_2-1\rangle$ である．最後に，この状態を規格化して，

$$
\begin{aligned}
&|l_1+l_2-1, l_1+l_2-1\rangle \\
&= \frac{1}{\sqrt{l_2(l_2+1)-l_2(l_2-1)+l_1(l_1+1)-l_1(l_1-1)}} \\
&\quad \times \Big\{\sqrt{l_2(l_2+1)-l_2(l_2-1)}|l_1,l_1-1\rangle_1 \otimes |l_2,l_2\rangle_2 \\
&\qquad -\sqrt{l_1(l_1+1)-l_1(l_1-1)}|l_1,l_1\rangle_1 \otimes |l_2,l_2-1\rangle_2\Big\}
\end{aligned} \tag{5.264}
$$

が得られる．

以下，この操作を繰り返して，$\boldsymbol{J}^2$ の固有状態 $|j,m\rangle$ $(j=|l_1-l_2|,\cdots,l_1+l_2)$ が得られる．

5.9.4 多重度

異なる直積ベクトルの数は，多重度の積 $(2l_1+1)\times(2l_2+1)$ である．これらから，全角運動量の既約表現として，$j=l_1+l_2$ から $j=|l_1-l_2|$ までのベクトルが構成される．その独立ベクトルの数は

$$
\sum_{j=l_1-l_2}^{l_1+l_2}(2j+1) = (2l_1+1)\times(2l_2+1) \tag{5.265}
$$

となり，両者が一致することがわかる．

5.9.5　スピンと軌道角運動量の合成

スピンと軌道角運動量の合成も前節までと同様である．ここでは，スピンの大きさを 1/2 とし，軌道角運動量の大きさを l とする．

$j = l + 1/2$，$j_3 = l + 1/2$ の場合

まず，$l_3 = l$ と $s_3 = 1/2$ との直積

$$|l+1/2, l+1/2\rangle = |l, l\rangle \otimes |1/2, +1/2\rangle \tag{5.266}$$

は，全角運動量が $l+1/2$，その第 3 成分が $l+1/2$ となる．

$j = l + 1/2$，$j_3 = l - 1/2$ の場合

全角運動量が同じ $l+1/2$ で，その第 3 成分を 1 つ下げた状態は，降下演算子をかけることにより，

$$\begin{aligned}|l+1/2, l-1/2\rangle &= \frac{1}{\sqrt{(l+1/2)(l+3/2)-(l+1/2)(l-1/2)}} \\ &\quad \times L_-|l+1/2, l+1/2\rangle \\ &= \frac{1}{\sqrt{2l+1}}L_-|l+1/2, l+1/2\rangle \end{aligned} \tag{5.267}$$

と得られる．

次に，降下演算子をそれぞれの演算子の和で表して，

$$\begin{aligned}L_-|l+1/2, l+1/2\rangle &= (l_-^l + l_-^{1/2})|l, l\rangle \otimes |1/2, +1/2\rangle \\ &= \sqrt{l(l+1)-l(l-1)}|l, l-1\rangle \otimes |1/2, +1/2\rangle \\ &\quad + \sqrt{3/4+1/4}|l, l\rangle \otimes |1/2, -1/2\rangle \\ &= \sqrt{2l}|l, l-1\rangle \otimes |1/2, +1/2\rangle + |l, l\rangle \otimes |1/2, -1/2\rangle \end{aligned} \tag{5.268}$$

となるので，状態 $|l+1/2, l-1/2\rangle$ は

$$\begin{aligned}&|l+1/2, l-1/2\rangle = N(\sqrt{2l}|l, l-1\rangle \otimes |1/2, +1/2\rangle + |l, l\rangle \otimes |1/2, -1/2\rangle) \\ &N = \frac{1}{\sqrt{2l+1}}\end{aligned} \tag{5.269}$$

となる．

$j = l - 1/2,\ j_3 = l - 1/2$ の場合

上の状態 $|l+1/2, l-1/2\rangle$ と直交して第 3 成分が同じ $l-1/2$ である状態は，上とは異なる係数による線形結合で，

$$|l-1/2, l-1/2\rangle = N(|l, l-1\rangle \otimes |1/2, +1/2\rangle - \sqrt{2l}|l, l\rangle \otimes |1/2, -1/2\rangle)$$

となる．この状態は，全角運動量の大きさが $l-1/2$ である．

$j = l - 1/2,\ j_3 = l - 3/2$ の場合

さらに，この状態に降下演算子をかけると，全角運動量の大きさが $l-1/2$ で第 3 成分を $l-3/2$ とする状態が得られる．

$$\begin{aligned} &L_-|l-1/2, l-1/2\rangle \\ &= NL_-(|l, l-1\rangle \otimes |1/2, +1/2\rangle - \sqrt{2l}|l, l\rangle \otimes |1/2, -1/2\rangle) \\ &= N\sqrt{4l+2}|l, l-2\rangle \otimes |1/2, +1/2\rangle \end{aligned} \tag{5.270}$$

以下，このような操作を繰り返して，任意の状態 $|J, M\rangle$ が構成される．

この式 (5.254) の $C^j_{m_1\, m_2}$ はクレプシュ－ゴルドン係数と呼ばれ，表として示される．次の表は，$\frac{1}{2} \otimes \frac{1}{2} = 1 + 0$ と $\frac{1}{2} \otimes 1 = \frac{3}{2} + \frac{1}{2}$ の場合である．

クレプシュ－ゴルドン係数 $C^j_{m_1\, m_2}$, $M = m_1 + m_2$

$\frac{1}{2} \otimes \frac{1}{2} = 1 + 0$

	$(J\ M)$	$(1\ 1)$	$(1\ 0)$	$(1\ -1)$	$(0\ 0)$
(m_1, m_2)					
$(+\frac{1}{2}, +\frac{1}{2})$		1			
$(+\frac{1}{2}, -\frac{1}{2})$			$\sqrt{\frac{1}{2}}$		$\sqrt{\frac{1}{2}}$
$(-\frac{1}{2}, +\frac{1}{2})$			$\sqrt{\frac{1}{2}}$		$-\sqrt{\frac{1}{2}}$
$(-\frac{1}{2}, -\frac{1}{2})$				1	

$\frac{1}{2} \otimes 1 = \frac{3}{2} + \frac{1}{2}$

	$(J\ M)$	$(\frac{3}{2}\ \frac{3}{2})$	$(\frac{3}{2}\ \frac{1}{2})$	$(\frac{3}{2}\ -\frac{1}{2})$	$(\frac{3}{2}\ -\frac{3}{2})$	$(\frac{1}{2}\ \frac{1}{2})$	$(\frac{1}{2}\ -\frac{1}{2})$
(m_1, m_2)							
$(+\frac{1}{2}, +1)$		1					
$(+\frac{1}{2}, 0)$			$\sqrt{\frac{2}{3}}$			$-\sqrt{\frac{1}{3}}$	
$(-\frac{1}{2}, +1)$			$\sqrt{\frac{1}{3}}$			$\sqrt{\frac{2}{3}}$	
$(-\frac{1}{2}, 0)$				$\sqrt{\frac{2}{3}}$			$\sqrt{\frac{1}{3}}$
$(\frac{1}{2}, -1)$				$\sqrt{\frac{1}{3}}$			$-\sqrt{\frac{2}{3}}$
$(-\frac{1}{2}, -1)$					1		

合成された状態の規格・直交性が，表の係数を2乗して縦に足した数，ならびに横に足した数は1であること，異なる状態の内積はゼロであることより確認できる．

5.10　座標軸の回転と角運動量

5.10.1　3軸周りの有限回転

角運動量演算子 L_i は

$$[L_i, x_j] = i\hbar\epsilon_{ijk}x_k \tag{5.271}$$

を満たすので，角運動量演算子 L_3 を指数にもつユニタリー演算子 $U_3(\beta)$

$$U_3(\beta) = e^{-i\frac{\beta}{\hbar}L_3} \tag{5.272}$$

は，座標系に作用して座標の第3軸周りに角 β の大きさだけ回転する．

無限小の角 $\delta\beta$ では，ユニタリー演算子により座標は

$$\begin{aligned} U_3(\delta\beta)x_1U_3(\delta\beta)^{-1} &= \left(1 - i\frac{\delta\beta}{\hbar}L_3\right)x_1\left(1 + i\frac{\delta\beta}{\hbar}L_3\right) \\ &= x_1 - i\frac{\delta\beta}{\hbar}[L_3, x_1] = x_1 + \delta\beta x_2 \end{aligned} \tag{5.273}$$

と変換され，微小変化量 $\delta\beta$ に対する座標の微係数が得られる．ここで，座標と角運動量との交換関係を用いた．

有限な β では，$U_3(\beta)$ とその逆を x_1 の両辺にかけると

$$U_3(\beta)x_1U_3(\beta)^{-1}$$

$$
\begin{aligned}
&= x_1 - i\frac{\beta}{\hbar}[L_3, x_1] + \frac{\left(-i\frac{\beta}{\hbar}\right)^2}{2!}[L_3, [L_3, x_1]] + \cdots \\
&\quad + \frac{\left(-i\frac{\beta}{\hbar}\right)^n}{n!}[L_3, [L_3, [\cdots, x_1]]\cdots] \\
&= x_1 + \beta x_2 - \frac{\beta^2}{2!}x_1 + \cdots \\
&= x_1 \cos\beta + x_2 \sin\beta
\end{aligned}
\tag{5.274}
$$

となり，x_2 では

$$
\begin{aligned}
&U_3(\beta)x_2U_3(\beta)^{-1} \\
&= x_2 - i\frac{\beta}{\hbar}[L_3, x_2] + \frac{\left(-i\frac{\beta}{\hbar}\right)^2}{2!}[L_3, [L_3, x_2]] + \cdots \\
&\quad + \frac{\left(-i\frac{\beta}{\hbar}\right)^n}{n!}[L_3, [L_3, [\cdots, x_2]]\cdots] \\
&= x_2 - \beta x_1 - \frac{\beta^2}{2!}x_2 + \cdots \\
&= x_2 \cos\beta - x_1 \sin\beta
\end{aligned}
\tag{5.275}
$$

となる．これは，3 軸周りの角度 β の回転である．

このようにして，ユニタリー演算子 $U_3(\beta)$ は，座標軸を z 軸周りに有限角 β 回転する演算子であることがわかる．

5.10.2 オイラー角

一般の有限回転は，はじめに 3 軸周りに α，次に 2 軸周りに β，最後に 3 軸周りの γ 回転で表すことができる．この演算を表すユニタリー演算子は

$$
U_3(\gamma)U_2(\beta)U_3(\alpha) \tag{5.276}
$$

であり，3 つの角度 α, β, γ による第 3 軸，第 2 軸，第 3 軸周りの回転の積で表される．この角度をオイラー角という．

これらの変換により，座標が

$$
U_3(\alpha) = \begin{pmatrix} \cos\alpha & -\sin\alpha & 0 \\ \sin\alpha & \cos\alpha & 0 \\ 0 & 0 & 1 \end{pmatrix}
$$

$$U_2(\beta) = \begin{pmatrix} \cos\beta & 0 & \sin\beta \\ 0 & 1 & 0 \\ -\sin\beta & 0 & \cos\beta \end{pmatrix}$$

$$U_3(\gamma) = \begin{pmatrix} \cos\gamma & -\sin\gamma & 0 \\ \sin\gamma & \cos\gamma & 0 \\ 0 & 0 & 1 \end{pmatrix}$$

をかけた座標に変換される．また，角運動量の基底で波動関数は

$$U_2(\beta)|l, m\rangle = \sum_{m'} d^l_{m,m'}(\beta)|l, m'\rangle \tag{5.277}$$

となり，同じ l をもつベクトルの空間内で変換される．ここで，$d^l_{m,m'}(\beta)$ は d 関数という．d 関数の詳細は本書では扱わないので，他書を参照されたい．

章末問題

問題 5.1　グリーン関数

ディラックのブラケットの記号を使い，グリーン関数 $G(\boldsymbol{x}, t)$ は

$$G(\boldsymbol{x}, t) = \left\langle \boldsymbol{x} \middle| e^{-i\frac{H_0}{\hbar}t} \middle| 0 \right\rangle, \quad H_0 = \frac{(-i\hbar)^2}{2m}\nabla^2$$

と表されること，ならびにこれを使い $G(\boldsymbol{x}, t)$ が満たす諸関係式を証明せよ．

問題 5.2　波束

波束の効果について

(1) 相対論的な自由粒子で調べよ．ただし，エネルギーは $E(\boldsymbol{p}) = \sqrt{\boldsymbol{p}^2 + m^2}$ と与えられる．

(2) 質量 $m = 0$ の場合についてはどのようになるかを調べよ．

問題 5.3　パウリ行列

パウリ行列

$$\sigma_3 = \begin{pmatrix} 1 & 0 \\ 0 & -1 \end{pmatrix}, \quad \sigma_2 = \begin{pmatrix} 0 & 1 \\ 1 & 0 \end{pmatrix}, \quad \sigma_2 = \begin{pmatrix} 0 & -i \\ i & 0 \end{pmatrix}$$

は，関係式

$$[\sigma_i, \sigma_j] = 2i\epsilon_{ijk}\sigma_k, \quad \{\sigma_i, \sigma_j\} = 2\delta_{ij}, \quad \sigma_i\sigma_j = \delta_{ij} + i\epsilon_{ijk}\sigma_k$$

を満たすことを証明せよ．

問題 5.4　角運動量

角運動量は，古典力学では

(1) 任意の値をとることができる．

(2) l_x, l_y, l_z の 3 成分を同時に決めることができる．

しかしながら量子力学では，

(3) 任意の値をとることができない．

(4) l_x, l_y, l_z の 3 成分を同時に決めることができない．

この違いを，交換関係を使って議論せよ．

問題 5.5　ルジャンドル多項式

ルジャンドル多項式の母関数は

$$\frac{1}{(1-2zt+t^2)^{1/2}} = \sum_{l=0}^{\infty} P_l(z)t^l$$

である．これを使い，以下の関係式を導け．

(1)
$$(l+1)P_{l+1}(z) - (2l+1)zP_l(z) + lP_{l-1}(z) = 0$$
$$P'_{l+1}(z) - 2zP'_l(z) + P'_{l-1}(z) - P_l(z) = 0$$

(2)
$$P_0(z) = 1, \quad P_1(z) = z, \quad P_2(z) = \frac{1}{2}(3z^2-1)$$

(3)
$$P_l(z) = \frac{1}{2^l l!}\frac{d^l}{dz^l}(z^2-1)l$$

(4)
$$\int_{-1}^{1} dz\, P_l(z)P_m(z) = 0, \quad l \neq m$$
$$\int_{-1}^{1} dz\, P_l(z)^2 = \frac{2}{2l+1}$$

問題 5.6　角運動量の合成

スピン 1/2 のベクトル u_ξ, $\xi = -1/2, 1/2$ と，スピン 1 のベクトル v_m, $m = -1, 0, 1$ を合成して，スピン 3/2 とスピン 1/2 のベクトルを構成せよ．

問題 5.7　球形のポテンシャル

ポテンシャル

$$V(r) = \begin{cases} -V_0, & r \le R \\ 0, & 0 \le r \end{cases}$$

における束縛状態を求めよ．半径 R を変えるとエネルギーや波動関数はどのように変化するか？

問題 5.8　箱型ポテンシャル

一辺の長さが L である立方体形のポテンシャル

$$V(r) = \begin{cases} -V_0, & \text{内部} \\ 0, & \text{外部} \end{cases}$$

における束縛状態を求めよ．辺の長さ L を変えると，エネルギーや波動関数はどのように変化するか？

問題 5.9　原点で発散するポテンシャル

ポテンシャルが

$$V(r) = -V_0 r^{-p}, \quad p > 2$$

における束縛状態を議論せよ．

6 水素原子

水素原子は，正電荷 $+1|e|$ をもつ陽子に 1 つの電子が束縛された，最も単純な原子であり，電子と陽子の座標と，これらの距離に反比例するクーロンポテンシャルからなるハミルトニアンで表される．異符号の電荷をもつ陽子と電子の間のクーロン引力のために，束縛状態が形成される．クーロン力は，スピンには依存しないので，ここでは，スピンは無視する．

量子力学は，第 1 章でみたように，

(1) 原子に不連続スペクトルが存在すること

(2) 原子核の周りの電子の運動に古典物理学を適用すると，原子は電磁波を放射して徐々にエネルギーを失うこととなり，不安定である

等の古典物理学では不可解な事柄の理解を目指して展開した．当初は，量子の考えを古典物理学に巧妙に組み入れた半古典論が適用された．本章では，シュレディンガー方程式を解くことにより，原子の不連続なエネルギー準位を導く．これにより，ボーアと一致する結果が得られることを示す．

6.1　2 体問題

質量 M_1，位置ベクトル $\boldsymbol{x}_1$ の質点と，質量 M_2，位置ベクトル $\boldsymbol{x}_2$ の質点が，互いの距離 $r = |\boldsymbol{x}_1 - \boldsymbol{x}_2|$ で決まるポテンシャル $U(r)$ のもとで運動している系のラグランジアンは

$$L = \frac{M_1}{2}\left\{\frac{d}{dt}\boldsymbol{x}_1(t)\right\}^2 + \frac{M_2}{2}\left\{\frac{d}{dt}\boldsymbol{x}_2(t)\right\}^2 - U(r) \tag{6.1}$$

であり，それぞれの運動量 $\boldsymbol{p}_1$，$\boldsymbol{p}_2$ を用いて，ハミルトニアンは

$$H = \frac{1}{2M_1}\boldsymbol{p}_1(t)^2 + \frac{1}{2M_2}\boldsymbol{p}_2(t)^2 + U(r) \tag{6.2}$$

である．

ここで，ポテンシャルの性質を考慮して，2 つの重心の位置を表す重心座標と相対的位置を表す相対座標を導入しよう．重心座標 $\boldsymbol{X}(t)$ と相対座標 $\boldsymbol{r}(t)$ は

$$\boldsymbol{x}_1 = \boldsymbol{X} + \frac{M_2}{M_1 + M_2}\boldsymbol{r} \tag{6.3}$$

$$\boldsymbol{x}_2 = \boldsymbol{X} - \frac{M_1}{M_1 + M_2}\boldsymbol{r} \tag{6.4}$$

であり，これらに共役な運動量 $\boldsymbol{P}$，$\boldsymbol{p}$ を用いて表すと

$$\boldsymbol{p}_1 = \frac{M_1}{M_1 + M_2}\boldsymbol{P} + \boldsymbol{p} \tag{6.5}$$

$$\boldsymbol{p}_2 = \frac{M_2}{M_1 + M_2}\boldsymbol{P} - \boldsymbol{p} \tag{6.6}$$

である．

ハミルトニアンは，重心座標と相対座標に共役な運動量で表すと

$$H = \frac{1}{2M_t}\boldsymbol{P}(t)^2 + \frac{1}{2\mu}\boldsymbol{p}(t)^2 - U(r) \tag{6.7}$$

$$\mu = \frac{M_1 M_2}{M_1 + M_2}, \quad M_t = M_1 + M_2 \tag{6.8}$$

のように変数分離形になる．そのため，定常状態の波動関数は

$$\Psi(\boldsymbol{x}_1, \boldsymbol{x}_2; t) = e^{\frac{-iEt}{\hbar}}\Psi_{E_1}(\boldsymbol{X})\psi_{E_2}(\boldsymbol{r}), \quad E = E_1 + E_2 \tag{6.9}$$

のように両変数の関数の積となり，それぞれが，波動方程式

$$\frac{1}{2M_t}\boldsymbol{P}(t)^2\Psi(\boldsymbol{X}) = E_1\Psi(\boldsymbol{X}) \tag{6.10}$$

$$\left\{\frac{1}{2\mu}\boldsymbol{p}(t)^2 - U(r)\right\}\psi(\boldsymbol{r}) = E_2\psi(\boldsymbol{r}) \tag{6.11}$$

を満たす．

ここで，特に 2 つの質量に大きさな差があって，$M_1 \gg M_2$ の場合

$$\mu = \frac{M_1 M_2}{M_1 + M_2} \approx M_2, \quad M_t = M_1 + M_2 \approx M_1 \tag{6.12}$$

となる．陽子の質量は，電子の質量の約 2000 倍であり，この状況に一致している．波動関数で，重心座標に依存する部分が 1 つの運動量をもつとしても，相対座標 $\boldsymbol{r}$ に依存する部分は必ず拡がった波動関数となっている．このため，電子は $\boldsymbol{r}$ の拡がりと同じ拡がりをもつが，陽子は相対座標の拡がりの $\frac{1}{2000}$ となる．

6.2 水素原子のレンツベクトル

6.2.1 レンツベクトル

相対座標 $\boldsymbol{x}$ に依存し，電荷で決まる定数 α_{c} からなるクーロンポテンシャル，

$$U(\boldsymbol{x}) = -\frac{\alpha_{\mathrm{c}}}{r}, \quad r = (x^2 + y^2 + z^2)^{1/2}, \quad \alpha_{\mathrm{c}} = \frac{e^2}{4\pi\varepsilon_0} \tag{6.13}$$

がはたらいている陽子と電子からなる 2 体系で，質量 m の電子の相対座標 $\boldsymbol{x}$ の運動では，保存量は角運動量と，クーロンの相互作用に固有なベクトル（レンツベクトル）である．なお，この α_{c} は，微細構造定数ではない．

相対座標に依存するハミルトニアンは

$$H = \frac{1}{2m}\boldsymbol{p}^2 - \frac{\alpha_{\mathrm{c}}}{r} \tag{6.14}$$

であり，古典力学の運動方程式は

$$\dot{\boldsymbol{p}} = m\dot{\boldsymbol{v}} = -\alpha_{\mathrm{c}}\frac{\boldsymbol{x}}{r^3} \tag{6.15}$$

である．m は厳密には換算質量であるが，ほぼ電子の質量に一致するので，ここでは記号 m を使う．

動径方向の単位ベクトル $\boldsymbol{e}_r$ の時間変化を調べよう．r の定義から，

$$\begin{aligned}\frac{d}{dt}\boldsymbol{e}_r = \frac{d}{dt}\frac{\boldsymbol{r}}{r} &= \frac{\left(\frac{d}{dt}\boldsymbol{r}\right)r - \left(\frac{d}{dt}r\right)\boldsymbol{r}}{r^2} \\ &= \frac{\left(\frac{d}{dt}\boldsymbol{r}\right)r - \left(\frac{\frac{d}{dt}\boldsymbol{r}\cdot\boldsymbol{r}}{r}\right)\boldsymbol{r}}{r^2} = \frac{\left(\frac{d}{dt}\boldsymbol{r}\right)r^2 - \left(\frac{d}{dt}\boldsymbol{r}\cdot\boldsymbol{r}\right)\boldsymbol{r}}{r^3} \\ &= \frac{1}{m}\frac{\boldsymbol{p}r^2 - (\boldsymbol{p}\cdot\boldsymbol{r})\boldsymbol{r}}{r^3}\end{aligned} \tag{6.16}$$

となる．次に，恒等式

$$(\boldsymbol{x}\times\boldsymbol{p})\times\boldsymbol{x} = \boldsymbol{x}^2\boldsymbol{p} - (\boldsymbol{x}\cdot\boldsymbol{p})\boldsymbol{x} \tag{6.17}$$

と，角運動量の定義

$$\boldsymbol{L} = \boldsymbol{x}\times\boldsymbol{p} \tag{6.18}$$

ならびに運動方程式から得られる

$$\frac{d}{dt}(\boldsymbol{L}\times\boldsymbol{p}) = \boldsymbol{L}\times\dot{\boldsymbol{p}} = -\frac{1}{\alpha_{\mathrm{c}}}\left(\boldsymbol{L}\times\frac{\boldsymbol{r}}{r^3}\right) \tag{6.19}$$

を代入する．その結果，新たな保存則

$$m\frac{d}{dt}\boldsymbol{e}_r = -\frac{1}{\alpha_{\mathrm{c}}}\frac{d}{dt}(\boldsymbol{L}\times\boldsymbol{p}) \tag{6.20}$$

$$\frac{d}{dt}\left(\boldsymbol{e}_r + \frac{1}{m\alpha_{\mathrm{c}}}\boldsymbol{L}\times\boldsymbol{p}\right) = 0 \tag{6.21}$$

が得られる．

このベクトルをあからさまにエルミートな形

$$\boldsymbol{E} = \boldsymbol{e}_r + \frac{1}{2m\alpha_{\mathrm{c}}}(\boldsymbol{L}\times\boldsymbol{p} - \boldsymbol{p}\times\boldsymbol{L}) \tag{6.22}$$

で表し，これをレンツベクトルと呼ぶ [14]．レンツベクトルの成分は，ハミルトニアンと角運動量を含む交換関係

$$[E_i, E_j] = -\epsilon_{ijk}\frac{2}{m\alpha_{\mathrm{c}}^2}HL_k, \quad [E_i, H] = 0 \tag{6.23}$$

を満たしている．さらに，交換関係

$$[L_i, E_j] = i\epsilon_{ijk}E_k, \quad [L_i, H] = 0 \tag{6.24}$$

と直交関係

$$\boldsymbol{L}\cdot\boldsymbol{E} = 0 \tag{6.25}$$

が成立している．

このように，水素原子では，角運動量 $\boldsymbol{L}$，ハミルトニアン H，レンツベクトル $\boldsymbol{E}$ が保存し，また閉じた代数をなしている．角運動量とレンツベクトルとハミルトニアンの全体で，閉じた空間を構成する．そのため，これらの大きさは，交換関係の代数から決まる．なお，代数の相対的な大きさは，ハミルトニアンの固有値に比例することがわかる．そのため，逆にハミルトニアンの固有値が，代数的に決定される．

6.2.2　スペクトルの代数的決定

式 (6.23) より，$\boldsymbol{E}$ を規格化した $\tilde{\boldsymbol{E}}$ を

$$\boldsymbol{E} = \sqrt{\frac{2|E|}{m\alpha_{\mathrm{c}}^2}}\,\tilde{\boldsymbol{E}} \tag{6.26}$$

と定義すると，交換関係が簡単になる．次のベクトル

$$\boldsymbol{J}^{(\pm)} = \frac{1}{2}(\boldsymbol{L}\pm\tilde{\boldsymbol{E}}) \tag{6.27}$$

は，それぞれ角運動量の交換関係

$$[J_i^{(\pm)}, J_j^{(\pm)}] = i\epsilon_{ijk} J_k^{(\pm)} \tag{6.28}$$

を満たし，また，直交関係 (6.25) から 2 つのベクトルの大きさは等しくなり，

$$\boldsymbol{J}^{(+)^2} = \boldsymbol{J}^{(-)^2} = j(j+1) \tag{6.29}$$

となる．これと，$\tilde{\boldsymbol{E}}$ の定義から得られる

$$\tilde{\boldsymbol{E}}^2 = -(\boldsymbol{L}^2 + \hbar^2) - \frac{m\alpha_{\mathrm{c}}^2}{2E} \tag{6.30}$$

を使うと，

$$-\frac{m\alpha_{\mathrm{c}}^2}{8\hbar^2 E} = \frac{1}{4}n^2, \quad n = 2j+1 \tag{6.31}$$

が得られる [14].

6.3　水素原子の定常状態：エネルギー固有値と固有状態

水素原子の定常状態を考察しよう．クーロン引力の特徴は，ポテンシャルの強さを示す α_{c} が無次元であることである．そのため，位置座標や時間座標以外で次元をもつパラメーターは，エネルギーに限られる．その結果，空間座標への依存性を規定するのは，エネルギーである．後で，その事情が具体的にわかるであろう．

式 (6.14) に $\alpha_{\mathrm{c}} = \frac{e^2}{4\pi\varepsilon_0}$ を代入すると，クーロンポテンシャル中の質量 m の質点のハミルトニアンは

$$H = \frac{1}{2m}\boldsymbol{p}^2 + U(r), \quad U(r) = -\frac{\alpha_{\mathrm{c}}}{r} \tag{6.32}$$

となる．このハミルトニアンの固有値方程式は

$$H\Psi(\boldsymbol{x}) = E\Psi(\boldsymbol{x}) \tag{6.33}$$

であり，座標を使う表示で

$$\boldsymbol{p} = -i\hbar\nabla, \quad \boldsymbol{p}^2 = -\hbar^2\nabla^2 \tag{6.34}$$

となる．また，II 巻の**付録 B** の B.4 節の結果から，球座標では，

$$\nabla^2\Psi(\boldsymbol{x}) = \frac{1}{r^2}\partial_r\left\{r^2\partial_r\Psi(\boldsymbol{x})\right\}$$

$$+\frac{1}{r^2\sin\theta}\partial_\theta\left\{\sin\theta\,\partial_\theta\Psi(\boldsymbol{x})\right\}+\frac{1}{r^2\sin\theta^2}\partial_\phi{}^2\Psi(\boldsymbol{x})$$
$$=\frac{1}{r^2}\partial_r\left\{r^2\partial_r\Psi(\boldsymbol{x})\right\}+\frac{1}{r^2}\boldsymbol{L}^2\Psi(\boldsymbol{x}) \tag{6.35}$$

である．ここで

$$\Psi(\boldsymbol{x})=R_l(r)Y_{lm}(\theta,\phi) \tag{6.36}$$

とおいて，固有値方程式の特解を求めてみよう．

α_{c} を使うと，式 (6.33) は，

$$-\frac{1}{2m}\hbar^2\frac{1}{r^2}\partial_r\left\{r^2\partial_r R_l(r)\right\}+\left\{\frac{\hbar^2}{2m}\frac{l(l+1)}{r^2}-\alpha_{\mathrm{c}}\frac{1}{r}\right\}R(r)=ER(r) \tag{6.37}$$

$$-\frac{\hbar^2}{2m}\left(\partial_r^2+\frac{2}{r}\partial_r\right)R(r)+\left\{\frac{\hbar^2}{2m}\frac{l(l+1)}{r^2}-\alpha_{\mathrm{c}}\frac{1}{r}\right\}R(r)=ER(r) \tag{6.38}$$

である．次に，

$$r=\frac{\hbar^2}{m\alpha_{\mathrm{c}}}\frac{n}{2}\rho,\quad n=\frac{1}{\sqrt{-2\frac{\hbar^2E}{m\alpha_{\mathrm{c}}^2}}} \tag{6.39}$$

と無次元の変数 ρ に変換すると，方程式は

$$R''+\frac{2}{\rho}R'+\left\{-\frac{1}{4}+\frac{n}{\rho}-\frac{l(l+1)}{\rho^2}\right\}R=0 \tag{6.40}$$

となる．この方程式を満たす関数は，無次元の変数の関数である．しかしながら，変換式 (6.39) からわかるように，通常の空間次元をもつ変数 r で表したとき，関数はエネルギーで決まる大きさをもつ．相互作用の強さ α が無次元であるため，エネルギーの大きさだけで，波動関数の空間的な大きさが決まっている．この点は，後で詳しく検討する．

$\rho\to 0$ での方程式と解の漸近形は，

$$R''+\frac{2}{\rho}R'+\left\{-\frac{l(l+1)}{\rho^2}\right\}R=0,\quad R=\rho^l \tag{6.41}$$

また，$\rho\to\infty$ での方程式と解の漸近形は，

$$R''-\frac{1}{4}R=0,\quad R=e^{-\frac{1}{2}\rho} \tag{6.42}$$

である．このため，関数を

$$R = \rho^l e^{-\frac{1}{2}\rho}\omega(\rho) \tag{6.43}$$

と表して，$\omega(\rho)$ が満たす方程式

$$\rho\omega''(\rho) + (2+2l-\rho)\omega'(\rho) + (n-l-1)\omega(\rho) = 0 \tag{6.44}$$

が得られる．この方程式は級数解

$$\omega = \sum_p a_p \rho^p \tag{6.45}$$

の解をもつ，確定特異点をもつ微分方程式である．

係数 a_p は，級数を方程式に代入して，漸化式

$$a_{p+1} = -\frac{n-l-1-p}{p+2+2l}\frac{1}{p+1}a_p \tag{6.46}$$

の解として得られる．この漸化式の解は，n の値により，有限のベキで閉じる多項式の場合と有限で閉じない無限級数の場合の 2 種類に分類される．

(1) 多項式

$n-l-1-p_0=0$ が満たされる n の場合，$a_{p_0+1}=0$ となるため，級数は p_0 次の多項式となる．この式より，$n=l+p_0+1=$ 整数 から，エネルギーが

$$E = -\frac{m\alpha_{\mathrm{c}}^2}{2\hbar^2}\frac{1}{n^2} \tag{6.47}$$

と決まる．エネルギーがこの飛びとびの値に一致するとき，波動関数は，II 巻の**付録 D** の D.7 節にあるラゲール多項式

$$\omega(\rho) = L_{p_0}^{(2l+1)}(\rho) \tag{6.48}$$

で表される．$\omega(\rho)$ が多項式であるので，式 (6.43) より R は $\rho\to\infty$ で漸近形 $e^{-\frac{1}{2}\rho}$ のように振る舞い，関数の絶対値の 2 乗の空間積分は収束する．この解は，電子が有限な空間領域にある束縛状態を表す．

(2) 無限級数

上の条件が満たされず，$n-l-1-p\neq 0$ の場合は，係数 a_p はすべてゼロではないので，解は無限級数となる．この場合は，解の性質が，上の (1) の場合とは全く異なる．無限級数の性質は，一般的に大きな p での係数の振る舞いで決まる．今の級数では，大きな p で係数は漸化式より以下のようになり，関数 ω は収束性の良い無限級数で，

$$a_p = \frac{1}{p!}a_0, \quad \omega = \sum_p a_p \rho^p = a_0 e^{\rho} \tag{6.49}$$

となる．しかし，この級数は $\rho \to \infty$ で発散する．このため，R の漸近形は

$$R = \rho^l e^{\frac{-1}{2}\rho}\omega = a_0 \rho^l e^{\frac{1}{2}\rho} \tag{6.50}$$

となることがわかる．この関数は $\rho = \infty$ で発散するので，$\int_0^\infty |R|^2 r^2 dr$ を 1 に規格化することはできない．そのため，$n - l - 1 - p \neq 0$ のときは，束縛状態には対応しない．

このようにして，微分方程式の解の漸近形が，微分方程式の漸近形から得られる関数に一致するのは，$n - l - 1 - p = 0$ のときに限られる．

6.3.1　固有値と固有関数

水素原子の束縛状態は，エネルギーや角運動量等の量子数の値で指定される．エネルギーは式 (6.47) で与えられ，主量子数 n だけで決定される．主量子数 n が 1 つの値に決まったとき，角運動量の大きさ l や最高次のベキ p_0 は複数の値をとる．各 l や p_0 ごとに波動関数は異なるので，それぞれが 1 つの状態を表している．つまり，複数の状態が同じエネルギーをもつ．異なる角運動量の状態が同じエネルギーをもつ水素原子に固有のこの縮退は，クーロンポテンシャルの特異性を表している．これらが満たす関係式から，縮退の様子を詳しく解析しよう．

基底状態：$n = 1$

主量子数が 1 である基底状態では，l や p_0 の満たす $l + p_0 + 1 = 1$ の解は，l や p_0 が正符号なので，ただ 1 組 $l = 0, p_0 = 0$ であり縮退がない．よって，基

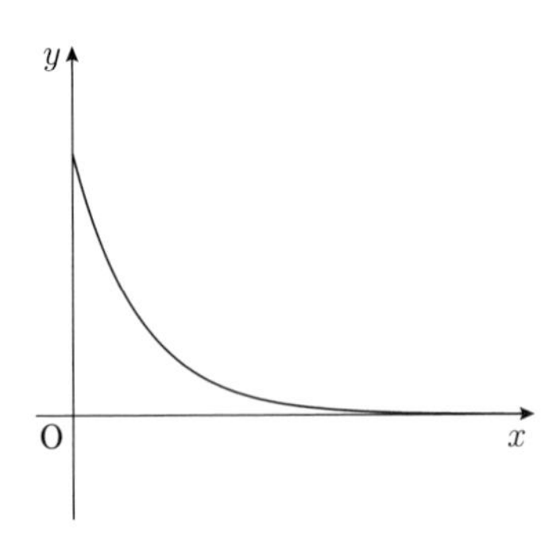

図 6.1　基底状態は節をもたない．

底状態のエネルギーと固有関数は

$$E = -\frac{m\alpha_{\mathrm{c}}^2}{2\hbar^2}, \quad R = a_0 e^{-\rho/2} \tag{6.51}$$

であり，ただ 1 つの固有関数は原点（ポテンシャルの中心）で最大となり，原点から遠ざかると一様に減少する．基底状態の波動関数は，原点と無限遠の途中でゼロになることはない，図 6.1 のような関数である．

第 1 励起状態：$n = 2$

主量子数が 2 となる第 1 励起状態では，l や p_0 が満たす方程式，$l + p_0 = 1$ の解は

$$\begin{cases} (1)\ l = 1, \quad p_0 = 0 \\ (2)\ l = 0, \quad p_0 = 1 \end{cases} \tag{6.52}$$

の 2 つの組である．これら第 1 励起状態は，エネルギー

$$E = -\frac{m\alpha_{\mathrm{c}}^2}{2\hbar^2}\frac{1}{2^2} \tag{6.53}$$

をもち，固有関数はそれぞれ

$$\begin{aligned} &(1) \quad l = 1, \quad p_0 = 0 \\ &\qquad R = a_1 L_0^3(\rho)\rho e^{-\rho/2} = a_1 \rho e^{-\rho/2} \end{aligned} \tag{6.54}$$

$$\begin{aligned} &(2) \quad l = 0, \quad p_0 = 1 \\ &\qquad R = a_1' L_1^1(\rho) e^{-\rho/2} = a_1'(2 - \rho) e^{-\rho/2} \end{aligned} \tag{6.55}$$

である（図 6.2）．このように，角運動量 1 の状態と，角運動量 0 の状態が同じエネルギーをもっている．

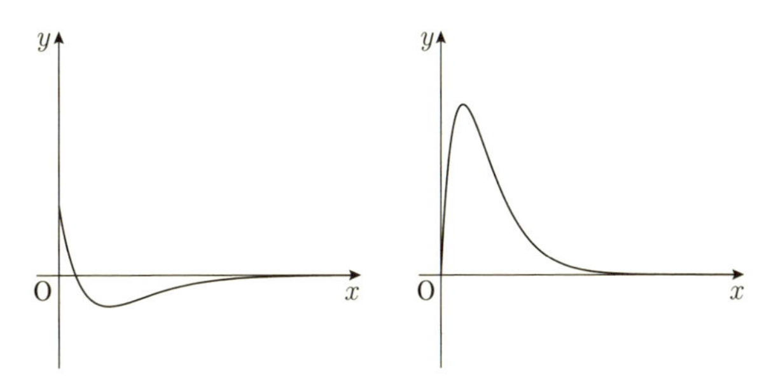

図 **6.2** 第 1 励起状態，$l = 0, l = 1$

第2励起状態：$n=3$

主量子数が3となる第2励起状態では，l や p_0 は $l+p_0=2$ を満たす．これの解は

$$\begin{cases} (1) \quad l=2, \quad p_0=0 \\ (2) \quad l=1, \quad p_0=1 \\ (3) \quad l=0, \quad p_0=2 \end{cases} \tag{6.56}$$

の3つである．これら第2励起状態は，エネルギー

$$E=-\frac{m\alpha_{\mathrm{c}}^2}{2\hbar^2}\frac{1}{3^2} \tag{6.57}$$

をもち，固有関数は

(1)　$l=2, \quad p_0=0$

$$R=a\rho^2 L_0^5(\rho)e^{-\rho/2} \quad (\text{図 } 6.3) \tag{6.58}$$

(2)　$l=1, \quad p_0=1$

$$R=a\rho^1 L_1^3(\rho)e^{-\rho/2} \quad (\text{図 } 6.4) \tag{6.59}$$

(3)　$l=0, \quad p_0=2$

$$R=aL_2^1(\rho)e^{-\rho/2} \quad (\text{図 } 6.5) \tag{6.60}$$

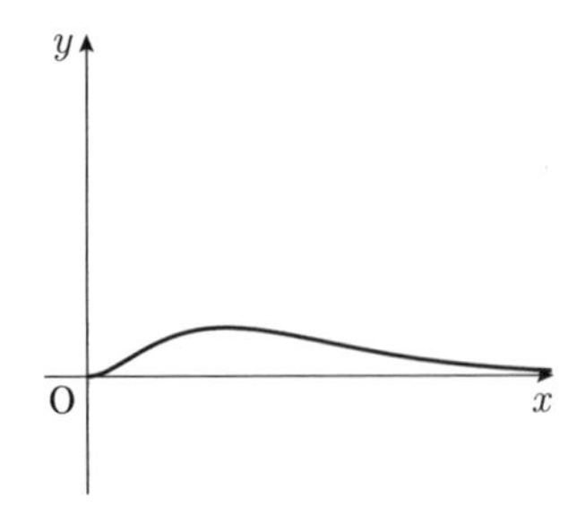

図 6.3　第2励起状態の1つである $l=2$ の波動関数．原点で2重のゼロ点になっている，

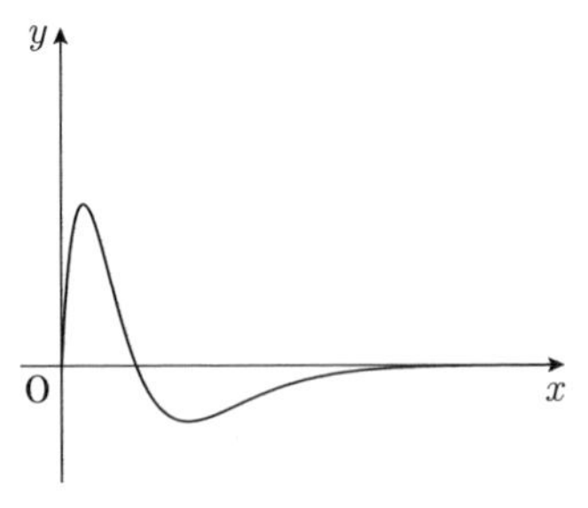

図 6.4　$l=1$ の第2励起状態

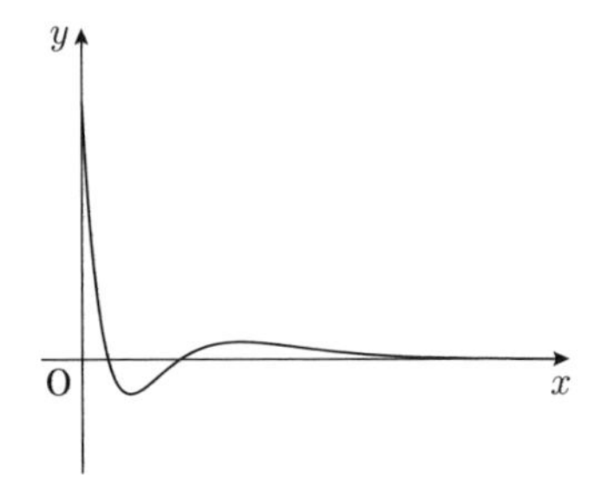

図 6.5　$l=0$ の第2励起状態

である．この場合では，角運動量 2 の状態，角運動量 1 の状態，および角運動量 0 の状態が同じエネルギーをもっている．

より高い励起状態についても，同様に解を求めることができる．

第 $N-1$ 励起状態：$n = N$

主量子数が N となる第 $N-1$ 励起状態では，l や p_0 は $l + p_0 = N - 1$ を満たす．これの解は

$$\begin{cases} (1) \quad l = N-1, \quad p_0 = 0 \\ (2) \quad l = N-2, \quad p_0 = 1 \\ (3) \quad l = N-3, \quad p_0 = 2 \\ \cdots \\ (N) \quad l = 0, \quad p_0 = N-1 \end{cases} \tag{6.61}$$

の N 個の l に対応する．これら第 $N-1$ 励起状態は，エネルギー

$$E = -\frac{m\alpha_{\mathrm{c}}^2}{2\hbar^2}\frac{1}{N^2} \tag{6.62}$$

をもち，角運動量が最大値 $N-1$ から最小値 0 にまでわたる．角運動量 l の状態は，l_z が $-l$ から $+l$ まであり，状態数は $2l+1$ 個である．このエネルギーをもつ固有関数の総数は

$$\begin{cases} (1) \quad l = N-1, \quad p_0 = 0; \quad m = -l, \cdots, -l; \quad 2N-1 \text{ 個} \\ (2) \quad l = N-2, \quad p_0 = 1; \quad 2N-3 \text{ 個} \\ (3) \quad \cdots \\ (N) \quad l = 0, \quad p_0 = N-1; \quad 1 \text{ 個} \end{cases} \tag{6.63}$$

を足して得られる，

$$(2N-1) + (2N-2) + \cdots + 1 = N^2 \tag{6.64}$$

である．

動径波動関数は，基底状態では節をもたない 2 乗可積分の関数であり，第 1 励起状態では 1 つ節をもち，第 2 励起状態では 2 つ節をもつ．$n \to \infty$ では，エネルギーは限りなくゼロに近づき，波動関数は限りなく拡がる．

6.4 保存則と固有状態の量子数

動径座標 r の関数であるクーロンポテンシャルは，球対称であるとともに，空間座標の符号を変える空間反転 $\boldsymbol{x} \to -\boldsymbol{x}$ に対して不変である．空間回転を生成する演算子は角運動量であり，空間反転を生成する演算子はパリティ演算子である．物理系が不変であることより，角運動量演算子，L_i，ならびにパリティ演算子 P がハミルトニアン H と交換する．また，可換な2つの演算子は同時対角化が可能であるため，ハミルトニアンの固有状態は，角運動量の量子数と空間反転の量子数で指定される．この角運動量は $\hbar$ の整数倍となる軌道角運動量 $\hbar l$ をもち，その z 成分 $\hbar m$ は，$-\hbar l$ から $\hbar l$ までの値をとる．

主量子数 n，角運動量の大きさ l，角運動量の z 成分の大きさ m の固有関数は，まとめて

$$\Psi_{nlm}(r,\theta,\phi) = R_{nl}(r)Y_{lm}(\theta,\phi) \tag{6.65}$$

$$R_{nl}(r) = \left[\left(\frac{2}{na_0}\right)^3 \frac{(n-l-1)!}{2n\{(n+l)!\}^3}\right]^{1/2} e^{-\frac{1}{2}\rho}\rho^l L_{n+l}^{2l+1}(\rho) \tag{6.66}$$

$$a_0 = \frac{\hbar^2}{m\alpha_{\mathrm{c}}}, \quad \rho = \frac{2}{na_0}r$$

$$E = -\frac{m\alpha_{\mathrm{c}}^2}{2\hbar^2}\frac{1}{n^2} \tag{6.67}$$

と表される．

6.4.1 回転と空間反転

空間反転 P で，極座標は

$$r \to r, \quad \theta \to \pi - \theta, \quad \phi \to \pi + \phi \tag{6.68}$$

と変換される．そのため，P で球面調和関数は

$$Y_{lm}(\theta,\phi) \to Y_{lm}(\pi-\theta,\pi+\phi) \tag{6.69}$$

$$Y_{lm}(\pi-\theta,\pi+\phi) = (-)^m(-)^{l+m}Y_{lm}(\theta,\phi) = (-)^l Y_{lm}(\theta,\phi) \tag{6.70}$$

と変換され，l が偶数では $+$ の固有値の状態になり，l が奇数では $-$ の固有値の状態になる．前者を偶パリティ，後者を奇パリティ状態と呼ぶ．

6.4.2　レンツベクトルの応用

水素原子のハミルトニアン H は式 (6.23) より，レンツベクトルと交換する．したがって，レンツベクトルは保存ベクトルである．また，レンツベクトルと角運動量ベクトルは，交換関係 (6.23), (6.24) を満たしている．交換関係 (6.23) は，一定のエネルギーをもつ状態の空間が，レンツベクトルにより張られる空間となることを示している．この空間が有限次元の空間であるとき，同じエネルギーをもち，この次元の数に一致する状態が存在する．つまり，この次元が縮退度を表している．水素原子の特異な縮退は，保存する角運動量とレンツベクトル，ならびにハミルトニアンが満たす交換関係に起源をもつ．

例題 6.1　レンツベクトル

レンツベクトルが関係する交換関係 (6.23), (6.24)，ならびにレンツベクトルの 2 乗が満たす関係式 (6.30) を証明せよ．

解　交換関係が満たす関係式

$$\begin{cases} AB = BA + [A, B] \\ [A, BC] = [A, B]C + B[A, C] \\ [AB, C] = A[B, C] + [A, C]B \\ [p_i, f(x)] = -i\hbar \dfrac{\partial}{\partial x_i} f(x) \\ [x_i, g(p)] = i\hbar \dfrac{\partial}{\partial p_i} g(p) \end{cases} \tag{6.71}$$

ならびに，完全反対称 3 階テンソル ϵ_{ijk} が満たす恒等式

$$\sum_i \epsilon_{ij_1k_1}\epsilon_{ij_2k_2} = \delta_{j_1j_2}\delta_{k_1k_2} - \delta_{j_1k_2}\delta_{j_2k_1}$$

$$\sum_{ij} \epsilon_{ijk_1}\epsilon_{ijk_2} = 2\delta_{k_1k_2}$$

を繰り返し使う．

まず，角運動量ベクトルは $\boldsymbol{x}$ と直交して

$$L_i = \epsilon_{ijk}x_jp_k \tag{6.72}$$

$$\boldsymbol{x}\cdot\boldsymbol{L} = \epsilon_{ijk}x_ix_jp_k = 0$$

$$\boldsymbol{L}\cdot\boldsymbol{x} = \epsilon_{ijk}x_jp_kx_i = \epsilon_{ijk}x_jx_ip_k + \epsilon_{ijk}x_ji\hbar\delta_{ik} = 0 \tag{6.73}$$

のように，内積がゼロになる．同様に，角運動量ベクトルは運動量とも直交して，内積が

$$\boldsymbol{p}\cdot\boldsymbol{L} = \boldsymbol{L}\cdot\boldsymbol{p} = 0 \tag{6.74}$$

となる性質を満たしている．

レンツベクトルは，

$$\boldsymbol{E} = \frac{\boldsymbol{x}}{r} + \frac{1}{2m\alpha_{\mathrm{c}}}(\boldsymbol{L} \times \boldsymbol{p} - \boldsymbol{p} \times \boldsymbol{L}) \tag{6.75}$$

$$E_i = \frac{x_i}{r} + \frac{1}{2m\alpha_{\mathrm{c}}}\epsilon_{ijk}(L_j p_k - p_j L_k) \tag{6.76}$$

と定義される．

(1) レンツベクトルの交換関係

レンツベクトルの交換関係

$$\begin{aligned}
&[E_{i_1}, E_{i_2}] \\
&= \left[\frac{x_{i_1}}{r} + \frac{1}{2m\alpha_{\mathrm{c}}}\epsilon_{i_1 j_1 k_1}(L_{j_1} p_{k_1} - p_{j_1} L_{k_1}), \frac{x_{i_2}}{r} + \frac{1}{2m\alpha_{\mathrm{c}}}\epsilon_{i_2 j_2 k_2}(L_{j_2} p_{k_2} - p_{j_2} L_{k_2})\right] \\
&= -\frac{1}{2m\alpha_{\mathrm{c}}}\epsilon_{i_2 j_2 k_2}\left[(L_{j_2} p_{k_2} - p_{j_2} L_{k_2}), \frac{x_{i_1}}{r}\right] + \frac{1}{2m\alpha_{\mathrm{c}}}\epsilon_{i_1 j_1 k_1}\left[(L_{j_1} p_{k_1} - p_{j_1} L_{k_1}), \frac{x_{i_2}}{r}\right] \\
&\quad + \left(\frac{1}{2m\alpha_{\mathrm{c}}}\right)^2 \epsilon_{i_1 j_1 k_1}\epsilon_{i_2 j_2 k_2}[(L_{j_1} p_{k_1} - p_{j_1} L_{k_1}), (L_{j_2} p_{k_2} - p_{j_2} L_{k_2})]
\end{aligned} \tag{6.77}$$

を計算するため，はじめに，角運動量ベクトルや運動量ベクトルと，単位ベクトルとの交換関係を求めておこう．これらは，

$$\left[L_i, \frac{x_j}{r}\right] = i\hbar\epsilon_{ijk}\frac{x_k}{r} \tag{6.78}$$

$$\left[p_i, \frac{x_j}{r}\right] = -i\hbar\frac{r^2\delta_{ij} - x_i x_j}{r^3} \tag{6.79}$$

$$\sum_i \left[p_i, \frac{x_i}{r}\right] = -i\hbar\frac{2}{r} \tag{6.80}$$

となる．

これらを使い，交換関係

$$\begin{aligned}
&\left[L_j p_k - p_j L_k, \frac{x_i}{r}\right] = L_j\left[p_k, \frac{x_i}{r}\right] + \left[L_j, \frac{x_i}{r}\right]p_k - p_j\left[L_k, \frac{x_i}{r}\right] - \left[p_j, \frac{x_i}{r}\right]L_k \\
&= L_j(-)i\hbar\frac{r^2\delta_{ki} - x_k x_i}{r^3} + i\hbar\epsilon_{jil}\frac{x_l}{r}p_k - p_j i\hbar\epsilon_{kil}\frac{x_l}{r} + i\hbar\frac{r^2\delta_{ji} - x_j x_i}{r^3}L_k \\
&= i\hbar\left(-L_j\frac{r^2\delta_{ki} - x_k x_i}{r^3} + \epsilon_{jil}\frac{x_l}{r}p_k - \epsilon_{kil}p_j\frac{x_l}{r} + \frac{r^2\delta_{ji} - x_j x_i}{r^3}L_k\right)
\end{aligned} \tag{6.81}$$

が得られる．

次に，交換関係 (6.77) で $\left(\frac{1}{2m\alpha_{\mathrm{c}}}\right)^2$ に比例する項の交換関係を求める．

$$\begin{aligned}
&[L_{j_1} p_{k_1} - p_{j_1} L_{k_1}, L_{j_2} p_{k_2} - p_{j_2} L_{k_2}] \\
&= [L_{j_1} p_{k_1}, L_{j_2} p_{k_2}] - [L_{j_1} p_{k_1}, p_{j_2} K_{k_2}] - [p_{j_1} L_{k_1}, L_{j_2} p_{k_2}] + [p_{j_1} L_{k_1}, p_{j_2} L_{k_2}] \\
&= [L_{j_1}, L_{j_2} p_{k_2}]p_{k_1} + L_{j_1}[p_{j_1}, L_{j_2} p_{k_2}] - L_{j_1}[p_{k_1}, L_{j_2} p_{k_2}] - [L_{j_1}, L_{j_2} p_{k_2}]p_{k_1} \\
&\qquad - [p_{j_1}, L_{j_2} p_{k_2}]L_{k_1} - p_{j_1}[L_{j_1}, L_{j_2} p_{k_2}] + p_{j_1}[L_{k_1}, L_{j_2} p_{k_2}] + [p_{j_1}, L_{j_2} p_{k_2}]L_{k_1} \\
&= [L_{j_1}, L_{j_2}]p_{k_2} p_{k_1} + L_{j_2}[L_{j_1}, p_{k_2}]p_{k_1} + L_{j_1}[p_{k_1}, L_{j_2}]p_{k_2} + L_{j_1} L_{j_2}[p_{k_1}, p_{k_2}] \\
&\qquad - L_{j_1}[p_{k_1}, p_{j_2}]L_{k_2} - L_{j_1} p_{j_2}[p_{k_1}, L_{k_2}] - [L_{j_1}, p_{j_2}]L_{k_2} p_{k_1} - p_{j_2}[L_{j_1}, L_{k_2}]p_{k_1} \\
&\qquad - [p_{j_1}, L_{j_2}]p_{k_2} L_{k_1} + L_{j_2}[p_{j_1}, p_{k_2}]L_{k_1} - p_{j_1}[L_{k_1}, L_{j_2}]p_{k_2} + p_{j_1} L_{j_2}[L_{k_1}, p_{k_2}]
\end{aligned}$$

$$+ p_{j_1}[L_{k_1}, p_{j_2}]L_{k_2} + p_{j_1}p_{j_2}[L_{k_1}, L_{k_2}] + [p_{j_1}, p_{j_2}]L_{k_2}L_{k_1} + p_{j_2}[p_{j_1}, L_{k_2}]L_{k_1} \tag{6.82}$$

ここで交換関係

$$[p_i, p_j] = 0, \quad [L_i, p_j] = i\hbar\epsilon_{ijk}p_k, \quad [L_i, L_j] = i\hbar\epsilon_{ijk}L_k$$

を使うと，上の交換関係は

$$\begin{aligned}
&[L_{j_1}p_{k_1} - p_{j_1}L_{k_1}, L_{j_2}p_{k_2} - p_{j_2}L_{k_2}] \\
&= i\hbar(\epsilon_{j_1j_2l_2}L_{l_2}p_{k_2}p_{k_1} + \epsilon_{j_1k_2l_2}L_{j_2}p_{l_2}p_{k_1} - \epsilon_{j_2k_1l_2}L_{j_1}p_{l_2}p_{k_2} + \epsilon_{k_2k_1l_2}L_{j_1}p_{j_2}p_{l_2} \\
&\quad + \epsilon_{j_1j_2l_1}p_{l_1}L_{k_2}p_{k_1} - \epsilon_{j_1k_2l_1}p_{j_2}L_{l_1}p_{k_1} - \epsilon_{k_1k_2l_1}p_{j_1}L_{j_2}p_{l_1} - \epsilon_{k_1j_2l_1}p_{j_1}L_{l_1}p_{k_2} \\
&\quad + \epsilon_{j_2j_1l_1}p_{l_1}p_{k_2}L_{k_1} + \epsilon_{k_1j_2l_1}p_{j_1}p_{l_1}L_{k_2} + \epsilon_{k_1k_2l_1}p_{j_1}p_{j_2}L_{l_1} - \epsilon_{k_2j_1l_1}p_{j_2}p_{l_1}L_{k_1})
\end{aligned} \tag{6.83}$$

となる．これを交換関係 (6.77) に代入し，さらに以下のような計算を何度も行う．

$$\begin{aligned}
&\epsilon_{i_1j_1k_1}\epsilon_{i_2j_2k_2}\epsilon_{j_1j_2l_2}L_{l_2}p_{k_2}p_{k_1} \\
&= \epsilon_{i_1j_1k_1}(\delta_{i_2j_1}\delta_{k_2l_2} - \delta_{i_2l_2}\delta_{k_2j_1})L_{l_2}p_{k_2}p_{k_1} \\
&= \epsilon_{i_1i_2k_1}\boldsymbol{L}\cdot\boldsymbol{p}p_{k_1} - \epsilon_{i_1k_2k_1}L_{i_2}p_{k_2}p_{k_1} \\
&= 0
\end{aligned} \tag{6.84}$$

最後の等式では，$\boldsymbol{L}\cdot\boldsymbol{p} = 0$ と，k_1k_2 について反対称の $\epsilon_{i_1k_2k_1}$ と対称の $p_{k_2}p_{k_1}$ の積の和がゼロになる性質を使った．例えば，次のような組合せの和はゼロにならないことがわかる．

$$\begin{aligned}
&\epsilon_{i_1j_1k_1}\epsilon_{i_2j_2k_2}\epsilon_{j_1k_2l_2}L_{j_2}p_{l_2}p_{k_1} \\
&= \epsilon_{i_1j_1k_1}(-\delta_{i_2j_1}\delta_{j_2l_2} + \delta_{i_2l_2}\delta_{j_2j_1})L_{j_2}p_{l_2}p_{k_1} \\
&= -\epsilon_{i_1i_2k_1}\boldsymbol{L}\cdot\boldsymbol{p}p_{k_1} + \epsilon_{i_1j_2k_1}L_{j_2}p_{i_2}p_{k_1} \\
&= \epsilon_{i_1j_2k_1}L_{j_2}p_{i_2}p_{k_1}
\end{aligned} \tag{6.85}$$

その結果，レンツベクトルの交換関係

$$[E_{i_1}, E_{i_2}] = -i\frac{2}{m\alpha_c^2}i\hbar\epsilon_{i_1i_2j_2}L_{j_2}\left(\frac{1}{2m}\boldsymbol{p}^2 - \frac{\alpha_c}{r}\right) \tag{6.86}$$

を得る．

(2) レンツベクトルの内積

次に，レンツベクトルの内積

$$\begin{aligned}
\boldsymbol{E}^2 = 1 &+ \frac{1}{2m\alpha_c}\epsilon_{i_1j_1k_1}\frac{x_{i_1}}{r}(L_{j_1}p_{k_1} - p_{j_1}L_{k_1}) + \frac{1}{2m\alpha_c}\epsilon_{i_1j_1k_1}(L_{j_1}p_{k_1} - p_{j_1}L_{k_1})\frac{x_{i_1}}{r} \\
&+ \left(\frac{1}{2m\alpha_c}\right)^2\epsilon_{ij_1k_1}\epsilon_{ij_2k_2}(L_{j_1}p_{k_1} - p_{j_1}L_{k_1})(L_{j_2}p_{k_2} - p_{j_2}L_{k_2})
\end{aligned}$$

を計算する．ここで，$\left(\frac{1}{2m\alpha_c}\right)^2$ に比例する項は，

$$
\begin{aligned}
&\epsilon_{ij_1k_1}\epsilon_{ij_2k_2}(L_{j_1}p_{k_1}-p_{j_1}L_{k_1})(L_{j_2}p_{k_2}-p_{j_2}L_{k_2})\\
&=(\delta_{j_1j_2}\delta_{k_1k_2}-\delta_{j_1k_2}\delta_{j_2k_1})(L_{j_1}p_{k_1}-p_{j_1}L_{k_1})(L_{j_2}p_{k_2}-p_{j_2}L_{k_2})\\
&=L_jp_kL_jp_k-L_jp_kp_jL_k-p_jL_kL_jp_k+p_jL_kp_jL_k\\
&\qquad -L_jp_kL_kp_j+L_jp_kp_kL_j+p_jL_kL_kp_j-p_jL_kp_kL_j\\
&=L_jp_kp_kL_j+i\hbar\epsilon_{jkl}L_jp_kp_l-p_kL_jp_jL_k-i\hbar\epsilon_{jkl}p_lp_jL_k-p_jL_k(p_kL_j+i\hbar\epsilon_{jkl}p_l)\\
&\qquad +p_jL_k(i\hbar\epsilon_{kjl}p_l+p_kL_j)L_j-L_j\boldsymbol{p}\cdot\boldsymbol{L}p_j+\boldsymbol{L}^2\boldsymbol{p}^2+\boldsymbol{p}^2\boldsymbol{L}^2-p_j\boldsymbol{L}\cdot\boldsymbol{p}L_j\\
&=4\boldsymbol{L}^2\boldsymbol{p}^2-4(i\hbar)^2\boldsymbol{p}^2
\end{aligned}
\tag{6.87}
$$

となる．

また，$\frac{1}{2m\alpha_c}$ に比例する項で，$\boldsymbol{x}$ と $\boldsymbol{p}$ の積を角運動量に一致するように順序を変えて，いくつかの変形

$$
\begin{cases}
\epsilon_{ijk}\dfrac{x_i}{r}L_jp_k=\epsilon_{ijk}\dfrac{x_i}{r}(p_kL_j+i\hbar\epsilon_{jkl}p_l)\\
\epsilon_{ijk}\dfrac{1}{r}x_i(p_kL_j)+i\hbar\dfrac{1}{r}x_i2\delta_{il}p_l=\dfrac{1}{r}(-)\boldsymbol{L}^2+i\hbar2\dfrac{1}{r}\boldsymbol{x}\cdot\boldsymbol{p}
\end{cases}
\tag{6.88}
$$

と

$$
\begin{cases}
\epsilon_{ijk}\dfrac{x_i}{r}p_jL_k=\dfrac{1}{r}\boldsymbol{L}^2\\
\epsilon_{ijk}L_jp_k\dfrac{x_i}{r}=-\dfrac{1}{r}\boldsymbol{L}^2\\
\epsilon_{ijk}p_jL_k\dfrac{x_i}{r}=2i\hbar\boldsymbol{p}\cdot\dfrac{\boldsymbol{x}}{r}+\dfrac{1}{r}\boldsymbol{L}^2
\end{cases}
\tag{6.89}
$$

をレンツベクトルの内積の式に代入して，

$$
\begin{aligned}
\boldsymbol{E}^2&=1+\frac{1}{2m\alpha_c}\left\{\frac{1}{r}(-)\boldsymbol{L}^2+i\hbar2\frac{1}{r}\boldsymbol{x}\cdot\boldsymbol{p}-\frac{1}{r}\boldsymbol{L}^2-\frac{1}{r}\boldsymbol{L}^2-2i\hbar\boldsymbol{p}\cdot\frac{\boldsymbol{x}}{r}-\frac{1}{r}\boldsymbol{L}^2\right\}\\
&\qquad+\left(\frac{1}{2m\alpha_c}\right)^2\{4\boldsymbol{L}^2\boldsymbol{p}^2-4(i\hbar)^2\boldsymbol{p}^2\}\\
&=1+\frac{1}{2m\alpha_c}\left\{-4\frac{1}{r}\boldsymbol{L}^2+2i\hbar\left[\frac{1}{r}\boldsymbol{x},\boldsymbol{p}\right]\right\}+\left(\frac{1}{2m\alpha_c}\right)^2\{4\boldsymbol{L}^2\boldsymbol{p}^2-4(i\hbar)^2\boldsymbol{p}^2\}\\
&=1+\frac{1}{2m\alpha_c}\left\{-4\frac{1}{r}\boldsymbol{L}^2+2^2(i\hbar)^2\frac{1}{r}\right\}+\left(\frac{1}{2m\alpha_c}\right)^2\{4\boldsymbol{L}^2\boldsymbol{p}^2-4(i\hbar)^2\boldsymbol{p}^2\}
\end{aligned}
\tag{6.90}
$$

が得られる．

6.4.3　$n\to\infty$ での固有状態

主量子数 n が式 (6.47) でエネルギーを決めるとともに，$n=l+p_0+1$ が整数のとき，縮退した関数の空間の次元を決める．また，$n\to\infty$ ではエネルギーは無限小になり，波動関数と状態の数は限りなく大きくなる．この領域に

おける固有関数の様子を問題 6.2 で調べよう．

6.4.4 状態和

水素原子の束縛状態の状態和

$$Z = \mathrm{Tr}\, e^{-\beta H} = \sum_{nlm} e^{-\beta E_n} = \sum_n e^{-\beta E_n} n^2 \tag{6.91}$$

は，

$$E_n = -R\frac{1}{n^2} \tag{6.92}$$

では発散する．

6.5 正エネルギーの解

正エネルギー $E > 0$ の解は，無限遠 $r \to \infty$ での波動関数の値が有限となり，規格化できない．この関数は，無限の遠方から波が入射し，ポテンシャルのために散乱され，最後に遠方に出ていく散乱状態を表している．波動関数は，同じ方程式の異なる境界条件を満たす解である．

6.5.1 放物線座標での固有状態

放物線座標 (ξ, η, ϕ) は，デカルト座標と

$$x = \sqrt{\xi\eta}\cos\phi, \quad y = \sqrt{\xi\eta}\sin\phi, \quad z = \frac{1}{2}(\xi - \eta), \quad r = \frac{1}{2}(\xi + \eta) \tag{6.93}$$

のように関連しており，II 巻の**付録 B** の B.6 節にあるように，ラプラシアンは

$$\nabla^2 \Psi(\boldsymbol{x}) = \left[\frac{4}{\xi + \eta}\left\{\frac{\partial}{\partial\xi}\left(\xi\frac{\partial}{\partial\xi} + \frac{\partial}{\partial\eta}\left(\eta\frac{\partial}{\partial\eta}\right)\right)\right\} + \frac{1}{\xi\eta}\frac{\partial^2}{\partial\phi^2}\right]\Psi(\boldsymbol{x}) \tag{6.94}$$

である．これらの関係式を，シュレディンガー方程式

$$\left\{-\frac{\hbar^2}{2M}\nabla^2 + V(r)\right\}\Psi(\boldsymbol{x}) = E\Psi(\boldsymbol{x}) \tag{6.95}$$

に代入すると，放物線座標におけるシュレディンガー方程式

$$\left[-\frac{\hbar^2}{2M}\left[\frac{4}{\xi+\eta}\left\{\frac{\partial}{\partial\xi}\left(\xi\frac{\partial}{\partial\xi} + \frac{\partial}{\partial\eta}\left(\eta\frac{\partial}{\partial\eta}\right)\right)\right\} + \frac{1}{\xi\eta}\frac{\partial^2}{\partial\phi^2}\right] - \alpha_{\mathrm{c}}\frac{2}{\xi+\eta}\right]\Psi(\boldsymbol{x})$$

$$= E\Psi(\boldsymbol{x}) \tag{6.96}$$

を得る．

式 (6.96) で 3 変数 ξ, η, ϕ が分離しているので，波動関数を変数分離形

$$\Psi = f_1(\xi) f_2(\eta) e^{im\phi} \tag{6.97}$$

に仮定する．この変数分離形の関数を代入して，

$$\left[-\frac{\hbar^2}{2M}\left[\frac{4}{\xi+\eta}\left\{f_2\frac{\partial}{\partial\xi}\left(\xi\frac{\partial}{\partial\xi}f_1 + f_1\frac{\partial}{\partial\eta}\left(\eta\frac{\partial}{\partial\eta}\right)f_2\right)\right\} - \frac{1}{\xi\eta}m^2 f_1 f_2\right] - \alpha_{\mathrm{c}}\frac{2}{\xi+\eta}\right] f_1 f_2 = E f_1 f_2 \tag{6.98}$$

を得る．さらにこの両辺を $f_1 f_2$ で割ると，式 (6.98) が

$$\left[-\frac{\hbar^2}{2M}\left[\frac{4}{\xi+\eta}\left\{\frac{1}{f_1}\frac{\partial}{\partial\xi}\left(\xi\frac{\partial}{\partial\xi}f_1+\frac{1}{f_2}\frac{\partial}{\partial\eta}\left(\eta\frac{\partial}{\partial\eta}\right)f_2\right)\right\} - \frac{1}{\xi\eta}m^2\right] - \alpha_{\mathrm{c}}\frac{2}{\xi+\eta}\right] = E \tag{6.99}$$

となる．これより，新たな未定定数 β_1, β_2 を導入して，変数を分離してそれぞれの変数についての方程式

$$\frac{d}{d\xi}\left(\xi\frac{d}{d\xi}f_1\right) + \left(\frac{1}{2}\tilde{E}\xi - \frac{m^2}{4\xi} + \beta_1\right) f_1 = 0 \tag{6.100}$$

$$\frac{d}{d\eta}\left(\eta\frac{d}{d\eta}f_2\right) + \left(\frac{1}{2}\tilde{E}\eta - \frac{m^2}{4\eta} + \beta_2\right) f_2 = 0 \tag{6.101}$$

が得られる．ここで，新たなパラメーターは，元のパラメーターから

$$\tilde{E} = \frac{ME}{\hbar^2}, \quad \beta_1 + \beta_2 = \frac{M\alpha_{\mathrm{c}}}{\hbar^2} \tag{6.102}$$

で与えられる．

$m = 0$ の解として，

$$\beta_2 = -\frac{ik}{2}, \quad f_2(\eta) = e^{\frac{ih}{2}\eta}, \quad f_1(\xi) = e^{i\frac{h}{2}\xi} f(\xi)$$

の形の解は，

$$u_{\mathrm{c}} = e^{ikz} f(\xi) = e^{ik(\eta-\xi)} f(\xi) = e^{ik\eta} e^{-ik\xi} f(\xi) \tag{6.103}$$

がある．ここで，f は

$$\xi \frac{d^2 f}{d\xi^2} + (1 - ik\xi)\frac{df}{d\xi} - nkf = 0, \quad n = \frac{\mu \alpha_c k}{\hbar^2} \tag{6.104}$$

を満たす合流型の超幾何級数

$$f(\xi) = CF(-in, 1, ik\xi) \tag{6.105}$$

である．ただし，

$$\begin{aligned} F(a,b,z) &= \sum_{S=0} \frac{\Gamma(a+s)\Gamma(b)z^s}{\Gamma(a)\Gamma(b+s)\Gamma(1+s)} \\ &= 1 + \frac{az}{b1!} + \frac{a(a+1)z^2}{b(b+1)2!} + \cdots \end{aligned} \tag{6.106}$$

$\xi = 0$ では

$$f(0) = CF(-in, 1, 0) = C \tag{6.107}$$

であり，$f(\xi)$ は単調増加関数である．

$f(\xi)$ の漸近形は，$F(-in, 1, ik\xi)$ から求められ，

$$F(a,b,z) = W_1(a,b,z) + W_2(a,b,z) \tag{6.108}$$

と表される．ここで，$W_1(a,b,z)$ と $W_2(a,b,z)$ は，

$$\begin{cases} W_1(a,b,z) = \dfrac{\Gamma(b)}{\Gamma(b-a)}(-z)^{-a} g(a, a-b+1, -z) \\ W_2(a,b,z) = \dfrac{\Gamma(b)}{\Gamma(a)} e^z (z)^{a-b} g(1-a, b-a, z) \\ g(\alpha, \beta, z) \underset{z \to \infty}{\longrightarrow} 1 + \dfrac{\alpha\beta}{z} + \dfrac{\alpha(\alpha+1)\beta(\beta+1)}{z^2 2!} + \cdots \end{cases} \tag{6.109}$$

と書かれる．したがって，

$$\begin{cases} W_1(-in, 1, ik\xi) = \dfrac{\Gamma(1)}{\Gamma(1+in)}(-ik\xi)^{in} g(-in, -in, -ik\xi) \\ W_2(-in, 1, ik\xi) = \dfrac{\Gamma(1)}{\Gamma(-in)} e^{ik\xi} (ik\xi)^{-in-1} g(in, 1+in, ik\xi) \\ g(\alpha, \beta, z) \underset{z \to \infty}{\longrightarrow} 1 + \dfrac{\alpha\beta}{z} + \dfrac{\alpha(\alpha+1)\beta(\beta+1)}{z^2 2!} + \cdots \end{cases} \tag{6.110}$$

となる．以上より，漸近領域 $r \to \infty$ でのクーロン波動関数 $(\theta \neq 0)$ は

$$u_c = e^{ik\eta} e^{-ik\xi} CF(-in, 1, ik\xi) \tag{6.111}$$

$$\underset{r\to\infty}{\to} \frac{Ce^{n\pi/2}}{\Gamma(1+in)}\left[e^{i\{kz+\ln k(r-z)\}}\left\{1-\frac{n^2}{ik(r-z)}\right\}+r^{-1}f_{\mathrm{c}}(\theta)e^{i(kr-n\ln 2kr)}\right],$$

$$f_{\mathrm{c}}(\theta)=\frac{n}{2k\sin^2(\frac{\theta}{2})}e^{-in\sin^2(\frac{\theta}{2})} \tag{6.112}$$

であることがわかる．

6.5.2　球座標

次に，波動関数を，球座標で変数分離形

$$\Psi(\boldsymbol{x})=R_l(r)Y_{lm}(\theta,\phi) \tag{6.113}$$

とおいて，正エネルギーの固有解を求めよう．動径変数についての方程式は，

$$-\frac{\hbar^2}{2m}\left(\partial_r^2+\frac{2}{r}\partial_r\right)R(r)+\left\{\frac{\hbar^2}{2m}\frac{l(l+1)}{r^2}-\alpha_{\mathrm{c}}\frac{1}{r}\right\}R(r)=ER(r) \tag{6.114}$$

となる．ここで，

$$r=\frac{\hbar^2}{m\alpha_{\mathrm{c}}}i\frac{n}{2}\rho,\quad n=\frac{1}{\sqrt{-2\frac{\hbar^2E}{m\alpha_{\mathrm{c}}^2}}}=\frac{-i}{k} \tag{6.115}$$

のように無次元の変数 ρ に変換すると，方程式は

$$R''+\frac{2}{\rho}R'+\left\{-\frac{1}{4}+\frac{n}{\rho}-\frac{l(l+1)}{\rho^2}\right\}R=0 \tag{6.116}$$

となる．解は，規格化定数を C_k として，超幾何級数で

$$R_{kl}=C_k\frac{1}{(2l+1)!}(2kr)^le^{-ikr}F\left(\frac{i}{k}+l+1,2l+2,2ikr\right) \tag{6.117}$$

と表せ，漸近形は，

$$R_{kl}=\sqrt{\frac{2}{\pi}}\frac{1}{r}\sin\left(kr+\frac{1}{k}\log 2kr-\frac{1}{2}l\pi+\delta_l\right) \tag{6.118}$$

$$e^{2i\delta_l}=\frac{\Gamma(l+1-i/k)}{\Gamma(l+1+i/k)} \tag{6.119}$$

である．このように，クーロンポテンシャルでは，波動関数は解析的に求められる位相シフト δ_l で表される．

引力の場合の主量子数と角運動量量子数は

$$n=-\frac{i}{k},\quad \rho=\frac{2r}{n}=2ikr,\quad k=\sqrt{2\frac{\mu\alpha_{\mathrm{c}}^2}{\hbar^2}E} \tag{6.120}$$

で，波動関数は，

$$\begin{cases} \psi = R_{kl} Y_{lm}(\theta, \phi) \\ R_{kl} = \dfrac{C_{kl}}{(2l+1)!}(2kr)^l e^{-ikr} F\left(\dfrac{i}{k} + l + 1, 2l+2, 2ikr\right) \\ \quad = C_{kl} \dfrac{e^{-\pi/2k}}{kr} \\ \qquad \times \mathrm{Re}\left[\dfrac{e^{-i\{kr - \pi(l+1)/2 + (1/k)\log 2kr\}}}{\Gamma(l+1-\frac{i}{k})} g\left(l+1+\dfrac{i}{k}, \dfrac{i}{k-l}, -2ikr\right)\right] \\ C_{kl} = 2ke^{\pi/2k}\left|\Gamma\left(l+1-\dfrac{i}{k}\right)\right| \end{cases} \tag{6.121}$$

である．$r \to \infty$ では，

$$R_{kl} \approx \frac{2}{r}\sin\left(kr - \frac{1}{k}\log 2kr - \frac{1}{2l\pi} + \delta_l\right), \quad \delta_l = \arg \Gamma\left(l+1-\frac{i}{k}\right) \tag{6.122}$$

である．

斥力の場合は

$$n = \frac{-i}{\sqrt{2\frac{\mu\alpha_c^2}{\hbar^2}E}} = -\frac{i}{k}, \quad \rho = \frac{2r}{n} = 2ikr \tag{6.123}$$

となり，

$$\begin{cases} R_{kl} = \dfrac{C_{kl}}{(2l+1)!}(2kr)^l e^{ikr} F\left(\dfrac{i}{k} + l + 1, 2l+2, -2ikr\right) \\ \quad = C_{kl} \dfrac{e^{-\pi/2k}}{kr} \\ \qquad \times \mathrm{Re}\left[\dfrac{e^{-i\{kr - \pi(l+1)/2 + (1/k)\log 2kr\}}}{\Gamma(l+1-i/k)} g\left(l+1+\dfrac{i}{k}, \dfrac{i}{k-l}, -2ikr\right)\right] \\ C_{kl} = 2ke^{-\pi/2k}\left|\Gamma\left(l+1+\dfrac{i}{k}\right)\right| \end{cases} \tag{6.124}$$

である．$r \to \infty$ では，

$$R_{kl} \approx \frac{2}{r}\sin\left(kr - \frac{1}{k}\log 2kr - \frac{1}{2l\pi} + \delta_l\right), \quad \delta_l = \arg \Gamma\left(l+1+\frac{i}{k}\right) \tag{6.125}$$

大きな l や k で

$$\Gamma\left(l+1+\frac{i}{k}\right) \approx \Gamma(l+1)e^{i\frac{1}{k}\log(l+1)} \tag{6.126}$$

であり，次のようになる．

$$\delta_l = \frac{1}{k}\log(l+1) \tag{6.127}$$

6.5.3　ガモフ因子：波動関数の原点での値

z 軸方向に入射したときのクーロン波動関数 (6.111) は，$r \to \infty$ で緩やかに減少するポテンシャルの影響を，広い空間領域で受ける．これは，原点での振る舞いにも跳ね返る．定数 C を，

$$\frac{Ce^{n\pi/2}}{\Gamma(1+in)} = 1 \tag{6.128}$$

とすると，単位フラックスで入射する波を表す．この波の原点 $r=0$ での値，

$$|u_{\mathrm{c}}(0)|^2 = |C|^2 = \frac{2\pi n}{v(e^{2n\pi}-1)} \tag{6.129}$$

は，$|n| \gg 1$ では，

$$\begin{cases} |u_{\mathrm{c}}(0)|^2 \approx \dfrac{2\pi|n|}{v};\ \text{引力} \\ |u_{\mathrm{c}}(0)|^2 \approx \dfrac{2\pi n}{v}e^{-2n\pi};\ \text{斥力} \end{cases} \tag{6.130}$$

である [15].

斥力と引力で原点での値は大きく異なる．特に，斥力での値は，指数関数的に減少する．この因子はガモフ因子と呼ばれ，2 つの原子核の間のアルファ崩壊や元素合成等の原子核の反応で，大事な寄与を与える．原子や分子の関与する反応においても，同符号電荷の物体の反応で重要な役割をしている．これらについては，第 10 章で別の観点から検討する．

6.6　古典力学と量子力学の比較

クーロンポテンシャルで相互作用する 2 体系の古典力学と，量子力学をまとめて比較しておく．

6.6.1 古典力学

古典力学の運動方程式は

$$\frac{\boldsymbol{p}^2}{2m} - \frac{\alpha_{\rm c}}{r} = E \tag{6.131}$$

である．

$E < 0$ の場合

負エネルギー領域で $r \to \infty$ とおくと $\frac{1}{r} \to 0$ なので，運動方程式は

$$\frac{\boldsymbol{p}^2}{2m} = -|E| \tag{6.132}$$

となり，等号は成立しない．よって，負エネルギーをもつ運動方程式の解は，$r \to \infty$ にはならない．つまり，軌道は有限な空間領域に限られている．実際，2 次元面内の軌道は極座標 r, ϕ で

$$\frac{M}{r} = \frac{m\alpha_{\rm c}}{M}(1 + \epsilon \cos\phi), \quad \epsilon = \sqrt{1 + \frac{2mE}{\frac{m^2\alpha_{\rm c}^2}{M^2}}} \tag{6.133}$$

となるので，離心率は 1 より小さくなり，軌道は楕円である．レンツベクトルが保存することにより，楕円の位置は不変に保たれている．

$E > 0$ の場合

正エネルギーで $r \to \infty$ とおくと，$\frac{1}{r} \to 0$ なので，運動方程式は

$$\frac{\boldsymbol{p}^2}{2m} = |E| \tag{6.134}$$

となり，解が

$$|\boldsymbol{p}| = \sqrt{2mE} \tag{6.135}$$

で与えられる．離心率 (6.133) は 1 より大きくなり，軌道は開いた双曲線である．よって，$r \to \infty$ となる．この解の振る舞いから，ラザフォード散乱の断面積が求まる．

6.6.2 量子力学

波動方程式は

$$\left(\frac{\boldsymbol{p}^2}{2m} - \frac{\alpha_{\rm c}}{r}\right)\psi = E\psi, \quad \boldsymbol{p} = -i\hbar\nabla \tag{6.136}$$

である．

$E < 0$ の場合

負エネルギーで $r \to \infty$ とおくと $\frac{1}{r} \to 0$ なので，波動方程式は

$$\frac{\boldsymbol{p}^2}{2m}\psi = -|E|\psi \tag{6.137}$$

となり，平面波

$$\psi = e^{i\boldsymbol{k}\cdot\boldsymbol{x}} \tag{6.138}$$

のような遠方で有限な値をもつ解はない．実際，解は式 (6.67) であり，

$$|\psi| \to 0, \quad r \to \infty \tag{6.139}$$

となる．エネルギーや角運動量は飛びとびの値をとる．

$E > 0$ の場合

正エネルギーで $r \to \infty$ とおくと $\frac{1}{r} \to 0$ なので，波動方程式は

$$\frac{\boldsymbol{p}^2}{2m}\psi = |E|\psi \tag{6.140}$$

となり，解は

$$\psi = e^{i\boldsymbol{k}\cdot\boldsymbol{x}}, \quad |\boldsymbol{p}| = |\hbar k|, \quad E = \frac{\boldsymbol{p}^2}{2m} \tag{6.141}$$

となる．波動方程式の解は，無限遠方に値をもつ波動関数で，$r \to \infty$ から伝播し，散乱された後 $r \to \infty$ に伝播される波を表す．後で調べるように，詳細な計算から，量子力学におけるラザフォード散乱の断面積が求まる．エネルギーは連続的である．

このように，古典力学と量子力学では，一見方程式が全く異なるが，解の性質はよく似ている．正エネルギーでは，古典力学で，粒子は無限遠からポテンシャルの中心に近づいた後，角度を変えた方向に飛んで行き，量子力学でも，波が無限遠からポテンシャルの中心に近づいた後，角度を変えた方向の波となる散乱に対応している．また，負エネルギーでは，いずれも束縛状態になっている．

負エネルギー解における運動エネルギーの時間平均と，ポテンシャルエネルギーの時間平均の比率を計算してみよう．クーロンポテンシャル $V(r) = -\frac{\alpha_c}{r}$ は関係式

$$\sum_{i=1}^{3} x_i \frac{\partial V}{\partial x_i} = nV(x_1, x_2, x_3), \quad n = -1 \tag{6.142}$$

を満たす．そのため，運動エネルギー K とポテンシャルエネルギー V は

$$\frac{d}{dt}\left(\sum_{i=1}^{3} x_i p_i\right) = \left\{H, \sum_{i=1}^{3} x_i p_i\right\}_{PB} \tag{6.143}$$
$$= \sum_{i=1}^{3} (\{H, x_i\}_{PB} p_i + x_i \{H, p_i\}_{PB})$$
$$= \sum_{i=1}^{3} \left(\frac{p_i}{m_i} p_i + x_i(-)\frac{\partial V}{\partial x_i}\right)$$
$$= 2K - nV$$

と関係し，両エネルギーの時間平均

$$\bar{K} = \frac{1}{T}\int_0^T dt\, K, \quad \bar{V} = \frac{1}{T}\int_0^T dt\, V \tag{6.144}$$

は，

$$2\bar{K} - n\bar{V} = \frac{1}{T}\left(\sum_{i=1}^{3} x_i p_i\right)\Bigg|_0^T \to 0 \quad (T \to \infty) \tag{6.145}$$

を満たしている．右辺の極限値は，負エネルギーの軌道が有限の空間領域に閉じていて，$\sum_i x_i p_i$ が T によらない上限値をもつことより得られた．このビリアル定理は，式 (6.142) の性質をもつ古典力学系で成り立ち，量子力学の束縛状態にも拡張される．

章末問題

問題 6.1　修正クーロンポテンシャル

ポテンシャル $U(r) = -B\frac{1}{r} + A\frac{1}{r^2}$ の場合のエネルギー固有値と固有状態を求めよ．水素原子がもつ縮退が，この場合にどのようになるか，詳しく考察せよ．

問題 6.2　水素原子の波動関数

(1) 水素原子のエネルギーの値と波動関数は次のようにまとめられ，$z = 1$ であることを確認せよ．

$$\psi_{nlm}(r, \theta, \phi) = R_{nl}(r) Y_{lm}(\theta, \phi)$$
$$R_{nl}(r) = -\left(\frac{2Z}{na_0}\right)^3 \frac{(n-l-1)!}{2n(n+l)!^3}^{1/2} e^{-\rho/2} \rho^l L_{n+l}^{2l+1}(\rho)$$

$$\rho = \frac{2Z}{na_0}r, \quad a_0 = \frac{\hbar^2}{\mu\alpha_c}$$

$$Y_{lm}(\theta, \phi) = (-1)^{\frac{m+|m|}{2}} \left\{ \frac{2l+1}{4\pi} \frac{(l-|m|)!}{(l+|m|)!} \right\}^{1/2} P_l^{|m|}(\cos\theta) e^{im\phi}$$

(2) 動径波動関数が

$$R_{10}(r) = \left(\frac{Z}{a_0}\right)^{3/2} 2e^{-Zr/a_0}$$

$$R_{20}(r) = \left(\frac{Z}{2a_0}\right)^{3/2} \left(2 - \frac{Zr}{a_0}\right) e^{-Zr/2a_0}$$

$$R_{21}(r) = \left(\frac{Z}{2a_0}\right)^{3/2} \frac{Zr}{a_0\sqrt{3}} e^{-Zr/2a_0}$$

となることを確認せよ．

(3) 基底状態，第 1 励起状態，等の波動関数の空間的な振る舞いを図示せよ．

問題 6.3　ビリアル定理

水素原子の束縛状態で，運動エネルギーとポテンシャルエネルギーの相対的な大きさを示す，ビリアル定理を示せ．

問題 6.4　ミューオン原子

ミューオン原子のエネルギー準位を求めよ．ただし，ミューオン原子とは，質量は 100 MeV/c^2 で，電子の質量の 200 倍程度であるミューオンと陽子からなる束縛状態である．

問題 6.5　リュードベリ原子

リュードベリ原子のエネルギー準位を求めよ．リュードベリ原子とは，電子の 1 つが非常に高い励起状態にある原子であり，高い励起状態の電子に対するシュレディンガー方程式は，中心に $+1|e|$ の正電荷を帯びた原子核があり，その周りに 1 つの電子がある物理系とみなせ，ほぼ水素原子と同じに扱える．

問題 6.6　アルカリ原子

アルカリ原子は，安定な閉核をなす電子雲をもつ原子の周りに電子が 1 つ加えられた原子である．アルカリ原子のエネルギー準位を求めよ．

問題 6.7　ポジトロニウム

ポジトロニウムは，電子と陽電子の束縛状態である．ポジトロニウムのエネルギー準位を求めよ．

問題 6.8　ミューオニウム

ミューオニウムのエネルギー準位を求めよ．

問題 6.9　高励起状態

高励起状態 $n \to \infty$ の波動関数，エネルギー，縮退度を使い，分配関数

$$Z = \mathrm{Tr}(e^{-\beta H})$$

を調べよ．

7 電磁場中の荷電粒子の運動

原子内の電子を目視で直接観測することはできない．そこで，電子に関する情報を得るため，電場や磁場を原子に加える．すると，原子は固有の現象を示す．この現象は電子と電場や磁場との相互作用から引き起こされ，原子や原子内の電子に関する情報を担っている．電場や磁場は，電荷と普遍的な形で，物質やその状態には関係なく相互作用する．この相互作用は，電荷だけに依存しているので，自由な電子と原子内に束縛された電子で共通である．したがって，原子による電場や磁場への影響は，正確に計算することができる．この計算法を確立するため，電荷をもつ粒子が電場や磁場，ならびに電磁波といかに相互作用するのかを明らかにしておく．本章では，電場や磁場中での荷電粒子のシュレディンガー方程式を考察する．

7.1 荷電粒子のラグランジアン

電場を表すスカラーポテンシャルを $A_0(\boldsymbol{x})$，磁場を表すベクトルポテンシャルを $\boldsymbol{A}(\boldsymbol{x})$ とすると，質量 m，電荷 q の荷電粒子はラグランジアン

$$L = \frac{m}{2}\boldsymbol{v}^2 - qA_0(\boldsymbol{x}) + q\boldsymbol{v}\cdot\boldsymbol{A} \tag{7.1}$$

で記述される．これから得られるオイラー－ラグランジュの運動方程式は，

$$m\frac{d^2}{dt^2}\boldsymbol{x} = q\boldsymbol{E} + q\boldsymbol{v}\times\boldsymbol{B} \tag{7.2}$$

である．ここで，変分の計算

$$\frac{\partial L}{\partial x_i} = -q\frac{\partial A_0}{\partial x_i} - q\boldsymbol{v}\cdot\frac{\partial}{\partial x_i}\boldsymbol{A} \tag{7.3}$$

$$\frac{\partial L}{\partial \dot{x}_i} = m\dot{x}_i + qA_i(\boldsymbol{x}) \tag{7.4}$$

$$\frac{d}{dt}\frac{\partial L}{\partial \dot{x}_i} = m\frac{d^2}{dt^2}x_i + q\frac{\partial}{\partial t}A_i(\boldsymbol{x}) + q\frac{\partial A_i(\boldsymbol{x})}{\partial x_j}\dot{x}_j \tag{7.5}$$

と，電場，磁場をポテンシャルから求める式

$$\boldsymbol{B} = \nabla \times \boldsymbol{A} \tag{7.6}$$

$$\boldsymbol{E}_i = -\frac{\partial A_0}{\partial x_i} + \frac{\partial A_i}{\partial t} \tag{7.7}$$

を使った．

運動方程式 (7.2) の右辺の第 1 項は，電荷が電場から受ける電場に比例する力であり，第 2 項は，速度と磁場とのベクトル積に比例する磁場から受けるローレンツ力である．ローレンツ力は速度に依存する力であるので，一見，保存力とは異なる性質をもつ．しかしながら，ラグランジアンによる変分原理で運動方程式を表すことができ，正準形式の方法で力学を扱うことができる．

位置座標 x_i に共役な運動量は，ラグランジアンを $\dot{x}_i$ で微分した

$$p_i = \frac{\partial L}{\partial \dot{x}_i} = m\dot{x}_i + eA_i(x_i) \tag{7.8}$$

であり，運動量が速度の項とベクトルポテンシャルとの和となることが特徴である．通常の保存力のもとでは，運動量が速度の項だけであったのと，対照的である．

力学変数と共役な運動量の間には，正準交換関係が成立する．式 (7.8) から，速度を運動量で

$$\dot{x}_i = \frac{1}{m}(p_i - qA_i) \tag{7.9}$$

と表せることから，磁場中の速度は，交換関係

$$[\dot{x}_i, \dot{x}_j] = i\frac{q\hbar}{m}([\nabla_i, A_j] - [\nabla_j, A_i]) \tag{7.10}$$

を満たし，可換ではなくなる．この式の右辺は磁場に比例する．このため，磁場に垂直な方向の 2 つの速度は可換ではなく，両変数を同時に対角形にすることはできない．1 つを対角形にする表現か，または両変数に有限なある拡がりをもたせる表現がよく使われる．2 次元面に垂直な方向に一様な磁場がかかっているとき，面内の電子はこの性質を反映する．

7.1.1 荷電粒子のシュレディンガー方程式

ハミルトニアンは式 (7.8) から

$$
\begin{aligned}
H &= \sum_i p_i \dot{x}_i - L \\
&= p_i \frac{p_i - qA_i}{m} - \frac{m}{2}(p_i - qA_i)^2 \frac{1}{m^2} - q\boldsymbol{v}\cdot\boldsymbol{A} + qA_0 \\
&= \frac{1}{2m}(\boldsymbol{p} - q\boldsymbol{A})^2 + qA_0
\end{aligned}
\tag{7.11}
$$

となるので，シュレディンガー方程式は

$$
i\hbar\frac{\partial}{\partial t}\psi = \left\{\frac{1}{2m}(\boldsymbol{p} - q\boldsymbol{A})^2 + qA_0\right\}\psi \tag{7.12}
$$

である．このように，電場や磁場中にある荷電粒子の従うシュレディンガー方程式は，ベクトルポテンシャルとスカラーポテンシャルで表される．

この結果は，古典力学における運動方程式とは大きく異なる．古典力学の運動方程式は，ポテンシャルではなく，力で表される．つまり，質点にはたらく力に基づいて，もともと電場や磁場が定義されているので，古典力学の方程式は必然的に電場や磁場で表されるのである．しかし，量子力学のシュレディンガー方程式は，力ではなくエネルギーであるハミルトニアンに基づくので，ポテンシャルで表される．よって，荷電粒子のシュレディンガー方程式は電場や磁場ではなく，スカラーポテンシャルやベクトルポテンシャルで表されることになる．なお，力を積分したものがポテンシャルであるので，1 つの力に対してポテンシャルは一意的に決まるわけではない．この事情は，後で述べる**ゲージ不変性**と呼ばれる性質と密接に関連している．ゲージ不変性や，ゲージ変換の考え方は，現代物理学で大きな役割を果たしている．

7.1.2　確率の密度と流れ密度

電磁場中にある荷電粒子の従うシュレディンガー方程式 (7.12) から，確率密度と確率の流れは

$$
\rho(\boldsymbol{x}, t) = \psi^\dagger(\boldsymbol{x}, t)\psi(\boldsymbol{x}, t) \tag{7.13}
$$

$$
\boldsymbol{j}(\boldsymbol{x}, t) = \psi^\dagger(\boldsymbol{x}, t)\frac{1}{2m}(\boldsymbol{p} - q\boldsymbol{A})\psi(\boldsymbol{x}, t) - \frac{1}{2m}(\boldsymbol{p} - q\boldsymbol{A})\psi^\dagger(\boldsymbol{x}, t)\psi(\boldsymbol{x}, t)
$$

のように，波動関数とその複素共役の積から表せ，連続の式（保存則）

$$
\frac{\partial}{\partial t}\rho(x, t) + \nabla\cdot\boldsymbol{j}(\boldsymbol{x}, t) = 0 \tag{7.14}
$$

を満たす．

確率密度や確率の流れは電磁場を含むものとなり，電磁場がない場合のものから

$$\boldsymbol{p} \to \boldsymbol{p} - q\boldsymbol{A} \tag{7.15}$$

と置き換えたものになっている．

7.2　一様磁場中の 2 次元電子：ランダウ準位

電子が 2 次元面内を自由に運動する系で，面に垂直に磁場 $\boldsymbol{B}$ がかかっているとき，運動は興味深いものとなる．B を定数として，ベクトルポテンシャルの 3 成分が

$$\boldsymbol{A} = (A_x, A_y, A_z), \quad A_x = 0, \quad A_y = xB, \quad A_z = 0 \tag{7.16}$$

であるとき，磁場（磁束密度）ベクトルは 3 軸方向を向く一定の大きさの

$$\boldsymbol{B} = \nabla \times \boldsymbol{A} = (0, 0, B) \tag{7.17}$$

である．

このベクトルポテンシャルをもつ 2 次元内を運動する電子のハミルトニアンは，電子の電荷の大きさを e として

$$H = \frac{1}{2m}(\boldsymbol{p} - e\boldsymbol{A})^2 = \frac{1}{2m}\{p_x^2 + (p_y - eBx)^2\} \tag{7.18}$$

のように，x の 2 次式となる．これは，調和振動子のハミルトニアンの形であり，固有値問題が解析的に解ける．また，変数 y には微分を通してだけ依存する．そのため，波動方程式は，y 方向の運動量演算子 p_y の固有状態と x のある関数の積

$$\psi(x, y) = u(x)e^{ip_y y} \tag{7.19}$$

のように，変数が分離された定常解をもつ．式 (7.19) で，p_y は y 方向の運動量である．式 (7.19) を (7.18) に代入すると，$u(x)$ の満たす固有値方程式は

$$\begin{cases} \dfrac{1}{2m}\{p_x^2 + (p_y - eBx)^2\}u(x) = Eu(x) \\ \left\{\dfrac{1}{2m}p_x^2 + \dfrac{1}{2m}e^2B^2(x - x_0)^2\right\}u(x) = Eu(x) \\ x_0 = \dfrac{p_y}{eB} \end{cases} \tag{7.20}$$

となり，新たな変数 $\tilde{x} = x - x_0$ を使うと，方程式が

$$\left(\frac{1}{2m}p_{\tilde{x}}^2 + \frac{1}{2m}e^2B^2\tilde{x}^2\right)u(\tilde{x}) = Eu(\tilde{x}) \tag{7.21}$$

と表され，固有値 E が p_y に依存しない調和振動子と同等な式であることがわかる．

この方程式は，ばね定数が

$$k = \frac{e^2B^2}{m} \tag{7.22}$$

の調和振動子と等価であるので，振動数は

$$\omega = \sqrt{\frac{k}{m}} = \frac{eB}{m} \tag{7.23}$$

であり，エネルギーは，飛びとびの値

$$E = \hbar\omega\left(l + \frac{1}{2}\right) \tag{7.24}$$

となる．この固有状態を**ランダウ準位**という．

7.3　ランダウ準位

エネルギー固有値 (7.24) が p_y によらないので，1 つのエネルギーで異なる p_y をもつ多くの縮退状態

$$u_l(x - x_0)e^{i\frac{p_y}{\hbar}y} \tag{7.25}$$

$$x_0 = \frac{p_y}{eB} \tag{7.26}$$

が存在する．図 7.1 のようにこの波動関数は，y 方向には，平面波であるので端から端まで占める拡がった関数であるが，x 方向には，各 p_y ごとに異なる値 x_0 を中心として，有限な拡がりをもつ関数である．

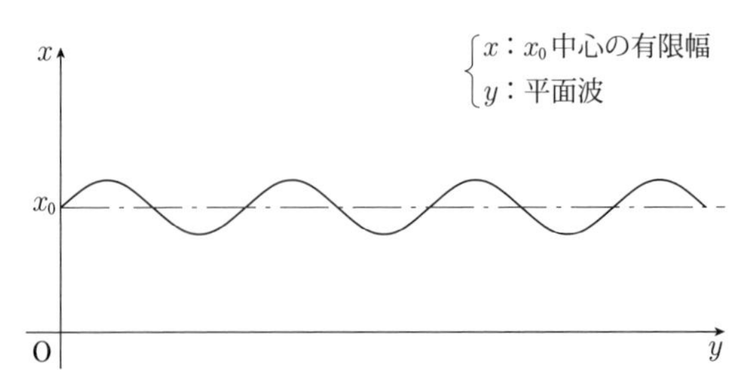

図 7.1　ランダウ準位の波動関数

ランダウ準位には，各エネルギーごとに p_y で区別される異なる固有状態が存在する．その状態数である縮退度は，互いに直交する状態の数であり，異なる p_y の数に一致する．これを，有限の面積をもつ 2 次元系で求めよう．

いま，2 次元系の大きさを $L_x \times L_y$ とし，座標 x, y の領域が

$$0 \leq x \leq L_x, \quad 0 \leq y \leq L_y \tag{7.27}$$

であるとする．このとき，変数分離解 (7.19) の y 方向に周期境界条件を課すことにより，運動量が

$$p_y = \frac{2\pi}{L_y} n, \quad n = \text{整数} \tag{7.28}$$

と決まる．このとき，異なる p_y をもつ状態は互いに直交し，同じ p_y の状態は有限な内積をもつ．また，x 方向では関数の中心 x_0 に対する条件 $0 \leq x_0 \leq L_x$ が満たされる．この条件は，固有関数 $u_l(x - x_0)$ が $x_0 = \frac{p_y}{eB}$ を中心とするガウス型の関数であることより，x_0 が 2 次元空間内にある不等式

$$0 \leq \frac{2\pi}{eBL_y} n \leq L_x \tag{7.29}$$

となる．これより，整数 n に対する条件

$$0 \leq n \leq \frac{eB}{2\pi} L_x L_y \tag{7.30}$$

が得られ，n の最大値の N が

$$N = \frac{eB}{2\pi} L_x L_y \tag{7.31}$$

のように面積に比例した値となり，N が，全縮退度である．

全縮退度が面積に比例するので，面積 $S = L_x L_y$ あたりの縮退度，つまり面密度 ρ は一定であり，値は

$$\rho = \frac{N}{S} = \frac{eB}{2\pi} \tag{7.32}$$

である．この結果は，1 量子状態の占める面積 s_0 が，磁場に反比例する値

$$s_0 = \frac{2\pi}{eB} \tag{7.33}$$

であることを示す．したがって，磁場が強くなると，各状態の空間的な大きさは，磁場に反比例して小さくなる．

面密度 ρ が磁場に比例して大きくなる一方で，エネルギー間隔が磁場に比例するので，有限のエネルギー間隔内にある状態数は，磁場によらずに一定である．この状態数は，ゼロ磁場の場合に一致する．

7.4　一様磁場中の 3 次元電子

3 次元運動する電荷をもつ質点のハミルトニアン (7.11) で，z 軸方向の磁場がある系をベクトルポテンシャル (7.16) で表したとき，電子の定常状態のシュレディンガー方程式は

$$\frac{1}{2m}\{(p_x - eA_x)^2 + p_y^2 + p_z^2\}\psi = E\psi \tag{7.34}$$

である．波動関数を，p_y と p_z の固有状態の変数分離形で

$$\psi = e^{i(k_y y + k_z z)}u(x) \tag{7.35}$$

とおくと，1 変数の固有値方程式

$$\{p_x^2 + (p_y - eBx)^2\}u(x) = (2mE - p_z^2)u(x) \tag{7.36}$$

が得られる．これより，固有値と固有関数が

$$2mE - p_z^2 = 2mE_l, \quad E_l = \hbar\omega\left(l + \frac{1}{2}\right) \tag{7.37}$$

$$u(x) = u_l(x - x_0), \quad x_0 = \frac{p_y}{eB} \tag{7.38}$$

と得られ，さらにエネルギーが

$$E = E_l + \frac{p_z^2}{2m} \tag{7.39}$$

となる．つまり，磁場に垂直な 2 次元面内では，2 次元ランダウ準位が実現し，磁場方向には自由な運動となり，全エネルギーはそれぞれのエネルギーの和となる．

7.5　ゲージ不変性

式 (7.17) で示されるように，磁場 $\boldsymbol{B}$ はベクトルポテンシャルの回転であるので，ベクトルポテンシャルを

$$\boldsymbol{A} \to \boldsymbol{A} + \nabla\lambda(x) \tag{7.40}$$

と変えても，恒等式

$$\nabla \times \nabla\lambda(x) = 0 \tag{7.41}$$

のために

$$\nabla \times \boldsymbol{A} \to \nabla \times \boldsymbol{A} + \nabla \times \nabla\lambda(x) = \nabla \times \boldsymbol{A} \tag{7.42}$$

と変化しない．この変換を**ゲージ変換**という．上の結果，1 つの磁場を与えるベクトルポテンシャルはゲージ変換の自由度の数だけ，無限個ある．

ところで，ハミルトニアンはベクトルポテンシャルで表されるので，ゲージ変換で変わる．その結果，シュレディンガー方程式や固有状態も変わる．では，量子力学は，ゲージ変換に対して不変ではないのだろうか？ 量子力学で，観測量と関連する確率振幅や種々の確率は，ゲージ変換に対してどのように振る舞うのであろうか？ これを調べておくことは，大変重要である．

このため，波動関数を位相変換して再定義した，$\psi = e^{\frac{e\lambda}{i\hbar}}\tilde{\psi}$ が従う新たなシュレディンガー方程式を求める．これは，

$$i\hbar\frac{\partial}{\partial t}\tilde{\psi} = \left\{\frac{1}{2m}(\boldsymbol{p} - \mathbf{e}\boldsymbol{A} - e\nabla\lambda)^2 + eA_0\right\}\tilde{\psi} \tag{7.43}$$

であり，ちょうど，ベクトルポテンシャルをゲージ変換したときの，シュレディンガー方程式に一致する．このとき，波動関数の複素共役は

$$\psi^\dagger = e^{\frac{-e\lambda}{i\hbar}}\tilde{\psi}^\dagger \tag{7.44}$$

である．状態 α と状態 β の振幅は，波動関数とその複素共役の内積であり，ゲージ変換で

$$\int d\boldsymbol{x}\,\psi_\alpha^\dagger\psi_\beta = \int d\boldsymbol{x}\,\tilde{\psi}_\alpha^\dagger\tilde{\psi}_\beta \tag{7.45}$$

と不変である．振幅が不変であるので，振幅の絶対値の 2 乗で決まる確率はゲージ変換で不変である．ゆえに，いかなるゲージで計算しても，物理量は不変である．

7.6 電磁場と荷電粒子の相互作用

シュレディンガー方程式 (7.12) は，電磁場と荷電粒子が相互作用している系の時間発展を表す．ベクトルポテンシャルやスカラーポテンシャルが電磁波を表す場合でも，シュレディンガー方程式は同じ式 (7.12) である．電荷をもつ粒子の運動は，いつも普遍的な形のシュレディンガー方程式で表される．しかしながら，この場合，シュレディンガー方程式を解析的に解くことは困難であることが多い．そのため，多くの場合，次章で説明する近似法を適用した計算が行われる．

また，引力ポテンシャル $V(\boldsymbol{x})$ がはたらく系にさらに，電場，磁場，または電磁波が加わるときは，

$$A_0(\boldsymbol{x},t) \to V(r) + A_0(\boldsymbol{x},t) \tag{7.46}$$

とおいて得られるハミルトニアンとシュレディンガー方程式

$$i\hbar\frac{\partial}{\partial t}\psi = H\psi, \quad H = \frac{1}{2m}\left\{(\boldsymbol{p}-q\boldsymbol{A})^2 + V(\boldsymbol{x})\right\} + qA_0 \tag{7.47}$$

が系を記述している．ここで，ポテンシャル $A_0(\boldsymbol{x},t)$, $\boldsymbol{A}(\boldsymbol{x},t)$ は電場，磁場，または電磁波を表している．平面波では，分極ベクトルを $(\epsilon_0(s,\boldsymbol{k}), \boldsymbol{\epsilon}(s,\boldsymbol{k}))$ とおくと，

$$\begin{aligned} A_0(\boldsymbol{x},t) &= \epsilon_0(s,\boldsymbol{k})e^{ik_0t-\boldsymbol{kx}} \\ \boldsymbol{A}(\boldsymbol{x},t) &= \boldsymbol{\epsilon}(s,\boldsymbol{k})e^{ik_0t-\boldsymbol{kx}} \end{aligned} \tag{7.48}$$

である．ハミルトニアンを自由部分 H_0 と相互作用部分 H_{int} として

$$\begin{aligned} H_0 &= \frac{1}{2m}\boldsymbol{p}^2 + V(\boldsymbol{x}) \\ H_{\mathrm{int}} &= \frac{1}{2m}[(-q)(\boldsymbol{pA}(\boldsymbol{x},t) + \boldsymbol{A}(\boldsymbol{x},t)\boldsymbol{p}) + q^2\boldsymbol{A}(\boldsymbol{x},t)^2] + qA_0(\boldsymbol{x},t) \end{aligned} \tag{7.49}$$

のように分けると，シュレディンガー方程式が解かれる．なお，本章では電場や磁場は式 (7.48) の決まった時間依存性をもつ外場であり，力学変数ではない．したがって，ハミルトニアンは，時間に陽に依存し，エネルギーは，保存量ではない．

電場や磁場が運動方程式に従う力学変数である場合はハミルトニアンは時間に依存しないので，エネルギーは保存する．後者の物理系の量子論は，II 巻の第 12 章で述べる．

章末問題

問題 7.1

2 次元系で，面に垂直な磁場と面に平行な電場が加わったとき，電子が満たすシュレディンガー方程式を書き下せ．次に，解きやすいゲージを選んで，そのシュレディンガー方程式の解を求めよ．

問題 7.2

ベクトルポテンシャルが，

$$\boldsymbol{A} = (A_x, A_y, A_z)$$
$$A_x = -\frac{B}{2}y, \quad A_y = \frac{B}{2}x, \quad A_z = 0$$

であるとき，磁場（磁束密度）ベクトルは3軸方向を向き，

$$\boldsymbol{B} = \nabla \times \boldsymbol{A} = (0, 0, B)$$

となる．

このベクトルポテンシャルをもつ2次元内を運動する電子のハミルトニアンは

$$H = \frac{1}{2m}(\boldsymbol{p} - e\boldsymbol{A})^2 = \frac{1}{2m}\left\{\left(p_x + e\frac{B}{2}y\right)^2 + \left(p_y - e\frac{B}{2}x\right)^2\right\}$$

である．このハミルトニアンの固有値問題を解け（ヒント：2次元極座標を使う）．

問題 7.3　**一様磁場中の3次元問題**

z 軸方向に一様な磁場 $\boldsymbol{B}$ があるとき，質量 m の質点のエネルギー定常状態を求めよ．これは図7.2のようならせん運動を示す．

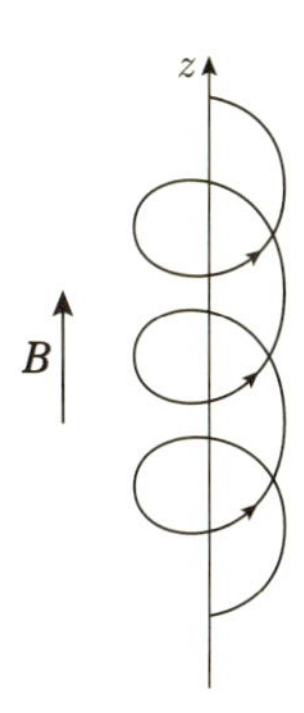

図 7.2　らせん運動

問題 7.4　**z 軸上に磁束がある系の3次元問題**

z 軸上に無限に細い磁束があるとき，質量 m の質点のハミルトニアンを求めよ．

問題 7.5　**一様磁場中の2次元問題**

ランダウ準位を，本文とは異なるゲージでのベクトルポテンシャルで求めよ．また，ゲージ変換との関連を明らかにせよ．

8 摂動論

8.1 近似法

クーロンポテンシャルや調和振動子では，エネルギー固有状態や固有値を厳密に求めることができた．しかし，これら以外の一般的なポテンシャルでは，通常，シュレディンガー方程式を解析的に解くことや，ハミルトニアンの固有状態を解析的に求めることは困難である．本書で今まで調べた物理系は，例外的に方程式の厳密な解が具体的に求まった．しかし，現実の多くの問題では，解が解析的に求まるわけではない．それにもかかわらず，物理の諸問題を調べるには，方程式の解を求めることや，解の様々な性質を知ることが必須である．

このような場合，様々な工夫がなされる．それらは，大きく

(1) 近似的解法

(2) 数値的解法

の 2 種類に分類される．(2) の数値的解法は，近年の高速計算機の発達に伴って，大きく進展している．微分方程式を数値的に解くには，端的にいえば，微分を差分に置き換えて計算を実行する．しかし，数値的解法の詳細の説明には，多くのページを要し，また本書の目的とは合致しないので，省くことにする．本書では (1) の近似的解法について，取り扱うことにする．まず，主要な近似法の 1 つである摂動論を本章で説明し，続いて，準古典近似（WKB 法）と変分法を II 巻で説明する．

8.2 摂動論

摂動論は，最もよく使われる近似法であり，ハミルトニアンを，解析的に固有解がわかる成分 H_0 と，それ以外の項 H_1 に分解する．H_0 は，ポテンシャルを含まない自由粒子のものである場合と，ポテンシャルを含み解析解がわかっている場合がある．状況や考察する問題に応じて，様々な H_1 が考察される．

ところで，ミクロな状態を探るために，外部から電場や磁場や電磁波を加え，物理系が示す反応を調べることが多い．この電磁場とミクロな状態との相互作用が十分弱いため，摂動論が有効である．また，荷電粒子と電磁場との相互作用は，前章で示したように普遍的な形をとることがわかっている．そのため，ミクロな状態の情報が，電磁場を通して得られる．

はじめに，定常状態の摂動論を調べる．時間に依存しない H_1 でのエネルギー固有値や固有状態を，摂動論を適用して求める際，不連続エネルギーの状態と連続エネルギーの状態で扱いが異なる．不連続エネルギーの状態では，エネルギー固有値も固有状態も H_1 で変わる．つまり両方が変化するので，エネルギー固有値と固有状態を相互作用の大きさを表すパラメーターでベキ展開して近似する．一方，連続エネルギーをもつ状態では，相互作用によって，エネルギーが一定に保たれると考えられることもある．この場合は，エネルギーを一定の値に固定しておく計算が簡単である．

次に，時間に依存する摂動を調べる．この場合，時間に依存するシュレディンガー方程式を調べることで，相互作用からの効果がわかる．さらに，この結果から，状態の遷移する確率振幅や確率が計算される．時間に依存する摂動論は，後で扱う散乱問題で重要な役割をする．

ここでは，まず，有限な行列における固有値や固有ベクトルを求める．最も簡単である 2×2 行列の対角化を例にとって，摂動論を考えてみる．この場合には，ハミルトニアンは 2×2 行列であり，固有値は 2 つの値をとり，状態は規格化される．そのことから，この扱いは，不連続エネルギーの状態である束縛状態の扱いに対応する．

最も簡単でありながら自明ではない，2×2 エルミート行列をはじめに考察する．

8.3　2 × 2 行列の対角化

8.3.1　厳密な対角化

ハミルトニアン $H = H_0 + \epsilon H_1$ で，H_0 と H_1 のそれぞれが次の 2×2 行列

$$H_0 = \begin{pmatrix} E_1 & 0 \\ 0 & E_2 \end{pmatrix}, \quad H_1 = \begin{pmatrix} 0 & i \\ -i & 0 \end{pmatrix}$$

であり，ϵ を 1 つのパラメーターとする．このハミルトニアン H の固有値 E と固有ベクトル $\boldsymbol{u}$ は，固有値方程式 $H\boldsymbol{u} = E\boldsymbol{u}$ から簡単に求められる．次に，摂動論に基づいて，対角行列 H_0 の固有値や固有ベクトルを使い，非対角行列 H_1 を含む H の固有値や固有ベクトルを ϵ についてのベキ展開の形で求めることにする．

H_0 の 1 つの固有ベクトルは

$$\boldsymbol{u}_1^0 = \begin{pmatrix} 1 \\ 0 \end{pmatrix}$$

であり，固有値 E_1 をもち，固有値方程式

$$H_0 \boldsymbol{u}_1^0 = E_1 \boldsymbol{u}_1^0 \tag{8.1}$$

に従う．もう 1 つの固有ベクトルは

$$\boldsymbol{u}_2^0 = \begin{pmatrix} 0 \\ 1 \end{pmatrix}$$

であり，固有値 E_2 をもち，固有値方程式

$$H_0 \boldsymbol{u}_2^0 = E_2 \boldsymbol{u}_2^0 \tag{8.2}$$

に従う．

これら 2 つのベクトルの線形結合

$$u_1 \boldsymbol{u}_1^0 + u_2 \boldsymbol{u}_2^0 = \begin{pmatrix} u_1 \\ u_2 \end{pmatrix}$$

からなるベクトル空間を考える．

まずはじめに，H の厳密な固有解を求めよう．固有値方程式は

$$Hu = Eu, \quad u = \begin{pmatrix} u_1 \\ u_2 \end{pmatrix} \tag{8.3}$$

となり，行列の成分を使うと

$$(E_1 - E)u_1 + i\epsilon u_2 = 0 \tag{8.4}$$

$$-i\epsilon u_1 + (E_2 - E)u_2 = 0 \tag{8.5}$$

となる．$u_1, u_2 \neq 0$ となるのは，係数からなる行列式がゼロとなり，

$$\begin{vmatrix} E_1 - E & i\epsilon \\ -i\epsilon & E_2 - E \end{vmatrix} = 0 \tag{8.6}$$

を満たすときである．固有値 E に対するこの方程式は，歴史的な経緯から，永年方程式と呼ばれる．

今の問題では，永年方程式は 2 次方程式

$$(E_1 - E)(E_2 - E) - \epsilon^2 = 0 \tag{8.7}$$

となる．この根から，固有値 E が

$$\begin{aligned} E &= \frac{E_1 + E_2 \pm \sqrt{(E_1 - E_2)^2 + 4\epsilon^2}}{2} \\ &= \frac{E_1 + E_2 \pm |E_1 - E_2|\sqrt{1 + \lambda^2}}{2} \end{aligned} \tag{8.8}$$

$$\lambda = 2\frac{\epsilon}{|E_1 - E_2|} \tag{8.9}$$

と求まる．エネルギー固有値は E_1, E_2, ϵ の関数であり，式 (8.8) より，2ϵ が $|E_1 - E_2|$ より小さい場合は, ϵ でテイラー展開できる．このため, ϵ と $2|E_1 - E_2|$ との比である無次元量 λ を導入して近似式を表した．

また，固有ベクトルの成分は,

$$\begin{aligned} u_1 &= \frac{-i\epsilon}{E_1 - E}u_2 \\ &= \frac{-i2\epsilon}{E_1 - E_2 \mp \sqrt{(E_1 - E_2)^2 + 4\epsilon^2}}u_2 \\ &= \frac{-i\lambda}{1 \mp \sqrt{1 + \lambda^2}}u_2 \end{aligned} \tag{8.10}$$

となり，さらに規格化の条件

$$|u_1|^2 + |u_2|^2 = 1 \tag{8.11}$$

から,

$$
\begin{cases}
|u_2|^2 \left\{ 1 + \left(\dfrac{\lambda}{1 \mp \sqrt{1+\lambda^2}} \right)^2 \right\} = 1 \\
|u_2| = \dfrac{1 \mp \sqrt{1+\lambda^2}}{\sqrt{\lambda^2 + \left(1 \mp \sqrt{1+\lambda^2}\right)^2}}
\end{cases}
\tag{8.12}
$$

となる．このように，2×2 行列は，どんな場合でも対角化を行うことができる．

以上から，エネルギー固有値と対応する固有ベクトルは，無次元のパラメーターである λ の関数であることがわかる．λ が小さいときを弱結合，大きいときを強結合と呼ぶ．

8.3.2　弱結合展開

エネルギー固有値 (8.8) は，式 (8.9) で与えられる λ の関数である．λ が条件

$$
\lambda < 1 \tag{8.13}
$$

を満たすとき，エネルギーは

$$
\begin{aligned}
E &= \frac{E_1 + E_2}{2} \pm \frac{E_1 - E_2}{2} \sqrt{1+\lambda^2} \\
&= \frac{E_1 + E_2}{2} \pm \frac{E_1 - E_2}{2} \left\{ 1 + \frac{1}{2}(\lambda^2 + O(\lambda^4)) \right\} \qquad (8.14) \\
&= \begin{cases}
E_1 + \dfrac{E_1 - E_2}{4} \{\lambda^2 + O(\lambda^4)\}; & +\text{符号} \\
E_2 - \dfrac{E_1 - E_2}{4} \{\lambda^2 + O(\lambda^4)\}; & -\text{符号}
\end{cases} \qquad (8.15)
\end{aligned}
$$

となり，λ のべき級数で表せる．

また，固有ベクトルの成分は，

$$
\begin{aligned}
|u_2| &= \frac{1 \mp \sqrt{1+\lambda^2}}{\sqrt{\lambda^2 + (1 \mp \sqrt{1+\lambda^2})^2}} \\
&= \begin{cases}
1 - \dfrac{1}{8}\lambda^2 + O(\lambda^4); & +\text{符号} \\
-\dfrac{\lambda}{2} + O(\lambda^3); & -\text{符号}
\end{cases} \qquad (8.16)
\end{aligned}
$$

$$
|u_1| = \begin{cases}
+\dfrac{\lambda}{2} + O(\lambda^3); & +\text{符号} \\
1 - \dfrac{\lambda^2}{8} + O(\lambda^4); & -\text{符号}
\end{cases} \tag{8.17}
$$

となり，やはり λ でベキ展開できる．このベキ展開は，H の固有ベクトルを H_0

の固有ベクトルの線形結合で表す展開となっている．当然ながら，固有値も固有ベクトルも，$\lambda \to 0$ では H_0 の固有値や固有ベクトルに一致する．

8.3.3 強結合展開

一方で，条件 (8.13) を満たさない $\lambda > 1$ のときは，λ のベキ級数での展開は収束しないため，これと異なる展開法が必要である．

このときの 1 つの方法は，H に $\frac{1}{\epsilon}$ をかけた

$$\frac{H}{\epsilon} = H_1 + \frac{1}{\epsilon} H_0 \tag{8.18}$$

において，$\frac{1}{\epsilon} H_0$ を摂動項とすることである．このままでは H_1 が対角形でないが，

$$U_0 = \frac{1}{\sqrt{2}} \begin{pmatrix} 1 & i \\ 1 & -i \end{pmatrix}$$

を使って変換したハミルトニアン

$$U_0^{-1} \left(\frac{H}{\epsilon} \right) U_0 = H_D + \frac{1}{\epsilon} U_0^{-1} H_0 U_0, \quad H_D = \begin{pmatrix} 1 & 0 \\ 0 & -1 \end{pmatrix} \tag{8.19}$$

$$U_0^{-1} H_0 U_0 = \frac{1}{\sqrt{2}} \begin{pmatrix} E_1 + E_2 & i(E_1 - E_2) \\ -i(E_1 - E_2) & E_1 + E_2 \end{pmatrix}$$

を使えばよい．後は，$\frac{1}{\epsilon}$ についての展開による弱結合展開の方法が適用できる．なお，行列 U_0 は H_1 を

$$H_1 = U_0^{-1} [H_D] U_0; \quad H_D = \text{対角形} \tag{8.20}$$

と対角形に変換している．

λ が大きくなる代表例は

$$E_1 = E_2 \tag{8.21}$$

となって，$\lambda = \infty$ となる場合である．このとき，固有値 (8.8) は

$$\begin{aligned} E &= E \pm \sqrt{\epsilon^2} \\ &= \pm\epsilon \left(1 \pm \frac{E}{\epsilon} \right) \end{aligned} \tag{8.22}$$

となり，固有ベクトルの成分は $u_1 = \mp i u_2$ となる．

これらは，エネルギー固有値やエネルギー固有ベクトルの厳密な解 (8.14) や (8.10) からはいつも得られる．また，エネルギー固有値やエネルギー固有ベクトルのベキ展開による近似式 (8.16) と (8.17) からは得られないが，式 (8.12) からは得られる．近似式が使えるのは，対応する展開パラメーターが小さいときである．

このように，行列の対角化では，たとえ非対角成分が小さくとも，対角成分 E_i と E_j が等しくなる場合は，非対角成分についての単純な展開はできない．したがって，対角成分 E_i が等しくなる場合の近似法については，別扱いするのがよい．対角成分 E_i が異なる場合，非対角成分が小さい領域では，単純な展開が可能である．

8.4　無限次元ハミルトニアンの対角化：不連続固有値

ここまで述べてきた 2×2 行列の固有値や固有ベクトルを求める問題では，厳密解を求めることができた．その結果に基づいて，パラメーター λ が小さい領域では，固有値や固有ベクトルの，このパラメーターについての展開がよいことを確かめた．固有値や固有ベクトルを，小さなパラメーターで展開する方法は，固有値方程式の厳密な解がわからない場合でも適用できる．パラメーター λ がゼロである場合の固有値方程式の解を使うことにより，λ が有限の値での解についての近似法を，対角成分に縮退がない場合でまず考えよう．

ハミルトニアンの固有値方程式 $H\Psi(\boldsymbol{x}) = E\Psi(\boldsymbol{x})$ において，$H = H_0 + \epsilon H_1$ であり，さらに H_0 の固有値 E_i^0 と固有ベクトル u_i^0 がそれぞれ

$$H_0|u_i^0\rangle = E_i^0|u_i^0\rangle \tag{8.23}$$

$$\sum_i |u_i^0\rangle\langle u_i^0| = 1 \tag{8.24}$$

とすべてわかっているとする．ここで，すべてのエネルギー E_i^0 は不連続，つまり飛びとびで互いに異なり，

$$E_i^0 \neq E_j^0 \tag{8.25}$$

が満たされているとし，また ϵ は微小なパラメーターであるとする．式 (8.24) は，固有ベクトルの集合が完全系をなすことを意味する．このとき，任意の関数は，この関数系で展開できる．

同様に，H の固有値方程式

$$H|u_l\rangle = E_l|u_l\rangle \tag{8.26}$$

を満たす固有値と固有ベクトルも，このパラメーター ϵ のベキで展開して，

$$|u_l\rangle = \sum_i \epsilon^i |\phi_l^{(i)}\rangle \tag{8.27}$$

$$E_l = \sum_i \epsilon^i E_l^{(i)} \tag{8.28}$$

と表す．さらに，これらの関数とエネルギーは，ϵ の 0 次の未知の係数 c_i^j, a_i^j を使い

$$|\phi_l^{(i)}\rangle = \sum_j a_l^{(i,j)} |u_j^0\rangle \tag{8.29}$$

と展開する．以降，添字 l は便宜上，省いて表すことにする．

式 (8.27) を固有値方程式に代入すると，

$$(H_0 + \epsilon H_1) \sum_i \epsilon^i |\phi_i\rangle = \sum_m \epsilon^m E^{(m)} \sum_i \epsilon^i |\phi_i\rangle \tag{8.30}$$

を得る．この等式で，ϵ の各次数ごとの係数の比較から，

$$\epsilon^0 : (E_0 - H_0)|\phi_0\rangle = 0 \tag{8.31}$$

$$\epsilon^1 : (E_0 - H_0)|\phi_1\rangle + E_1|\phi_0\rangle = H_1|\phi_0\rangle \tag{8.32}$$

$$\epsilon^2 : (E_0 - H_0)|\phi_2\rangle + E_1|\phi_1\rangle + E_2|\phi_0\rangle = H_1|\phi_1\rangle \tag{8.33}$$

$$\cdots$$

が得られる．

8.5　展開の各次数の方程式

8.5.1　ϵ^0 のオーダー

式 (8.31) から，状態 $|\phi_0\rangle$ は，0 次ハミルトニアン H_0 の固有状態の 1 つであることがわかる．いま，この固有状態が $|\phi_0\rangle = |u_J^0\rangle$ であるとしよう．この状態のエネルギーは $E_0 = E_J^0$ である．

8.5.2　ϵ^1 のオーダー

次に，式 (8.32) に式 (8.29) と式 (8.28) を代入すると，方程式は

$$\sum_j a_1^j (E_J^0 - E_j^0)|u_j^0\rangle + E_1|u_J^0\rangle = H_1|u_J^0\rangle \tag{8.34}$$

となる．この両辺に左から $\langle u_m^0|$ をかけて，係数に対する連立1次方程式

$$\sum_j a_1^j (E_J^0 - E_j^0)\langle u_m^0|u_j^0\rangle + E_1\langle u_m^0|u_J^0\rangle = \langle u_m^0|H_1|u_J^0\rangle \tag{8.35}$$

$$\sum_j a_1^j (E_J^0 - E_j^0)\delta_{mj} + E_1\delta_{mJ} = \langle u_m^0|H_1|u_J^0\rangle \tag{8.36}$$

が得られる．次に，この式に $m = J$ を代入すると，1次のエネルギー E_1 が

$$E_1 = \langle u_J^0|H_1|u_J^0\rangle \tag{8.37}$$

となる．また，この式に $m \neq J$ を代入して，1次の係数 a_1^m が

$$a_1^m (E_J^0 - E_m^0) = \langle u_m^0|H_1|u_J^0\rangle, \quad m \neq J \tag{8.38}$$

$$a_1^m = -\frac{1}{E_m^0 - E_J^0}\langle u_m^0|H_1|u_J^0\rangle \tag{8.39}$$

が得られる．

以上の結果には，$m = J$ における1次の係数 a_1^J は含まれていない．つまり，まだ未定のままである．a_1^J を決めるため，状態のノルムがどのようになるかを求めると，

$$\begin{aligned}\langle u_l|u_l\rangle &= \sum_{i,j} \epsilon^{i+j}\langle \phi_j|\phi_i\rangle \\ &= 1 + \epsilon(a_1^J + a_1^{J^*}) + \epsilon^2(a_2^J + a_2^{J^*} + \sum |a_1^k|^2) + \cdots\end{aligned} \tag{8.40}$$

となる．さらに，状態のノルムが1になるように規格化を行えば，

$$\begin{aligned} a_1^J + a_1^{J^*} &= 0 \\ a_2^J + a_2^{J^*} + \sum |a_1^k|^2 &= 0 \end{aligned} \tag{8.41}$$

となる．つまり，a_1^J の実部はゼロになる．また a_1^J の虚部を決める式はない．このため，a_1^J の虚部については未定のままである．a_1^J の虚部を決める1つの方法は，H_1 が時間とともにゆっくり変化したときの波動関数の変化を，時間に依存する方程式から求めることである．この方法により決める虚部は，後で述べる時間に依存する摂動として議論される．

いま，a_l^J を実数に選ぶと

$$a_1^J = 0, \quad a_2^J = -\frac{1}{2}\sum |a_1^k|^2 \tag{8.42}$$

となる．

8.5.3 ϵ^2 のオーダー

次に，式 (8.33) に式 (8.29) と式 (8.28) を代入して，係数 a_l^j とエネルギー E_1, E_2 を含む状態ベクトルとしての等式が

$$\sum_j a_2^j(E_J^0 - E_j^0)|u_j^0\rangle + E_1 \sum_j a_1^j |u_j^0\rangle + E_2 |u_J^0\rangle = H_1 \sum_j a_1^j |u_j^0\rangle \tag{8.43}$$

となる．状態ベクトルについての等式から係数や固有値を求めるため，この両辺に左から $\langle u_m^0|$ をかけると，係数やエネルギーについての c-数の等式

$$\sum_j \{a_2^j(E_J^0 - E_j^0)\langle u_m^0|u_j^0\rangle + E_1 a_1^j \langle u_m^0|u_j^0\rangle\} + E_2\delta_{Jm} = \sum_j a_1^j \langle u_m^0|H_1|u_j^0\rangle \tag{8.44}$$

$$\sum_j \{a_2^j(E_J^0 - E_j^0)\delta_{mj} + E_1 a_1^j \delta_{mj}\} + E_2\delta_{Jm} = \sum_j a_1^j \langle u_m^0|H_1|u_j^0\rangle \tag{8.45}$$

が得られる．単なる数を c-数，演算子を q-数と呼んで区別する．これより，この式に $m = J$ を代入すると 2 次のエネルギーが

$$E_2 = \sum_j a_1^j \langle u_J^0|H_1|u_j^0\rangle - E_1^0 a_1^J \tag{8.46}$$

となり，さらに，式 (8.39) を代入すると

$$E_2 = \sum_{j\neq J} \frac{|\langle u_J^0|H_1|u_j^0\rangle|^2}{E_j^0 - E_J^0} \tag{8.47}$$

となる．

また，これに式 (8.45) を代入すると，2 次の係数が

$$a_2^m(E_J^0 - E_m^0) + E_1 a_1^m = \sum_j a_1^j \langle u_m^0|H_1|u_J^0\rangle \tag{8.48}$$

$$a_2^m = \frac{1}{E_J^0 - E_m^0}\left(\frac{\langle u_J^0|H_1|u_J^0\rangle\langle u_m^0|H_1|u_J^0\rangle}{E_m^0 - E_J^0} - \sum_{j\neq J}\frac{|\langle u_J^0|H_1|u_j^0\rangle|^2}{E_j^0 - E_J^0}\right.$$

$$+\sum_{j\neq J} a_1^j \langle u_m^0|H_1|u_j^0\rangle \Bigg), \quad m \neq J \tag{8.49}$$

と得られる．

以上の通り，エネルギーの補正や波動関数の補正は，2つのエネルギーの差を分母とし，H_1 を状態ではさんだ行列要素を分子とする分数を，すべての中間状態で和をとったものである．この形は，2×2 行列の対角化と本質的に同じ形である．

では，分母がゼロになる場合は，エネルギー補正はどうなるだろうか？ 分母がゼロになる場合，2つの0次エネルギーが一致するので，縮退があることを意味する．この状態で，もしも分子の行列要素が有限ならば，級数は発散する．この場合，摂動計算が適用できない．しかしながら，2×2 行列で見た通り，2つの対角成分が一致する場合の計算は，先にユニタリー変換を行えばよい．つまり，この発散は計算上生じたものであり，避けることが可能である．実際，分母がゼロになるときに分子がゼロになるならば，発散は現れない．8.6節で，縮退がある場合には，縮退した空間内で H_1 を対角形にするような基底をとることで，このような発散のない摂動論が構成されることを見る．

8.5.4　非調和振動子

具体例として，座標 x の2次式に加えて，4次の項をもつ非調和振動子のハミルトニアン

$$H = H_0 + H_1 \tag{8.50}$$

$$H_0 = \frac{p^2}{2M} + \frac{k}{2}x^2 \tag{8.51}$$

$$H_1 = \lambda x^4 \tag{8.52}$$

を考えよう．4次の非調和項のため，このハミルトニアンの固有値方程式

$$H\Psi = E\Psi \tag{8.53}$$

の厳密な解を求めることはできない．しかし，$\lambda = 0$ の場合のすべてのエネルギー固有値や固有解はわかっているので，エネルギー固有値や固有解をパラメーター λ について展開して，

$$\Psi = \sum_n \lambda^n \psi_n \tag{8.54}$$

$$E = \sum_n \lambda^n e_n \tag{8.55}$$

の形で求めることができる.

例えば，n 番目の固有状態のエネルギーの λ の 1 次の補正項は，

$$\delta E_n = \lambda \sum_{n_1, n_2, n_3} \langle n|x|n_1\rangle\langle n_1|x|n_2\rangle\langle n_2|x|n_3\rangle\langle n_3|x|n\rangle \tag{8.56}$$

となる.

8.6 縮退のある場合の摂動論

ここからは，エネルギー差 $E_i^0 - E_j^0$ がゼロとなる場合を考える．式 (8.39) のままで，エネルギー分母 $E_i^0 - E_j^0$ をゼロにさせると，$\langle i|H_1|j\rangle$ がゼロでないならば，エネルギーや波動関数に $\frac{1}{0}$ の発散が生じてしまう．このような縮退がある場合でも，波動関数や，エネルギーが発散しない物理的な解があるはずであるが，これを求めるには少し工夫が必要である.

発散の問題を引き起こすのは，エネルギーが等しい状態，つまり縮退した状態からの補正項である．一方，エネルギー的に縮退した状態の線形結合も，同じように 0 次のエネルギー固有状態である．だから，新たな状態 $\tilde{i}, \tilde{j}$ では，$\langle\tilde{i}|H_1|\tilde{j}\rangle$ が $\tilde{i} \neq \tilde{j}$ でいつもゼロとなる都合の良い状態にしてしまえば，発散のない摂動計算を遂行できる．このためには，縮退した空間内で，はじめに相互作用を含むハミルトニアンを対角形にしておけばよい.

2 つの状態 $|1\rangle$, $|2\rangle$ が縮退して，エネルギー E^0 をもつとする．この空間内で，相互作用ハミルトニアン H_1 は行列要素

$$\langle i|H_1|j\rangle, \quad i, j = 1, 2 \tag{8.57}$$

で記述される．H_1 はエルミートなので，行列要素は

$$\langle 2|H_1|1\rangle = \langle 1|H_1|2\rangle^* \tag{8.58}$$

を満たしている．いま，簡単のために

$$\langle 1|H_1|2\rangle = \lambda = |\lambda|e^{i\alpha} \tag{8.59}$$

$$\langle 2|H_1|1\rangle = \lambda^* = |\lambda|e^{-i\alpha} \tag{8.60}$$

とおく.

この空間内での全ハミルトニアン

$$H = \begin{pmatrix} E^0 & |\lambda|e^{i\alpha} \\ |\lambda|e^{-i\alpha} & E^0 \end{pmatrix}$$

の 1 つの固有値と固有状態は

$$\begin{cases} H\boldsymbol{u}_+ = E_+\boldsymbol{u}_+, \quad E_+ = E^0 + |\lambda| \\ \boldsymbol{u}_+ = \dfrac{1}{\sqrt{2}}\begin{pmatrix} 1 \\ e^{-i\alpha} \end{pmatrix} \end{cases} \tag{8.61}$$

であり，もう 1 つの固有値と固有状態は

$$\begin{cases} H\boldsymbol{u}_- = E_-\boldsymbol{u}_-, \quad E_- = E^0 - |\lambda| \\ \boldsymbol{u}_- = \dfrac{1}{\sqrt{2}}\begin{pmatrix} 1 \\ -e^{-i\alpha} \end{pmatrix} \end{cases} \tag{8.62}$$

である．H の固有値は，相互作用が弱くなる極限

$$\lambda \to 0 \tag{8.63}$$

で，H_0 の固有値になるにもかかわらず，固有状態は

$$\boldsymbol{u}_+ = \frac{1}{\sqrt{2}}\begin{pmatrix} 1 \\ 0 \end{pmatrix} \neq \frac{1}{\sqrt{2}}\begin{pmatrix} 1 \\ e^{-i\alpha} \end{pmatrix}, \quad \boldsymbol{u}_- = \frac{1}{\sqrt{2}}\begin{pmatrix} 0 \\ 1 \end{pmatrix} \neq \frac{1}{\sqrt{2}}\begin{pmatrix} 1 \\ -e^{-i\alpha} \end{pmatrix}$$

になることに注意が必要である．

より多くの状態が縮退している場合は，縮退した状態空間での全ハミルトニアンを対角形にする．この結果，縮退がなくなる場合と，まだ縮退が残る場合がある．前者では，縮退がないとして近似を行う．後者では，縮退があっても，これらの状態間には相互作用がないので，摂動計算に支障はない．

8.6.1　一様電場中の水素原子

縮退がある場合の摂動論を適用して，水素原子の準位の電場による効果を調べよう．

水素原子の束縛状態に，z 軸方向に一様な電場がかかったときの波動関数やエネルギーの変化は，ハミルトニアン

$$H = H_0 + H_1 \tag{8.64}$$

$$H_0 = \frac{\boldsymbol{p}^2}{2M} + U(r) \tag{8.65}$$

$$H_1 = Fz, \quad F = eE_{\text{電}} \tag{8.66}$$

に加わった z に比例する項 H_1 で決まる．そして座標の 1 次関数である H_1 は，摂動展開に影響を及ぼす．

8.6.2　空間反転対称性：縮退なし

縮退がないとすると，空間反転 P

$$P\boldsymbol{x}P^{-1} = -\boldsymbol{x}$$

に対して H_0 は不変であるが，H_1 は符号を変える．

$$PH_0P^{-1} = H_0 \tag{8.67}$$

$$PH_1P^{-1} = -H_1 \tag{8.68}$$

このため，H_0 の固有状態は空間反転の固有状態であり，

$$P|\psi_i\rangle = \eta_i|\psi_i\rangle \tag{8.69}$$

である．空間反転が

$$P^2 = 1 \tag{8.70}$$

を満たすことにより，状態に固有な η は

$$\eta^2 = 1, \quad \eta = \pm 1 \tag{8.71}$$

をとり，これを**パリティ**と呼ぶ．

行列要素は

$$\langle i|H_1|j\rangle = \langle i|P^{-1}PH_1P^{-1}P|j\rangle = -\eta_i\eta_j\langle i|H_1|j\rangle \tag{8.72}$$

となるので，まとめて

$$(1 + \eta_i\eta_j)\langle i|H_1|j\rangle = 0 \tag{8.73}$$

が得られる．このため，状態 i と状態 j のパリティが等しいときは

$$\eta_i\eta_j = 1, \quad \langle i|H_1|j\rangle = 0 \tag{8.74}$$

のように行列要素はゼロになり，状態 i と状態 j のパリティが異なるときは

$$\eta_i\eta_j = -1, \quad \langle i|H_1|j\rangle \neq 0 \tag{8.75}$$

のように行列要素はゼロではない．

8.6.3　摂動エネルギー

z 軸方向の一定の力のために，水素原子のエネルギー準位は

$$\Delta E = F\langle u_J^0|z|u_J^0\rangle + F^2 \sum_{j\neq J} \frac{|\langle u_J^0|z|u_j^0\rangle|^2}{E_j^0 - E_J^0} + \cdots \tag{8.76}$$

だけずれる．

1 次の摂動エネルギー

ところで，上の行列要素の関係式 (8.74), (8.75) より，式 (8.76) の右辺第 1 項はゼロになる．このため，エネルギーで電場 $E_{\text{電}}$ に比例する項はゼロになり，エネルギーの補正は電場の 2 次式から始まる．

また，全エネルギーを電場で微分した原点における微係数（電気 2 重極モーメント）は

$$\frac{\partial}{\partial E_{\text{電}}} \Delta E|_{E_{\text{電}}=0} = 0 \tag{8.77}$$

のようにゼロになる．この電気 2 重極モーメントは，次の項で扱う縮退があるときは，異なる結果を導くことになる．

8.6.4　水素原子の縮退状態

異なるパリティをもつ状態が縮退しているとき，縮退があるときの摂動論が適用される．水素原子の励起状態が特異な縮退をもつことを，第 6 章で見た．この縮退は，主量子数 n が等しくて，角運動量が異なり，パリティが異なる状態の間にも存在する．そのため，一様な電場が加わった系で，縮退の効果が重要になる．前項とは異なり，力（電場）に比例するエネルギーが生ずることがわかる．

基底状態は，$n - 1$ で縮退がない．第 1 励起状態は $n = 2$ であり，$l = 0$ の 1 状態と，$l = 1$ で $m = 1, 0, -1$ の 3 状態の，4 つの状態が同じエネルギーをもつ 4 重縮退がある．z 軸方向の電場により影響を受けるのは，2 状態

$$|n = 2, l = 0, m = 0\rangle, \quad |n = 2, l = 1, m = 0\rangle \tag{8.78}$$

である．

いま，行列要素を

$$\delta = \langle n = 2, l = 0, m = 0|H_1|n = 2, l = 1, m = 0\rangle \tag{8.79}$$

$$= |\delta| e^{i\beta}$$

とおくと，この空間内での（有効）ハミルトニアンは

$$H = \begin{pmatrix} 0 & \delta \\ \delta^* & 0 \end{pmatrix} \tag{8.80}$$

となる．ここで，* は複素共役である．これの 1 つの固有値と固有状態は

$$H\boldsymbol{u}_+ = E_+\boldsymbol{u}_+, \quad E_+ = +|\delta|, \quad \boldsymbol{u}_+ = \frac{1}{\sqrt{2}}\begin{pmatrix} 1 \\ e^{-i\beta} \end{pmatrix} \tag{8.81}$$

であり，もう 1 つの固有値と固有状態は

$$H\boldsymbol{u}_- = E_-\boldsymbol{u}_-, \quad E_- = -|\delta|, \quad \boldsymbol{u}_- = \frac{1}{\sqrt{2}}\begin{pmatrix} 1 \\ -e^{-i\beta} \end{pmatrix} \tag{8.82}$$

である．

ここで，波動関数を使って行列要素を具体的に計算すると，

$$\begin{aligned} \delta &= \int d\boldsymbol{r} \left(\frac{1}{2a_0}\right)^{3/2} \frac{r}{a_0\sqrt{3}} e^{\frac{-r}{2a_0}} \cos\theta \left(\frac{1}{2a_0}\right)^{3/2} \left(2 - \frac{r}{a_0}\right) e^{\frac{-r}{2a_0}} \frac{1}{4\pi} Fr\cos\theta \\ &= 3a_0 F \end{aligned} \tag{8.83}$$

となる．$F = eE_{電場}$ を代入すると，2 つの状態のエネルギーは

$$E_+ = 3ea_0E, \quad E_- = -3ea_0E \tag{8.84}$$

となり，電場に比例する．つまり，縮退のために電気 2 重極モーメントが生じたことがわかる．

8.7 無限次元ハミルトニアンの対角化：連続固有値

H_0 の固有値が連続になる領域における摂動論を調べる．この節では，エネルギー固有値が相互作用で変化しない場合で，同じエネルギー E をもつ 2 つの固有値方程式

$$H = H_0 + \epsilon H_1 \tag{8.85}$$

$$H_0|\psi_E\rangle = E|\psi_E\rangle \tag{8.86}$$

$$H|\Psi_E\rangle = E|\Psi_E\rangle \tag{8.87}$$

を考察する．もちろん，0次の方程式 (8.86) が解けていて，連続的な固有値からなり，完全系をなす条件

$$\int dE\,|\psi_E\rangle\langle\psi_E| = 1 \tag{8.88}$$

を満たすことがわかっているものとする．また，式 (8.87) の固有値も同じ領域をとって連続であるとする．

8.7.1　展開の各次数の方程式

H の固有値方程式を満たす固有ベクトルをパラメーター ϵ のベキで展開して，

$$|\Psi_E\rangle = \sum_i \epsilon^i |\phi_E^i\rangle \tag{8.89}$$

と表す．式 (8.89) を固有値方程式に代入すると，

$$(H_0 + \epsilon H_1)\sum_i \epsilon^i |\phi_E^i\rangle = E\sum_i \epsilon^i |\phi_E^i\rangle \tag{8.90}$$

を得る．この等式で，ϵ の各次数ごとの係数を比較すると，

$$\epsilon^0 : (E - H_0)|\phi_E^0\rangle = 0 \tag{8.91}$$

$$\epsilon^1 : (E - H_0)|\phi_E^1\rangle = H_1|\phi_E^0\rangle \tag{8.92}$$

$$\epsilon^2 : (E - H_0)|\phi_E^2\rangle = H_1|\phi_E^1\rangle \tag{8.93}$$

$$\cdots$$

が得られる．

ここで，H_0 の固有状態で未知関数 $|\phi_E^1\rangle$ や右辺を展開して，

$$|\phi_E^1\rangle = \int d\lambda\, a(\lambda)^{(1)}|\psi_\lambda\rangle \tag{8.94}$$

$$H_1|\phi_E^0\rangle = \int d\lambda\,|\psi_\lambda\rangle\langle\psi_\lambda|H_1|\phi_E^0\rangle \tag{8.95}$$

と表す．未定係数 $a(\lambda)^{(1)}$ は，方程式

$$(E - H_0)|\phi_E^1\rangle = \int d\lambda\, a(\lambda)^{(1)}(E - \lambda)|\psi_\lambda\rangle \tag{8.96}$$

に式 (8.94) と式 (8.95) を代入して得られる

$$\int d\lambda\, a(\lambda)^{(1)}(E - \lambda)|\psi_\lambda\rangle = \int d\lambda\,|\psi_\lambda\rangle\langle\psi_\lambda|H_1|\phi_E^0\rangle \tag{8.97}$$

を満たしている．さらに両辺の $|\psi_\lambda\rangle$ の係数を比較すると，係数は

$$a(\lambda)^{(1)} = \frac{\langle\psi_\lambda|H_1|\phi_E^0\rangle}{E-\lambda} \tag{8.98}$$

と決まる．これをもとの式 (8.94) に代入すると，関数は

$$|\phi_E^1\rangle = \int d\lambda\,|\psi_\lambda\rangle\frac{1}{E-\lambda}\langle\psi_\lambda|H_1|\phi_E^0\rangle \tag{8.99}$$

となる．

この解は，次に説明するグリーン関数

$$G = \int d\lambda\,|\psi_\lambda\rangle\frac{1}{E-\lambda}\langle\psi_\lambda| \tag{8.100}$$

を使い，

$$\epsilon^0 : (E-H_0)|\phi_E^0\rangle = 0 \tag{8.101}$$

$$\epsilon^1 : |\phi_E^1\rangle = GH_1|\phi_E^0\rangle \tag{8.102}$$

$$\epsilon^2 : |\phi_E^2\rangle = GH_1|\phi_E^1\rangle = (GH_1)^2|\phi_E^0\rangle \tag{8.103}$$

$$\cdots$$

と表せる．その結果，H の固有関数が

$$|\Psi_E\rangle = \sum_i \epsilon^i (GH_1)^i|\phi_E^0\rangle \tag{8.104}$$

のように無限級数で表されることがわかる．

8.7.2 グリーン関数

さて，グリーン関数の式 (8.100) に微分演算子 $E-H_0$ をかけると，

$$(E-H_0)G = \int d\lambda\,|\psi_\lambda\rangle\langle\psi_\lambda| = 1 \tag{8.105}$$

となる．つまり，G は微分演算子 $(E-H_0)$ の逆演算子であり，

$$G = (E-H_0)^{-1} \tag{8.106}$$

と書ける．グリーン関数 G の具体的な計算や，上の結果の応用は，II 巻の第 13 章で述べる散乱問題で説明する．

座標表示では，グリーン関数は

$$\langle\boldsymbol{x}|G|\boldsymbol{y}\rangle = \int d\lambda\,\langle\boldsymbol{x}|\psi_\lambda\rangle\frac{1}{E-\lambda}\langle\psi_\lambda|\boldsymbol{y}\rangle \tag{8.107}$$

のように，固有関数の座標表示 $\langle \boldsymbol{x}|\psi_\lambda\rangle$ で表される．1つの状態 $|f\rangle$ の座標表示

$$f(\boldsymbol{x}) = \langle \boldsymbol{x}|f\rangle \tag{8.108}$$

でグリーン関数の演算を計算すると

$$(Gf)(\boldsymbol{x}) = \langle \boldsymbol{x}|G|f\rangle = \langle \boldsymbol{x}|G|\boldsymbol{y}\rangle\langle \boldsymbol{y}|f\rangle = \int d\boldsymbol{y}\, G(\boldsymbol{x},\boldsymbol{y})f(\boldsymbol{y}) \tag{8.109}$$

となり，積分演算子であることがわかる．$E-H_0$ が微分演算子であったので，その逆は積分演算子である．

自由粒子のグリーン関数

H_0 として，自由粒子のハミルトニアン

$$H_0 = \frac{(-i\hbar)^2}{2m}\nabla^2 \tag{8.110}$$

を考えると，グリーン関数は

$$G(\boldsymbol{x}-\boldsymbol{y}) = \int \frac{d\boldsymbol{k}}{(2\pi)^3} e^{i\boldsymbol{k}\cdot(\boldsymbol{x}-\boldsymbol{y})} \frac{1}{E-\frac{\hbar^2\boldsymbol{k}^2}{2m}} \tag{8.111}$$

となる．このグリーン関数に演算子 $E-H_0$ をかけると，

$$\begin{aligned}(E-H_0)G(\boldsymbol{x}-\boldsymbol{y}) &= \int \frac{d\boldsymbol{k}}{(2\pi)^3} e^{i\boldsymbol{k}\cdot(\boldsymbol{x}-\boldsymbol{y})} \left(E-\frac{\hbar^2\boldsymbol{k}^2}{2m}\right)\frac{1}{E-\frac{\hbar^2\boldsymbol{k}^2}{2m}} \\ &= \int \frac{d\boldsymbol{k}}{(2\pi)^3} e^{i\boldsymbol{k}\cdot(\boldsymbol{x}-\boldsymbol{y})} \\ &= \delta(\boldsymbol{x}-\boldsymbol{y})\end{aligned} \tag{8.112}$$

となり，実際，これがグリーン関数であることがわかる．

ところで，式 (8.111) の被積分関数は，$k=\pm\sqrt{\frac{2mE}{\hbar^2}}$ で分母がゼロになり，このままでは積分は発散してしまう．分母がゼロになる積分領域において，分母に小さな虚数部分 $i\epsilon$ があると，分母がゼロになる極は，複素平面で実軸上からずれるため，積分の発散はなくなる．ただし，加える小さな虚数部分 $i\epsilon$ の符号によって，得られる関数は異なる．また，微分方程式 (8.112) の解は一般に，初期条件や境界条件に依存する．これらの物理的な意味は，II 巻の第 13 章散乱問題で明らかになる．

8.8 時間に依存する摂動論

ここでは，相互作用が時間に依存する波動関数へ与える効果を，時間依存のシュレディンガー方程式

$$i\hbar\frac{\partial}{\partial t}|\Psi(t)\rangle = \{H_0 + \epsilon H_1(t)\}|\Psi(t)\rangle \tag{8.113}$$

に基づいて考察する．$H_1(t)$ が，あからさまに時間に依存しない場合，初期条件が重要である．

初期値からの周期的な摂動

8.3 節の 2×2 行列の初期時刻 $t = 0$ の波動関数が与えられたとき，H_{int} の効果が $t > 0$ の関数に現れ，混合の大きさと振動の大きさの分離が起こる．

$$\begin{aligned}\psi(t) &= U(t)\psi(0) = \exp(-iHt)\psi(0) \\ &= V^\dagger V \exp(-iHt)V^\dagger V\psi(0) \\ &= V^\dagger \exp\left(-iVHV^\dagger t\right)V\psi(0)\end{aligned} \tag{8.114}$$

ここで，$\dagger$ はエルミート共役であり，

$$H = \begin{pmatrix} E_1 & \epsilon \\ \epsilon & E_2 \end{pmatrix}, \quad V = \begin{pmatrix} \cos\theta & \sin\theta \\ -\sin\theta & \cos\theta \end{pmatrix}$$

において，V は H を対角形に変換する行列であり，

$$\begin{cases} V^\dagger V = VV^\dagger = 1 \\ \left(VHV^\dagger\right) = H_{\mathrm{D}}; \quad \text{対角行列} \end{cases} \tag{8.115}$$

を満たす．このとき時刻 t における波動関数は，対角行列 H_{D} と V で

$$\psi(t) = V^\dagger \exp(-iH_{\mathrm{D}}t)V\psi(0) \tag{8.116}$$

となる．このように，振動数は固有値で決まり，振幅の大きさは初期状態と固有状態の重なりで決まる．

シュレディンガー方程式 (8.113) で，波動関数を小さなパラメーター ϵ で展開して

$$|\Psi(t)\rangle = \sum \epsilon^p|\psi^{(p)}(t)\rangle \tag{8.117}$$

と表し，さらに各項を H_0 の固有状態で

$$|\psi^{(p)}(t)\rangle = \sum_l a_l(t)^{(p)}|\psi_l\rangle \tag{8.118}$$

と展開しておく．係数 $a_l(t)^{(p)}$ は，時間 t に依存することに注意しよう．

また上の展開式で，p についての和を先に行い

$$|\Psi(t)\rangle = \sum_l A_l(t)|\psi_l\rangle, \quad A_l(t) = \sum_p \epsilon^p a_l(t)^{(p)} \tag{8.119}$$

と表せることにも注意する．これをシュレディンガー方程式の左辺

$$i\hbar\frac{\partial}{\partial t}|\Psi(t)\rangle = \sum_l i\hbar\frac{\partial}{\partial t}A_l(t)|\psi_l\rangle \tag{8.120}$$

と，右辺

$$\{H_0 + \epsilon H_1(t)\}|\Psi(t)\rangle = \sum_l A_l(t)(H_0 + \epsilon H_1)|\psi_l\rangle \tag{8.121}$$

$$= \sum_l A_l(t)(E_l^0 + \epsilon H_1)|\psi_l\rangle \tag{8.122}$$

に代入して，両辺に左から $\langle\psi_l|$ をかけて，係数 $A_l(t)$ についての方程式

$$i\hbar\frac{\partial}{\partial t}A_l(t) = \left(E_l^0 + \epsilon\sum_m \langle\psi_l|H_1||\psi_m\rangle\right)A_m(t) \tag{8.123}$$

を得る．

次に，時間依存性に着目する．0次のエネルギー E_l^0 で決まる指数関数を取り出して変換した係数 $\tilde{A}_l(t)$ を

$$A_l(t) = e^{\frac{E_l^0 t}{i\hbar}}\tilde{A}_l(t) \tag{8.124}$$

$$i\hbar\frac{\partial}{\partial t}A_l(t) = e^{\frac{E_l^0 t}{i\hbar}}\left\{E_l^0\tilde{A}_l(t) + i\hbar\frac{\partial}{\partial t}\tilde{A}_l(t)\right\} \tag{8.125}$$

と定義すると，係数は方程式

$$i\hbar\frac{\partial}{\partial t}\tilde{A}_l(t) = \epsilon\sum_m \langle\psi_l(t)|H_1||\psi_m(t)\rangle\tilde{A}_m(t) \tag{8.126}$$

に従う．これに，係数の展開式

$$\tilde{A}_l(t) = \sum_p \epsilon^p \tilde{a}_l^{(p)}(t) \tag{8.127}$$

を代入すると，方程式

$$i\hbar\frac{\partial}{\partial t}\left(\sum_p \epsilon^p \tilde{a}_l^{(p)}(t)\right) = \epsilon \sum_m \langle\psi_l(t)|H_1||\psi_m(t)\rangle \sum_p \epsilon^p \tilde{a}_l^{(p)}(t) \quad (8.128)$$

が得られる．さらに，この方程式の ϵ の各ベキの項から，方程式

$$\begin{cases} i\hbar\dfrac{\partial}{\partial t}\tilde{a}_l^{(0)}(t) = 0 \\ i\hbar\dfrac{\partial}{\partial t}\tilde{a}_l^{(1)}(t) = \langle\psi_l(t)|H_1||\psi_m(t)\rangle)\tilde{a}_m^{(0)}(t) \\ \qquad\cdots \\ i\hbar\dfrac{\partial}{\partial t}\tilde{a}_l^{(i+1)}(t) = \langle\psi_l(t)|H_1||\psi_m(t)\rangle\tilde{a}_m^{(i)}(t) \end{cases} \quad (8.129)$$

が得られる．ここで，便宜上

$$\tilde{V}_{lm}(t) = \langle\psi_l(t)|H_1||\psi_m(t)\rangle \quad (8.130)$$

と表記することにする．

上の漸化式を積分すると

$$\tilde{a}_l^{(0)}(t) = 定数 \quad (8.131)$$

$$\tilde{a}_l^{(i+1)}(t) = \int_{t_0}^{t} \frac{dt'}{i\hbar}\tilde{V}_{lm}(t')\tilde{a}_m^{(i)}(t) \quad (8.132)$$

が得られる．この関係式を繰り返し代入すると，$\tilde{a}_l^{(i+1)}(t)$ を $\tilde{a}_l^{(0)}(t)$ で表す公式は

$$\tilde{a}_l^{(i+1)}(t) = \int_{t_0}^{t}\frac{dt'}{i\hbar}\int_{t_0}^{t'}\frac{dt''}{i\hbar}\cdots\int_{t_0}^{t^{i-1}}\frac{dt^i}{i\hbar}\tilde{V}_{lm_1}(t')\tilde{V}_{m_1m_2}(t'')\cdots\tilde{V}_{m_2m_i}(t^i)\tilde{a}_{m_i}^{(0)}(0)$$

となる．また，この結果を展開式 (8.127) に代入すると

$$\tilde{A}_l(t) = U(t,t_0)\tilde{a}_{m_i}^{(0)}(0)$$

$$U(t,t_0) = \left\{1 + \int_{t_0}^{t}\frac{dt'}{i\hbar}\epsilon\tilde{V}_{lm}(t') + \int_{t_0}^{t}\frac{dt'}{i\hbar}\int_{t_0}^{t'}\frac{dt''}{i\hbar}(\epsilon)^2\tilde{V}_{lm_1}(t')\tilde{V}_{m_1m_2}(t'') + \cdots\right\}$$

となる．この右辺の展開式は，次に述べる T 積を用いた指数関数の式

$$U(t,t_0)=T\exp\left\{\int_{t_0}^{t'}\frac{dt'}{i\hbar}\epsilon V(t')\right\} \tag{8.133}$$

と書き表すことが多い．$U(t,t_0)$ は

$$U(t_0,t_0)=1,\quad U(t,t_1)U(t_1,t_2)=U(t,t_2) \tag{8.134}$$

を満たしている．

T 積

時間に依存する演算子 $A(t)$ と $B(t')$ の T 積は，

$$T(A(t)B(t'))=\begin{cases}A(t)B(t'), & t\geq t'\\ B(t')A(t), & t'\geq t\end{cases} \tag{8.135}$$

と定義される．T 積を使うと，上の積分は上限をそろえた表示

$$\begin{aligned}&\int_{t_0}^{t}\frac{dt'}{i\hbar}\int_{t_0}^{t'}\frac{dt''}{i\hbar}\cdots\int_{t_0}^{t^{i-1}}\frac{dt^i}{i\hbar}\tilde{V}_{lm_1}(t')\tilde{V}_{m_1m_2}(t'')\cdots\tilde{V}_{m_2m_i}(t^i)\\ &\quad=\frac{1}{i!}\int_{t_0}^{t}\frac{dt'}{i\hbar}\int_{t_0}^{t}\frac{dt''}{i\hbar}\cdots\int_{t_0}^{t}\frac{dt^i}{i\hbar}T[\tilde{V}_{lm_1}(t')\tilde{V}_{m_1m_2}(t'')\cdots\tilde{V}_{m_2m_i}(t^i)]\end{aligned} \tag{8.136}$$

で表せる．

特に，時間間隔が無限大である場合の $U(+\infty,-\infty)$ は，

$$U(+\infty,-\infty)=T\exp\left\{\int_{-\infty}^{+\infty}\frac{dt'}{i\hbar}\epsilon V(t')\right\} \tag{8.137}$$

となる．

8.8.1　周期的変化

時間について周期的に変化する相互作用

$$V(t)=Ve^{i\omega t}+V^*e^{-i\omega t} \tag{8.138}$$

では，行列要素は

$$\begin{aligned}\tilde{V}_{lk}(t)&=e^{\frac{E_k-E_l}{i\hbar}t}\int d\boldsymbol{x}\,\varphi_l^{(0)^*}(\boldsymbol{x})(Ve^{i\omega t}+V^*e^{-i\omega t})\varphi_k^{(0)}(\boldsymbol{x})\\ &=e^{\frac{E_k-E_l-\hbar\omega}{i\hbar}t}V_{lk_0}+e^{\frac{E_k-E_l+\hbar\omega}{i\hbar}t}V_{lk_0}^*\end{aligned} \tag{8.139}$$

$$V_{lk_0} = \int d\boldsymbol{x}\, \varphi_l^{(0)^*}(\boldsymbol{x}) V \varphi_k^{(0)}(\boldsymbol{x}), \quad V_{lk_0}^* = \int d\boldsymbol{x}\, \varphi_l^{(0)^*}(\boldsymbol{x}) V^* \varphi_k^{(0)}(\boldsymbol{x}) \tag{8.140}$$

となる．ここで，$t=0$ における初期状態が

$$\tilde{a}_k^{(0)}(t')|_{t'=0} = \delta_{kk_0} \tag{8.141}$$

である場合，時刻 t での係数は

$$\begin{aligned}
\tilde{a}_l^{(1)}(t) &= \frac{1}{i\hbar}\int_0^t dt'\, \tilde{V}_{lk}(t')\tilde{a}_k^{(0)}(t') \\
&= \frac{1}{i\hbar}\int_0^t dt'\, \tilde{V}_{lk}(t')\delta_{kk_0} \\
&= \frac{1}{i\hbar}\int_0^t dt' \left(e^{\frac{E_{k_0}-E_l-\hbar\omega}{i\hbar}t} V_{lk_0} + e^{\frac{E_{k_0}-E_l+\hbar\omega}{i\hbar}t} V_{lk_0}^* \right) \\
&= \frac{1}{E_{k_0}-E_l-\hbar\omega}\left(e^{\frac{E_{k_0}-E_l-\hbar\omega}{i\hbar}t} - 1 \right) V_{lk_0} \\
&\quad + \frac{1}{E_{k_0}-E_l+\hbar\omega}\left(e^{\frac{E_{k_0}-E_l+\hbar\omega}{i\hbar}t} - 1 \right) V_{lk_0}^*
\end{aligned} \tag{8.142}$$

となる．

大きな値 T における係数は

$$\begin{aligned}
\tilde{a}_l^{(1)}(T) &= \frac{1}{i\hbar}\int_0^T dt'\, \tilde{V}_{lk}(t')\tilde{a}_k^{(0)}(t') \\
&= \frac{1}{E_{k_0}-E_l-\hbar\omega}\left(e^{\frac{E_{k_0}-E_l-\hbar\omega}{i\hbar}T} - 1 \right) V_{lk_0} \\
&\quad + \frac{1}{E_{k_0}-E_l+\hbar\omega}\left(e^{\frac{E_{k_0}-E_l+\hbar\omega}{i\hbar}T} - 1 \right) V_{lk_0}^*
\end{aligned} \tag{8.143}$$

となり，$T \to \infty$ では

$$\begin{aligned}
&\frac{1}{E_{k_0}-E_l-\mp\hbar\omega}\left(e^{\frac{E_{k_0}-E_l-\mp\hbar i\omega}{i\hbar}T} - 1 \right) \\
&= \frac{1}{E_{k_0}-E_l-\mp\hbar\omega} e^{\frac{E_{k_0}-E_l-\mp\hbar i\omega}{2i\hbar}T} 2i \sin\frac{E_{k_0}-E_l-\mp\hbar\omega}{2\hbar}T
\end{aligned} \tag{8.144}$$

である．係数の絶対値の 2 乗は

$$\left(\frac{1}{E_{k_0}-E_l-\mp\hbar\omega} \right)^2 \left(2\sin\frac{E_{k_0}-E_l-\mp\hbar\omega}{2\hbar}T \right)^2 \tag{8.145}$$

である．

この関数は，図 8.1 に与えられている．図 8.1 で横軸の $\frac{\hbar\omega}{E_{k_0}-E_l}$ は，

$$E_{k_0} - E_l - \mp\hbar\omega \approx 0 \tag{8.146}$$

である．幅は $\frac{\hbar}{T}$ のオーダー，高さは T^2 の狭いピークで，$T \to \infty$ で

$$\tilde{a}_l^{(1)}(\infty) = -i\{2\pi\delta(E_{k_0} - E_l - \hbar\omega)V_{lk_0} + 2\pi\delta(E_{k_0} - E_l + \hbar\omega)V_{lk_0}^*\}$$

とみなせる成分と，広いエネルギー領域

$$E_{k_0} - E_l - \mp\hbar\omega > O\left(\frac{\hbar}{T}\right) \tag{8.147}$$

において，ゼロでない値の周りに急激に振動する成分があることがわかる．

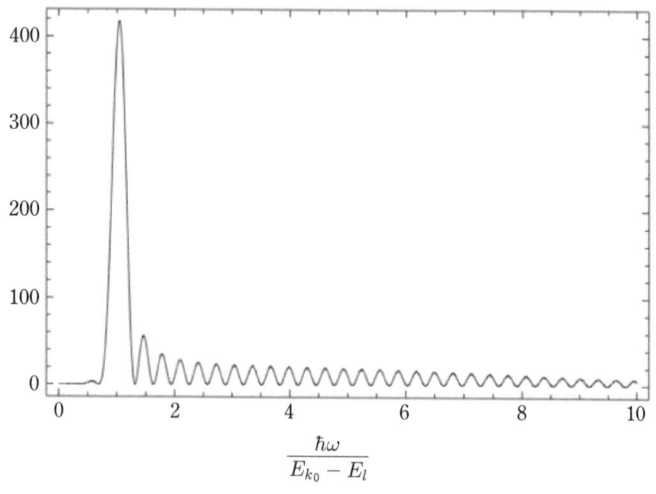

図 8.1　式 (8.145) の関数形

振動を平均した値は，

$$\left(\frac{1}{E_{k_0} - E_l - \mp\hbar\omega}\right)^2 \times 2 \tag{8.148}$$

のように，T に依存しないで緩やかに減少する．このことから，T に依存しない項が導かれる．この項は，ディラックならびにフォンノイマンらは考察せずに落としている [16, 17]．

式 (8.145) は，$E_{k_0} - E_l - \mp\hbar\omega \approx 0$ の成分と，$E_{k_0} - E_l - \hbar\omega \neq 0$ となる 2 成分からなる．保存系では，全エネルギーは保存するが，運動エネルギーは

必ずしも保存しない．前者では運動エネルギーが保存し，後者では運動エネルギーは全エネルギーからずれているため，非保存である．$E_{k_0} - E_l - \hbar\omega \to \infty$ を含む後者からの寄与は，II 巻の第 15 章で詳細に議論する．この初期条件で発現する 2 成分は，量子的な波動現象の特徴を表し，初期条件を正しく記述することが，極めて重要であることを示している．

第 1 成分は，$T \to \infty$ でディラックのデルタ関数を使える条件を満足していて，

$$\int_{-\infty}^{\infty} dt' e^{\frac{E_{k_0} - E_l - \hbar\omega}{i\hbar} t'} = 2\pi\hbar\delta(E_{k_0} - E_l - \hbar\omega) \tag{8.149}$$

である．第 2 成分は，デルタ関数の 2 乗困難性と関係している．

8.8.2　周期的で漸近的な変化

相互作用が漸近的に消滅する

$$V(t) = Ve^{i(\omega - i\epsilon)t} + V^* e^{-i(\omega + i\epsilon)t}, \quad V(t) \to 0, \quad t \to -\infty \tag{8.150}$$

で，$t = -\infty$ で初期状態が与えられる場合を調べよう．

行列要素は

$$\begin{aligned} \tilde{V}_{lk}(t) &= e^{\frac{E_k - E_l}{i\hbar} t} \int d\boldsymbol{x}\, \varphi_l^{(0)*}(\boldsymbol{x})(Ve^{i\omega t} + V^* e^{-i\omega t})\varphi_k^{(0)}(\boldsymbol{x}) \\ &= e^{\frac{E_k - E_l - \hbar\omega}{i\hbar} t} V_{lk_0} + e^{\frac{E_k - E_l + \hbar\omega}{i\hbar} t} V_{lk_0}^* \end{aligned} \tag{8.151}$$

である．前項と同じく，0 次の係数が

$$\tilde{a}_k^{(0)}(t')|_{t'=-\infty} = \delta_{kk_0} \tag{8.152}$$

であるときの時刻 t での係数は

$$\begin{aligned} \tilde{a}_l^{(1)}(t) &= \frac{1}{i\hbar} \int_{-\infty}^{t} dt'\, \tilde{V}_{lk}(t') \tilde{a}_k^{(0)}(t') \\ &= \frac{1}{i\hbar} \int_{-\infty}^{t} dt' \tilde{V}_{lk}(t') \delta_{kk_0} \\ &= \frac{1}{i\hbar} \int_{-\infty}^{t} dt' \left(e^{\frac{E_{k_0} - E_l - \hbar\omega}{i\hbar} t} V_{lk_0} + e^{\frac{E_{k_0} - E_l + \hbar\omega}{i\hbar} t} V_{lk_0}^* \right) \\ &= \frac{1}{E_{k_0} - E_l - \hbar\omega} e^{\frac{E_{k_0} - E_l - \hbar\omega}{\hbar} t} V_{lk_0} + \frac{1}{E_{k_0} - E_l + \hbar\omega} e^{\frac{E_{k_0} - E_l + \hbar\omega}{\hbar} t} V_{lk_0}^* \end{aligned} \tag{8.153}$$

となる．

ここで，大きな値 T における係数は，

$$\tilde{a}_l^{(1)}(T) = \frac{1}{i\hbar}\int_{-\infty}^{T} dt'\,\tilde{V}_{lk}(t')\tilde{a}_k^{(0)}(t')$$
$$= \frac{1}{E_{k_0} - E_l - \hbar\omega} e^{\frac{E_{k_0}-E_l-\hbar\omega}{\hbar}T} V_{lk_0} + \frac{1}{E_{k_0} - E_l + \hbar\omega} e^{\frac{E_{k_0}-E_l+\hbar\omega}{\hbar}T} V_{lk_0}^* \tag{8.154}$$

となる．

相互作用が $t \to \pm\infty$ で漸近的に消滅する

$$V(t) = Ve^{i(\omega - i\epsilon)t - \epsilon t^2} + V^* e^{-i(\omega + i\epsilon)t - \epsilon t^2}, \quad V(t) \to 0, \quad t \to -\infty \tag{8.155}$$

において，$T \to \infty$ を先にとる場合で，ディラックのデルタ関数を使える条件が満足しているとき，

$$\int_{-\infty}^{\infty} dt' e^{\frac{E_{k_0}-E_l-\hbar\omega}{i\hbar}t' - \epsilon t'^2} = \sqrt{\frac{2\pi}{\epsilon}} e^{-\frac{(E_{k_0}-E_l-\hbar\omega)^2}{\epsilon}}$$
$$= 2\pi\delta(E_{k_0} - E_l - \hbar\omega) \tag{8.156}$$

である．この場合，無限時間経過した後の係数は

$$\tilde{a}_l^{(1)}(\infty) = -i\{2\pi\delta(E_{k_0} - E_l - \hbar\omega)V_{lk_0} + 2\pi\delta(E_{k_0} - E_l + \hbar\omega)V_{lk_0}^*\}$$

となる．デルタ関数は，状態 l のエネルギーと状態 k_0 のエネルギーと振動数のエネルギー $\hbar\omega$ の和や差 $k_0 \pm \hbar\omega$ が等しいことを示している．前者は状態 k_0 が振動数 ω の波を吸収して状態 l に遷移する事象に対応し，後者は状態 k_0 が振動数 ω の波を放出して状態 l に遷移する事象に対応し，デルタ関数にかかる係数 V_{l,k_0} と V_{l,k_0}^* が遷移振幅である．

8.8.3　ゆっくりした変化（断熱変化）

ハミルトニアンが時間的にゆっくり変動するパラメーター $a(t)$ を含むとき，$\frac{\dot{a}(t)}{a(t)}$ は小さな値である．この物理系は，$t \simeq 0$ では保存系 1 として振る舞い，$t \simeq T$ では保存系 2 として振る舞う．エネルギーは短い時間間隔では保存するが，長い時間間隔では保存していない．だから，図 8.2 のような長い時間スケール $(T \gg \frac{\hbar}{E_n - E_m})$ では，保存系の性質と時間に依存する摂動論の性質が絡み

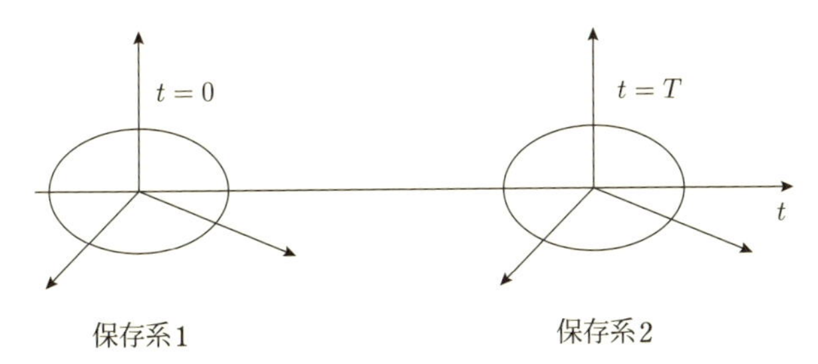

図 8.2 断熱過程の様子

合った現象が生ずる．このような 2 重性をもつ物理系は，摂動論の方法で調べることができる．

ハミルトニアンが $H(a(t))$ と表せるとき，時間に依存するシュレディンガー方程式は

$$i\hbar\frac{\partial}{\partial t}\psi(t) = H(a(t))\psi(t) \tag{8.157}$$

となる．ここで，$a(t)$ がほぼ時間によらず定数であるので，各時刻における固有値方程式

$$H(a(t))u_n(\boldsymbol{x}, a(t)) = E_n(a(t))u_n(\boldsymbol{x}, a(t)) \tag{8.158}$$

を満たす固有状態 $u_n(\boldsymbol{x}, a(t))$ がある．この固有状態を使い，任意の時刻における波動関数を

$$\psi(t) = \sum_n c_n(t)u_n(\boldsymbol{x}, a(t))e^{\int_{t_0}^t dt' \frac{E_n(a(t'))}{i\hbar}} \tag{8.159}$$

と展開する．

波動関数の時間微分は

$$\begin{aligned}\frac{\partial}{\partial t}\psi(t) = &\sum_n \left\{\dot{c}_n(t)u_n(\boldsymbol{x}, a(t)) + c_n(t)\frac{E_n(a(t))}{i\hbar}u_n(\boldsymbol{x}, a(t))\right\}e^{\int_{t_0}^t dt' \frac{E_n(a(t'))}{i\hbar}} \\ &+ \sum_n c_n(t)\left\{\dot{a}(t)\frac{\partial}{\partial a}u_n(\boldsymbol{x}, a(t))\right. \\ &\left.+ \int_{t_0}^t dt'\dot{a}(t')\frac{\partial}{\partial a(t')}\frac{E_n(a(t'))}{i\hbar}u_n(\boldsymbol{x}, a(t))\right\}e^{\int_{t_0}^t dt' \frac{E_n(a(t'))}{i\hbar}}\end{aligned} \tag{8.160}$$

となるので，シュレディンガー方程式 (8.157) は

$$\sum_n \{i\hbar\dot{c}_n(t)u_n(\boldsymbol{x}, a(t)) + c_n(t)E_n(a(t))u_n(\boldsymbol{x}, a(t))\}e^{\int_{t_0}^t dt' \frac{E_n(a(t'))}{i\hbar}}$$

$$
+\sum_n c_n(t)\left\{i\hbar\dot{a}(t)\frac{\partial}{\partial a}u_n(\boldsymbol{x},a(t))\right.
$$

$$
\left.+\int_{t_0}^{t}dt'\dot{a}(t')\frac{\partial}{\partial a(t')}E_n(a(t'))u_n(\boldsymbol{x},a(t))\right\}e^{\int_{t_0}^{t}dt'\frac{E_n(a(t'))}{i\hbar}}
$$

$$
=\sum_m c_m(t)E_m u_m(\boldsymbol{x},a(t))e^{\int_{t_0}^{t}dt'\frac{E_m(a(t'))}{i\hbar}} \tag{8.161}
$$

となる．

次に，両辺に $u_p^*(\boldsymbol{x},a(t))$ をかけて $\boldsymbol{x}$ 積分を行い，係数 $a_p(t)$ についての方程式

$$
\sum_n\{i\hbar\dot{c}_n(t)+c_n(t)E_n(a(t))\}\delta_{np}e^{\int_{t_0}^{t}dt'\frac{E_n(a(t'))}{i\hbar}}
$$

$$
+\sum_n c_n(t)\left\{i\hbar\dot{a}(t)\left\langle u_p\middle|\frac{\partial}{\partial a}u_n(\boldsymbol{x},a(t))\right\rangle\right.
$$

$$
\left.+\int_{t_0}^{t}dt'\,\dot{a}(t')\frac{\partial}{\partial a(t')}E_n(a(t')\right\}\delta_{np}e^{\int_{t_0}^{t}dt'\frac{E_n(a(t'))}{i\hbar}}
$$

$$
=\sum_m E_m c_m\delta_{mp}e^{\int_{t_0}^{t}dt'\frac{E_m(a(t'))}{i\hbar}} \tag{8.162}
$$

が得られる．ここで，固有関数 $u_n(\boldsymbol{x},a(t))$ が規格直交系であることを使った．さらに，クロネッカーデルタを使って項の和を書き換えると，方程式は

$$
\{i\hbar\dot{c}_p(t)+c_p(t)E_p(a(t))\}+\sum_n c_n(t)i\hbar\dot{a}(t)\left\langle u_p\middle|\frac{\partial}{\partial a}u_n(\boldsymbol{x},a(t))\right\rangle
$$

$$
\times e^{\int_{t_0}^{t}dt'\frac{E_n(a(t'))-E_p(a(t'))}{i\hbar}}+c_p(t)\int_{t_0}^{t}dt'\,\dot{a}(t')\frac{\partial}{\partial a(t')}E_p(a(t'))
$$

$$
=E_p c_p(a(t)) \tag{8.163}
$$

となり，左辺第2項と右辺が打ち消し合って，最後に

$$
i\hbar\dot{c}_p(t)+\sum_n c_n(t)i\hbar\dot{a}(t)\left\langle u_p\middle|\frac{\partial}{\partial a}u_n(\boldsymbol{x},a(t))\right\rangle e^{\int_{t_0}^{t}dt'\frac{E_n(a(t'))-E_p(a(t'))}{i\hbar}}
$$

$$
+c_p a(t)\int_{t_0}^{t}dt'\dot{a}(t')\frac{\partial}{\partial a(t')}E_p(a(t'))=0 \tag{8.164}
$$

となる．

$\dot{a}(t)$ が小さいことを使い，まず $\dot{a}(t)$ の0次の近似で解を求める．方程式は

$$
i\hbar\dot{c}_p(t)=0 \tag{8.165}
$$

であり，解は

$$c_p(t) = c_p(0) \tag{8.166}$$

である．

次に，$\dot{a}(t)$ の1次のオーダーで解を求める．このために，固有値方程式 (8.158) が与える関係式を導いておく．固有値方程式 (8.158) の両辺を $a(t)$ で微分して，

$$\begin{aligned}&\frac{\partial}{\partial a}H(a(t))u_n(\boldsymbol{x},a(t)) + H(a(t))\frac{\partial}{\partial a}u_n(\boldsymbol{x},a(t))\\&= \frac{\partial}{\partial a}u_n(\boldsymbol{x},a(t))E_n(a(t)) + \frac{\partial}{\partial a}E_n(a(t))u_n(\boldsymbol{x},a(t))\end{aligned} \tag{8.167}$$

となる．この両辺に $u_p^*(\boldsymbol{x})$ をかけて $\boldsymbol{x}$ 積分を行うと，関係式

$$\begin{aligned}&\left\langle u_p\middle|\frac{\partial}{\partial a}H(a(t))\middle|u_n\right\rangle + E_p\left\langle u_p\middle|\frac{\partial}{\partial a}\middle|u_n\right\rangle\\&= \left\langle u_p\middle|\frac{\partial}{\partial a}\middle|u_n\right\rangle E_n(a(t)) + \left(\frac{\partial}{\partial a}E_n(a(t))\right)\delta_{np}\end{aligned} \tag{8.168}$$

が得られる．よって，

$$\begin{cases}\left\langle u_p\middle|\dfrac{\partial}{\partial a}H\middle|u_p\right\rangle = \dfrac{\partial}{\partial a}E_p, & p = n\\ \left\langle u_p\middle|\dfrac{\partial}{\partial a}H\middle|u_n\right\rangle = (E_n - E_p)\left\langle u_p\middle|\dfrac{\partial}{\partial a}\middle|u_n\right\rangle, & p \neq n\end{cases} \tag{8.169}$$

が得られる．また，$u_n(\boldsymbol{x},a(t))$ の規格化条件

$$\langle u_p|u_n\rangle = \delta_{np} \tag{8.170}$$

の両辺を $a(t)$ で微分すると

$$\left\langle \frac{\partial}{\partial a}u_p\middle|u_n\right\rangle + \left\langle u_p\middle|\frac{\partial}{\partial a}u_n\right\rangle = 0 \tag{8.171}$$

となり，$p = n$ では

$$\left\langle \frac{\partial}{\partial a}u_p\middle|u_p\right\rangle + \left\langle u_p\middle|\frac{\partial}{\partial a}u_p\right\rangle = \mathrm{Re}\left(\left\langle \frac{\partial}{\partial a}u_p\middle|u_p\right\rangle\right) = 0 \tag{8.172}$$

となる．よって，$\left\langle \frac{\partial}{\partial a}u_p\middle|u_p\right\rangle$ は純虚数であり，

$$\left\langle \frac{\partial}{\partial a}u_p\middle|u_p\right\rangle = i\delta \tag{8.173}$$

とおく．ここで位相 δ は，状態ベクトルの変化を表す．

式 (8.164)，(8.168) と (8.173) から，係数が初期条件 ($c_n(0) = 0$, $n \neq n_0$)

$$c_{n_0}(0) = 1 \tag{8.174}$$

を満たすとき，微分方程式は

$$\begin{cases} \dot{c}_{n_0} + i\dot{a}(t)\delta c_{n_0} = 0 \\ \dot{c}_p + c_{n_0}\dfrac{\dot{a}}{E_{n_0} - E_p}\left\langle u_p \middle| \dfrac{\partial}{\partial a}H \middle| u_{n_0} \right\rangle e^{\int_{t_0}^{t} dt' \frac{E_n(a(t')) - E_p(a(t'))}{i\hbar}} = 0 \end{cases} \tag{8.175}$$

となる．さらに時間で積分すると，係数が

$$\begin{cases} c_{n_0}(t) = e^{-i\int_{t_0}^{t} dt' \dot{a}(t')\delta(t')} \\ c_p = -c_{n_0}\displaystyle\int_{t_0}^{t} dt' \dfrac{\dot{a}(t')}{E_{n_0} - E_p}\left\langle u_p \middle| \dfrac{\partial}{\partial a}H \middle| u_{n_0} \right\rangle e^{\int_{t_0}^{t'} dt'' \frac{E_n(a(t'')) - E_p(a(t''))}{i\hbar}} \end{cases} \tag{8.176}$$

となる．$c_{n_0}(t)$ は，時刻の変化とともに位相だけが変化して，大きさは一定に保たれる．この位相は，**ベリー位相**と呼ばれることもある．

8.8.4　短時間近似

短時間の間にハミルトニアンが有限量変化するときの状態ベクトルの変化を調べよう．時刻が $0 < t < t_s$ の間に時間的に変動するパラメーター $a(t)$ の関数としてハミルトニアンが $H(a(t))$ と表され，$a(t)$ が $a(0)$ から $a(t_s)$ へと，有限変化するとする．このとき，状態ベクトルの変化は，時間に依存するシュレディンガー方程式

$$i\hbar\frac{\partial}{\partial t}\psi(t) = H(a(t))\psi(t) \tag{8.177}$$

から求められる．この両辺を時間で積分すると

$$i\hbar\psi(t)|_0^{t_s} = \int_0^{t_s} dt' H(a(t'))\psi(t') \tag{8.178}$$

となり，さらに右辺に平均値の定理を適用すると，$0 < \bar{t} < t_s$ にある1つの $\bar{t}$ で

$$i\hbar(\psi(t_s) - \psi(0))| = t_s(H(a(\bar{t}))\psi(\bar{t})) \tag{8.179}$$

となる．

間隔 t_s が十分短いとき，右辺は t_s に比例するので，

$$i\hbar(\psi(t_s) - \psi(0))| = 0 \tag{8.180}$$

となり，波動関数は

$$\psi(t) = \psi(0) \tag{8.181}$$

と変化しないことがわかる．つまり，ハミルトニアンが急激に変化したとき，時間についての 1 階微分方程式に従う波動関数は変化しない．

8.9 遷移確率と初期値

ある時刻 $t = 0$ に H_0 の固有状態 $l = l_0$ にあった状態が，相互作用 $V(t)$ の影響で，他の時刻 $t = T$ に別の l の状態に遷移することがある．これが起こる確率を遷移確率と呼ぶ．

ここで遷移確率の計算を行う．波動関数の展開式 (8.119) と確率原理から，ある時刻 t に状態 l にいる確率は，係数の絶対値の 2 乗 $|a_l(t)|^2$ で与えられる．

まず 1 次の摂動で，遷移確率を求めよう．周期ポテンシャル中における展開式から時刻 t での係数は

$$\begin{aligned}
\tilde{a}_l^{(1)}(t) &= \frac{1}{i\hbar}\int_0^t dt' \tilde{V}_{lk}(t')\tilde{a}_k^{(0)}(t') \\
&= \frac{1}{i\hbar}\int_0^t dt' \tilde{V}_{lk}(t')\delta_{kk_0} \\
&= \frac{1}{i\hbar}\int_0^t dt' \left(e^{\frac{E_{k_0}-E_l-\hbar\omega}{i\hbar}t} V_{lk_0} + e^{\frac{E_{k_0}-E_l+\hbar\omega}{i\hbar}t} V_{lk_0}^* \right) \\
&= \frac{1}{E_{k_0}-E_l-\hbar\omega}\left(e^{\frac{E_{k_0}-E_l-\hbar\omega}{\hbar}t} - 1 \right) V_{lk_0} \\
&\quad + \frac{1}{E_{k_0}-E_l+\hbar\omega}\left(e^{\frac{E_{k_0}-E_l+\hbar\omega}{\hbar}t} - 1 \right) V_{lk_0}^*
\end{aligned} \tag{8.182}$$

となる．エネルギーが保存され，$E_{k_0} - E_l \pm \hbar\omega = 0$ ならば，積分は t に比例することがわかる．しかしエネルギー保存則は，前提条件ではなく，シュレディンガー方程式から導かれるものである．このため，エネルギー保存則を仮定せずに，エネルギー差 $E_{k_0} - E_l \pm \hbar\omega$ についての積分の振る舞いを調べる必要がある．

はじめに，極限の順序や積分と極限の順序等の変更が可能であると仮定しておく．まず，関数

$$\lim_{a\to\infty} \frac{\sin ax}{x} \tag{8.183}$$

の性質を明らかにする．関数は，$x \neq 0$ では急激に振動する関数であり，一方で $x \to 0$ では

$$\lim_{a\to\infty}\lim_{x\to 0}\frac{\sin ax}{x} = \lim_{a\to\infty}\frac{ax}{x} = \lim_{a\to\infty} a \tag{8.184}$$

と発散する．また，この関数の積分は，積分公式

$$\int_{-\infty}^{\infty} dz\frac{\sin z}{z} = \pi \tag{8.185}$$

を使い，

$$\int_{-\infty}^{\infty} dx\frac{\sin ax}{x} = \pi \tag{8.186}$$

であることがわかり，結局，この関数はデルタ関数で

$$\lim_{a\to\infty}\frac{\sin ax}{x} = \pi\delta(x) \tag{8.187}$$

と表せる．

次に，関数

$$\lim_{a\to\infty}\frac{\sin^2 ax}{ax^2} \tag{8.188}$$

の性質を明らかにする．この関数は，$x \neq 0$ ではゼロになる関数であり，一方で $x \to 0$ では発散する．また，この関数の積分は，積分公式

$$\int_{-\infty}^{\infty} dz\frac{\sin^2 z}{z^2} = \pi \tag{8.189}$$

を使うと

$$\int_{-\infty}^{\infty} dx\frac{\sin^2 ax}{ax^2} = \pi \tag{8.190}$$

であることがわかる．よって関数は，やはりデルタ関数で

$$\lim_{a\to\infty}\frac{\sin^2 ax}{ax^2} = \pi\delta(x) \tag{8.191}$$

と表せる．

式 (8.187) と (8.191) が，通常の計算で使われるものである．しかしながら，式 (8.187) の左辺に急激に振動する関数がある．その積分をゼロとするのは良い近似であるが，その2乗ならびにその積分は正定値であり，ゼロとならない．実際，これは (8.191) の左辺の $\frac{1}{a}$ 項に対応する．なお，積分公式 (8.185), (8.189) の証明は，II 巻の**付録 F** で与えられている．

まず，以上の関数の性質（式 (8.187) と (8.191)）を使うことにより，t が大きいところでの係数 $a_l^{(1)}(t)$ の絶対値の2乗が，

$$
\begin{aligned}
|\tilde{a}_l^{(1)}(t)|^2 &= \left| \frac{1}{E_{k_0} - E_l - \hbar\omega} \left(e^{\frac{E_{k_0} - E_l - \hbar\omega}{\hbar} t} - 1 \right) V_{lk_0} \right. \\
&\quad \left. + \frac{1}{E_{k_0} - E_l + \hbar\omega} \left(e^{\frac{E_{k_0} - E_l + \hbar\omega}{\hbar} t} - 1 \right) V_{lk_0}^* \right|^2 \\
&= 4 \left\{ \left| \frac{\sin\left(\frac{E_{k_0} - E_l + \hbar\omega}{2\hbar} t\right)}{E_{k_0} - E_l + \hbar\omega} \right|^2 + \left| \frac{\sin\left(\frac{E_{k_0} - E_l - \hbar\omega}{2\hbar} t\right)}{E_{k_0} - E_l - \hbar\omega} \right|^2 \right\} |V_{lk_0}|^2 \\
&= \frac{2\pi}{\hbar} \left\{ \delta(E_{k_0} - E_l - \hbar\omega) + \delta(E_{k_0} - E_l + \hbar\omega) \right\} |V_{lk_0}|^2 t \qquad (8.192)
\end{aligned}
$$

となることがわかる．

この結果は，時間 t に比例している．つまり，時刻 t に状態 l にある確率，すなわち時刻 t までの間に状態 l に遷移した確率 P は t に比例し，$P = \Gamma t$ と表せる．ここで，単位時間あたりの遷移率 Γ は，

$$
\Gamma = \frac{2\pi}{\hbar} \{ \delta(E_{k_0} - E_l - \hbar\omega) + \delta(E_{k_0} - E_l + \hbar\omega) \} |V_{lk_0}|^2 \qquad (8.193)
$$

である．では，遷移確率に含まれる t に依存しない定数項 (8.148) は，この計算ではどこへ行ったのだろうか．

この問題は，極限の順序や積分と極限の順序等の変更に関係している．式 (8.187) の急激に振動する項の積分がゼロであったとしても，関数の絶対値の 2 乗は正定値で平均値が 1/2 である．これが，式 (8.191) の $\frac{1}{a}$ 項である．そのため，関数 $\frac{\sin^2 ax}{ax^2}$ は大きな a で a^0 項と $1/a$ 項の和

$$
\frac{\sin^2 ax}{ax^2} = \pi\delta(x) + \frac{1}{a}\Delta \qquad (8.194)
$$

である．Δ の詳細によらずに，$a \to \infty$ の極限では $1/a$ 項はゼロとなり，関数はデルタ関数で式 (8.191) となる．しかし Δ は，関数 $\frac{\sin^2 ax}{x^2}$ の定数項に一致し，ゼロではなく，遷移確率の定数項 (8.148) を導いている．つまり，遷移確率の定数項は，デルタ関数による遷移率の計算で落ちたのであり，存在しないわけではない．

デルタ関数による通常の計算は，遷移率にだけ適用され，定数項の計算には適用されない．この事情は，デルタ関数の厳密性についてのシュワルツの結果 [18] と，合致する．なお，波束を使うことにより両項の計算がなされる．

これらの詳細はフェルミの黄金律の補正項の問題であり，II 巻の第 14 章，第 15 章で扱う．一般的には，式 (8.192) は t の 1 次の項だけでなく，t の 0 次すな

わち定数項をもっている．この項は，物理現象に影響を及ぼすことになる．そのため，この問題は重要であり，きちんと調べる必要がある．

ところで，t の 1 次関数は，傾きと切片（定数）で規定される．式 (8.192) で取り出した 1 次の項が，大きな t では主な寄与となり，定数項は無視できることが多いかもしれない．しかしその場合でも，小さな t では，定数項は無視できない．小さな t におけるすべての終状態の和は，式 (8.148) から明らかなように，例外を除けばゼロではない．確率が保存し，振幅はユニタリティを満たすので，これは，有限の t での遷移確率にも，寄与する．この結果，t での遷移確率は

$$P = \Gamma t + P^{(d)} \tag{8.195}$$

となる．定数項 $P^{(d)}$ は Γ と異なる起源なので，性質も大きく異なる．

このように，量子力学の粒子と波という 2 重性は，遷移確率に，粒子性をもつ Γ と波動性をもつ $P^{(d)}$ として発現する．波動性を表す後者は，筆者たちの最近の研究で明らかになった．

章末問題

問題 8.1　行列の摂動

ハミルトニアン $H = H_0 + \epsilon H_1$ で，H_0 と H_1 のそれぞれが次の 3×3 行列

$$H_0 = \begin{pmatrix} E_1 & 0 & 0 \\ 0 & E_2 & 0 \\ 0 & 0 & E_3 \end{pmatrix}, \quad H_1 = \begin{pmatrix} 0 & i & 0 \\ -i & 0 & 0 \\ 0 & 0 & 0 \end{pmatrix}$$

であり，ϵ を 1 つのパラメーターとする．このハミルトニアン H の固有値 E と固有ベクトル $\boldsymbol{u}$ は，固有値方程式 $H\boldsymbol{u} - E\boldsymbol{u}$ を満たす．固有ベクトル $\boldsymbol{u}$ と固有値を求めよ．また，ϵ の 2 次までの摂動展開の近似でも固有解と固有値を求めよ．

問題 8.2　断熱変化する調和振動子

周期関数による摂動の問題で，ω が非常に小さいとする．このとき，十分大きな T で

$$T\omega = 一定$$

となる時刻 T での波動関数を求めよ．

問題 8.3 ヘリウムの摂動

ヘリウムのハミルトニアンは,

$$H = \frac{\boldsymbol{p}_1^2 + \boldsymbol{p}_2^2}{2m} - \frac{2\alpha_c}{r_1} - \frac{2\alpha_c}{r_2} + \frac{\alpha_c}{r_{12}}$$

である.ここで,1と2は電子の番号で $r_{12} = |\boldsymbol{r}_1 - \boldsymbol{r}_2|$ である.右辺の最後の項は,電子間の相互作用を表す.電子間相互作用の項を摂動項とみなして,1次の摂動でヘリウム原子の基底状態のエネルギー固有値と固有関数を求めよ.

問題 8.4 水素原子と摂動

水素原子に,摂動項

$$H_1 = \lambda z$$

が加わった系における,基底状態と第1励起状態のエネルギーと波動関数を,摂動論の最低次の近似で求めよ.なお相互作用項の行列要素は次の通りである.

基底状態 $n = 0, l = 0$

$$\langle \psi_{0,s} | H_{\rm int} | \psi_{0,s} \rangle = 0$$

$$\langle \psi_{0,s} | H_{\rm int} | \psi_{1,p,0} \rangle = 0$$

第1励起状態 $n = 1, l = 0$ と $n = 1, l = 1$

$$\langle \psi_{1,s} | H_{\rm int} | \psi_{1,s} \rangle = 0$$

$$\langle \psi_{1,s} | H_{\rm int} | \psi_{1,p,0} \rangle = 3e\lambda a_0$$

$$\langle \psi_{1,s} | H_{\rm int} | \psi_{1,p,\pm 1} \rangle = 0$$

問題 8.5 形の変形

球形ポテンシャル

$$V(r) = \begin{cases} V_0, & r \le R \\ 0, & R \le r \end{cases}$$

に対してポテンシャルの形状が

$$V(r) = \begin{cases} V_0, & r \le R + aY_2(\theta, \phi) \\ 0, & R + aY_2(\theta, \phi) \le r \end{cases}$$

と変化したときの,定常状態を a の1次摂動で求めよ.

問題 8.6　和則

ポテンシャル中の束縛状態が満たす2重極和則

$$\frac{(i\hbar)^2}{2m} = 2\sum_{\gamma}\langle\alpha|x|\gamma\rangle\langle\gamma|x|\alpha\rangle(E_\alpha - E_\gamma)$$

を導け．ただし，E_α, E_γ はエネルギー固有値である．

問題 8.7　積分公式

積分公式 (8.185), (8.189) を確認せよ．

参考文献

[1] M. Planck: Ann. Physik, **4**, (1901) 553 ff.

[2] A. Einstein: Ann. Physik, Ser. 4, **322** (6), (1905) 132.

[3] R. A. Millikan: Phys. Rev., **7**, (1916) 355.

[4] N. Bohr: Phil. Mag. Ser. 6, **26**, (1913) 1; (1913) 476.

[5] L. de Broglie: Ann. de Physique, **10** (3), (1925) 22.

[6] E. Schrödinger: Ann. Physik, **79**, (1926) 361; **79**, (1926) 489; **81**, (1926) 109.

[7] Credit: NIck84[CC BY-SA.30] via Wikimedia Commons

[8] A. Compton: Phys. Rev., **21** (5), (1923) 483.

[9] P. A. M. Dirac: "The Principle of Quantum Mechanics," 4th ed., Oxford, New York (1958).

[10] W. Heisenberg: Z. Physik, **43**, (1927) 172.

[11] M. Born: Z. Physik, **37**, (1926) 863; Nature, **119**, (1927) 354.

[12] A. Tonomura et al.: Amer. J. Physics, **57** (2), (1989) 117; used in accordance with the Creative Commons Attribution (CC BY) license.

[13] Y. Tsuchiya et al.: テレビジョン学会誌，**36** (11), (1982) 1010-1012.

[14] W. Pauli: Z. Physik, **36**, (1926) 336.

[15] G. Gamow: Z. Physik, **51**, (1928) 204; R. W. Gurney and E. U. Condon: Nature, **122**, (1928) 439; Phys. Rev., **33**, (1929) 127.

[16] P. A. M. Dirac: Proc. Roy. Soc. (London), **A112**, (1926) 661; **A114**, (1927) 243.

[17] von Neumann:『量子力学の数学的基礎』，井上，広重，恒藤訳，みすず書房 (1957) p231; "Mathematatische Grundlagen der Quantenmechanik," Springer Verlag, Berlin (1932).

[18] L. Schwartz: C.R. Acad. Sci. Paris, **239**, (1954) 847-848.

[19] 石川健三：『解析力学入門』，培風館 (2008)，第 9 章 (p.123).

章末問題解答

第 1 章

解答 1.1

1. 光電効果：古典力学における電磁波のエネルギーは，強度に比例し，振動数には関係ない．だから，電磁波強度に比例するエネルギーの電子が放出されるはずである．ところが，実験は，振動数がエネルギーに比例することを示した．だから，説明できない．

2. 長岡－ラザフォード模型の原子は，古典力学では，電子の加速度運動のために電磁波を放射し，不安定であるはずである．実際は，原子は安定である．

3. 黒体輻射の分布は，古典熱統計分布では説明できない振動数の関数である．これは，量子効果から導かれるプランク分布である．

解答 1.2

(1) I の時間微分

$$\begin{aligned}\frac{dI}{dt} &= \oint \frac{dp}{dt} dq \\ &= \oint \left(\left.\frac{\partial p}{\partial E}\right|_\lambda \frac{dE}{dt} + \left.\frac{\partial p}{\partial \lambda}\right|_E \frac{d\lambda}{dt} \right) dq \end{aligned} \tag{A1.1}$$

がゼロであることを示す．λ（今の場合は，$\lambda = k$）がゆっくり変化するときのエネルギーの変化

$$\frac{dE}{dt} = \frac{\partial H}{\partial t} = \frac{\partial H}{\partial \lambda}\frac{d\lambda}{dt} \tag{A1.2}$$

を代入すると，式 (A1.1) は

$$\begin{aligned}\frac{dI}{dt} &= \oint \left(\left.\frac{\partial p}{\partial E}\right|_\lambda \frac{dE}{dt} + \left.\frac{\partial p}{\partial \lambda}\right|_E \frac{d\lambda}{dt} \right) dq \\ &= \oint \left(\left.\frac{\partial p}{\partial E}\right|_\lambda \frac{\partial H}{\partial \lambda} + \left.\frac{\partial p}{\partial \lambda}\right|_E \right) \frac{d\lambda}{dt} dq \\ &= \oint \left.\frac{\partial p}{\partial E}\right|_\lambda \left(\frac{\partial H}{\partial \lambda} + \frac{\partial H}{\partial p} \left.\frac{\partial p}{\partial \lambda}\right|_E \right) \frac{d\lambda}{dt} dq \\ &= 0 \end{aligned} \tag{A1.3}$$

となる．ここで，$\frac{\partial p}{\partial E}\frac{\partial H}{\partial p} = 1$ と，エネルギーの式

$$H(p, q, \lambda) = E \tag{A1.4}$$

において E を一定に保つ微分から得られる

$$\frac{\partial H}{\partial \lambda} + \frac{\partial H}{\partial p}\frac{\partial p}{\partial \lambda} = 0 \tag{A1.5}$$

を代入した．よって，式 (A1.1) がゼロとなる．断熱不変量の詳しい議論は，文献 [19] に

与えられている．

(2)

$$I = \frac{E}{\omega}, \quad \omega = \sqrt{\frac{k}{m}} \tag{A1.6}$$

であるので，定数を C とすると

$$E = n\omega C, \quad n = 1 \tag{A1.7}$$

である．

解答 1.3　エネルギー

$$\begin{aligned} E &= \frac{m}{2}\left(\dot{r}^2 + r^2\frac{p_\theta^2}{m^2r^4} + r^2\sin^2\theta\frac{p_\phi^2}{m^2r^4\sin^4\theta}\right) - \alpha_{\mathrm{c}}\frac{1}{r} \\ &= \frac{m}{2}\left(\dot{r}^2 + \frac{p_\theta^2}{m^2r^2} + \frac{p_\phi^2}{m^2r^2\sin^2\theta}\right) - \alpha_{\mathrm{c}}\frac{1}{r} \\ &= \frac{m}{2}\left(\dot{r}^2 + \frac{L^2}{m^2r^2}\right) - \alpha_{\mathrm{c}}\frac{1}{r} \end{aligned} \tag{A1.8}$$

より，

$$\begin{cases} \dot{r} = \sqrt{\dfrac{2\left(E + \alpha_{\mathrm{c}}\frac{1}{r}\right)}{m} - \dfrac{L^2}{m^2r^2}} \\ \displaystyle\oint dr\, p_r = m\oint dr\sqrt{\frac{2\left(E + \alpha_{\mathrm{c}}\frac{1}{r}\right)}{m} - \frac{L^2}{m^2r^2}} \\ \displaystyle\qquad = \oint \frac{dr}{r}\sqrt{2m(Er^2 + \alpha_{\mathrm{c}}r) - L^2} \end{cases} \tag{A1.9}$$

ここで，r 積分は平方根の中が正かゼロである領域でなされ，複素変数の閉曲線に沿った積分に帰着される．三角関数の定積分は，$z = e^{i\theta}$ とおいて，複素数 z の閉経路積分で表され，経路の内部における 1 位の極からの留数で計算される．この方法で $\oint \frac{dr}{r}\sqrt{2m(Er^2 + \alpha_{\mathrm{c}}r) - L^2}$ を計算する．簡単化した積分として，

$$\begin{aligned} I &= \oint \frac{dr}{r}\sqrt{2m(Er^2 + \alpha_{\mathrm{c}}r) - L^2} = 2\sqrt{2m|E|}\int_{r_1}^{r_2}\frac{dr}{r}\sqrt{(r_2 - r)(r - r_1)} \\ &= 2\sqrt{2m|E|}\int_{r_1}^{r_2}\frac{dr}{r}\sqrt{-\left(r - \frac{r_1 + r_2}{2}\right)^2 + \left(\frac{r_2 - r_1}{2}\right)^2} \end{aligned} \tag{A1.10}$$

r_1 と r_2 は，

$$2m(Er^2 + \alpha_{\mathrm{c}}r) - L^2 = 0, \quad r_2 > r_1 \tag{A1.11}$$

の根である．見やすい変数

$$a = \frac{r_2 - r_1}{2}, \quad \xi = r - \frac{r_1 + r_2}{2} \tag{A1.12}$$

で表すと，

$$I = 2\sqrt{2m|E|}\int_{-a}^{a}\frac{d\xi}{\xi+\frac{r_1+r_2}{2}}\sqrt{a^2-\xi^2}$$
$$= \sqrt{2m|E|}\int_0^{2\pi}\frac{-\sin^2\theta\,d\theta}{\cos\theta+\frac{r_1+r_2}{2a}} \tag{A1.13}$$

となる．任意の三角関数の定積分は，$z=e^{i\theta}$ とおくと，複素数 z の閉経路積分

$$\int_0^{2\pi} d\theta\,F(\cos\theta,\sin\theta) = \oint\frac{dz}{iz}F\left(\frac{z+\frac{1}{z}}{2},\frac{z-\frac{1}{z}}{2i}\right)$$
$$= 2\pi i\sum_l 留数 \tag{A1.14}$$

で表され，II 巻の**付録 F** で与えられているように，経路の内部における 1 位の極からの留数で計算される．

よって，式 (A1.13) は

$$I = \sqrt{2m|E|}\oint(-)\frac{dz}{iz}\frac{\left(\frac{z-1/z}{2i}\right)^2}{\frac{z+1/z}{2}+\frac{r_1+r_2}{2a}}$$
$$= \sqrt{2m|E|}2\pi(r_2+r_1+2\sqrt{r_1r_2})$$

となる．他の積分

$$\int p_\phi\,d\phi = m\hbar,\quad \int p_r\,dr = n\hbar \tag{A1.15}$$

は，簡単であるので各自確かめられたい．

解答 1.4　エネルギーと運動量が保存するので，$p_{電子}+k_{光}=p'_{電子}+k'_{光}$ が成立する．

(1) 反跳電子と散乱光の散乱角を θ と ϕ とする．エネルギーと運動量の保存より，

$$\begin{cases} h\nu = h\nu' + K \\ 0 = p\sin\theta - \dfrac{h\nu'}{c}\sin\phi \\ \dfrac{h\nu}{c} = p\cos\theta + \dfrac{h\nu'}{c}\cos\phi \end{cases} \tag{A1.16}$$

非相対論的な領域では

$$K = \frac{1}{2}m_{\mathrm{e}}v^2,\quad \boldsymbol{p} = m_{\mathrm{e}}\boldsymbol{v} \tag{A1.17}$$

である．また，

$$\delta\lambda = \lambda'-\lambda = \frac{c}{\nu'}-\frac{c}{\nu} = \frac{c(\nu-\nu')}{\nu\nu'} \tag{A1.18}$$

これらより，

$$\delta\lambda = \frac{h}{m_{\mathrm{e}}c}(1-\cos\phi) \tag{A1.19}$$

となる．

(2) θ の満たす関係式を導くために，ϕ を消去する．そのために，上の式を変形し

$$\sin\phi = p\sin\theta\frac{c}{h\nu'}, \quad \cos\phi = \left(\frac{h\nu}{c} - p\cos\theta\right)\frac{c}{h\nu'} \tag{A1.20}$$

から，

$$(p\sin\theta)^2 + \left(\frac{h\nu}{c} - p\cos\theta\right)^2 = \left(\frac{h\nu'}{c}\right)^2 \tag{A1.21}$$

$$\cos\theta = \frac{p^2 - \frac{h\nu'}{c}^2 + \frac{h\nu}{c}^2}{2\frac{h\nu p}{c}} \tag{A1.22}$$

ϕ の関係式を導くために，θ を消去する．

$$p\sin\theta = \frac{h\nu'}{c}\sin\phi, \quad p\cos\theta = \frac{h\nu}{c} - \frac{h\nu'}{c}\cos\phi \tag{A1.23}$$

両辺を 2 乗して足し，

$$p^2 = \frac{h\nu'}{c}^2 + \frac{h\nu}{c}^2 - 2\frac{h^2\nu\nu'}{c^2}\cos\phi \tag{A1.24}$$

$$\cos\phi = \frac{-p^2 + \left(\frac{h\nu'}{c}\right)^2 + \left(\frac{h\nu}{c}\right)^2}{2\frac{h^2\nu\nu'}{c^2}} \tag{A1.25}$$

$\sin\phi$ も同様に表される．

解答 1.5

$$h = 4\times 10^{-15}\,\mathrm{eV\cdot s}$$

$$\nu = \frac{c}{2\times 10^{-7}} = 1.5\times 10^{15}/\mathrm{s}$$

$$\frac{mv^2}{2} = h\nu = 4.1\times 10^{-15}\times 1.5\times 10^{15} = 6\,\mathrm{eV}$$

$$v/c = \sqrt{\frac{12}{0.5\times 10^6}} \approx 5\times 10^{-3} \tag{A1.26}$$

解答 1.6 (1) エネルギーが 15 keV の電子の質量を代入して，運動量と波長は

$$pc = \sqrt{2mc^2E} = \sqrt{\mathrm{MeV}\times 15\,\mathrm{keV}} \approx 4\times 10^3\,\mathrm{keV} \tag{A1.27}$$

$$\lambda = \frac{hc}{4\times 10^3\,\mathrm{keV}} = \frac{12\times 10^{-7}\,\mathrm{eV\,m}}{4\times 10^6\mathrm{eV}} = 3\times 10^{-13}\,\mathrm{m} \tag{A1.28}$$

である．

(2) 速さが 2×10^8 m/s の陽子の波長は

$$\lambda = \frac{hc}{2/3\times 980\,\mathrm{MeV}} = \frac{12\times 10^{-7}\,\mathrm{eV\,m}}{6\times 10^8\,\mathrm{eV}} = 2\times 10^{-15}\,\mathrm{m} \tag{A1.29}$$

(3) 温度 300 K で熱平衡にある陽子．ただし，陽子のエネルギーは $\frac{3}{2}kT$ とする．$k = 8.6\times 10^{-5}$ eV/K を代入して

$$p = \sqrt{2mE} = \sqrt{3\times 980\,\mathrm{MeV}\times 8.6\times 10^{-5}\,\mathrm{eV/K}300\,\mathrm{K}} \tag{A1.30}$$

$$= \sqrt{3\times 980\times 8.6\times 300\times 10^{-5}\times 10^6\,(\mathrm{eV})^2}$$

$$= 3\times 10^3\,\mathrm{eV} \tag{A1.31}$$

$$\lambda = \frac{12 \times 10^{-7}\,\mathrm{eV\,m}}{3 \times 10^3\,\mathrm{eV}} = 4 \times 10^{-10}\,\mathrm{m} \tag{A1.32}$$

第 2 章

解答 2.1　ヤコビの恒等式は

$$[H, [Q_i, Q_j]] + [Q_i, [Q_j, H]] + [Q_j [H, Q_i]] = 0 \tag{A2.1}$$

である．これより，交換関係 $[Q_i, Q_j]$ も保存量である．

解答 2.2　ハミルトニアンが

$$H = \frac{\boldsymbol{p}^2}{2M} + V(\boldsymbol{x}) \tag{A2.2}$$

であるポテンシャル V 中にある質量 M の質点の従う方程式を考えよう．

古典力学の運動方程式は，ポアッソン括弧の関係式

$$\{q_i, q_j\}_{PB} = \{p_i, p_j\}_{PB} = 0, \quad \{q_i, p_j\}_{PB} = \delta_{ij} \tag{A2.3}$$

を使うと

$$\dot{p}_i = \{H, p_i\}_{PB} = -\frac{\partial H}{\partial q_i} = -\frac{\partial V}{\partial q_i} \tag{A2.4}$$

$$\dot{q}_i = \{H, q_i\}_{PB} = \frac{\partial H}{\partial p_i} = \frac{p_i}{2M} \tag{A2.5}$$

となる．

一方，量子力学の運動方程式は，交換関係の関係式

$$[q_i, q_j] = [p_i, p_j] = 0, \quad [q_i, p_j] = i\hbar\delta_{ij} \tag{A2.6}$$

を使うと

$$\dot{p}_i = \frac{1}{i\hbar}[H, p_i] = -\frac{\partial H}{\partial q_i} = -\frac{\partial V}{\partial q_i} \tag{A2.7}$$

$$\dot{q}_i = \frac{1}{i\hbar}[H, q_i] = \frac{\partial H}{\partial p_i} = \frac{p_i}{2M} \tag{A2.8}$$

となる．

量子力学の交換関係は，古典力学のポアッソン括弧式と同じ関係を満たす．よって運動方程式は，古典力学と量子力学で同じものになる．

1 つの状態 $|\psi\rangle$ でとった期待値は

$$\langle\psi|\dot{p}_i|\psi\rangle = \frac{1}{i\hbar}\langle\psi|[H, p_i]|\psi\rangle = -\left\langle\psi\left|\frac{\partial H}{\partial q_i}\right|\psi\right\rangle = -\left\langle\psi\left|\frac{\partial V}{\partial q_i}\right|\psi\right\rangle \tag{A2.9}$$

$$\langle\psi|\dot{q}_i|\psi\rangle = \left\langle\psi\left|\frac{1}{i\hbar}[H, q_i]\right|\psi\right\rangle = \left\langle\psi\left|\frac{\partial H}{\partial p_i}\right|\psi\right\rangle = \left\langle\psi\left|\frac{p_i}{2M}\right|\psi\right\rangle \tag{A2.10}$$

を満たし，2 つの状態 $|\psi_i\rangle; i = 1, 2$ でとった期待値も

$$\langle\psi_i|\dot{p}_i|\psi_j\rangle = -\left\langle\psi_i\left|\frac{\partial V}{\partial q_i}\right|\psi_j\right\rangle \tag{A2.11}$$

$$\langle\psi_i|\dot{q}_i|\psi_j\rangle = \left\langle\psi_i\left|\frac{p_i}{2M}\right|\psi_j\right\rangle \tag{A2.12}$$

を満たす．

解答 2.3　シュレディンガー表示では，状態ベクトル $|\psi_{\mathrm{S}}(t)\rangle$ は時間に依存し，演算子 O は時間に依存しない．$|\psi_{\mathrm{S}}(t)\rangle$ の時間依存部分を，期待値を保って，演算子に入れた表示がハイゼンベルク表示であり，

$$\langle\psi_{\mathrm{S}}(t)|O|\psi_{\mathrm{S}}(t)\rangle = \langle\psi_{\mathrm{H}}(0)|O_{\mathrm{H}}(t)|\psi_{\mathrm{H}}(0)\rangle \tag{A2.13}$$

$$O_{\mathrm{H}}(t) = e^{-\frac{Ht}{i\hbar}}Oe^{\frac{Ht}{i\hbar}}, \quad |\psi_{\mathrm{H}}(0)\rangle = |\psi_{\mathrm{S}}(0)\rangle \tag{A2.14}$$

である．相互作用表示は

$$\begin{cases} O_{\mathrm{int}}(t) = e^{-\frac{H_0}{i\hbar}}tOe^{\frac{H_0}{i\hbar}t} \\ \langle\psi_{\mathrm{int}}(t)\rangle = e^{-\frac{H_0}{i\hbar}t}|\psi_{\mathrm{S}}(0)\rangle \end{cases} \tag{A2.15}$$

である．

解答 2.4

$$|\sigma_i| = -1, \quad \mathrm{Tr}(\sigma_i) = 0 \tag{A2.16}$$

より，固有値は ± 1 であることがわかる．これを，σ_3 で具体的に求めよう．固有値方程式

$$\lambda\begin{pmatrix} x \\ y \end{pmatrix} = \begin{pmatrix} 1 & 0 \\ 0 & -1 \end{pmatrix}\begin{pmatrix} x \\ y \end{pmatrix}$$

で，λ は未知であり，ベクトルは規格化されて $x^2 + y^2 = 1$ を満たす．これを解くため，移項すると

$$\begin{pmatrix} 1-\lambda & 0 \\ 0 & -1-\lambda \end{pmatrix}\begin{pmatrix} x \\ y \end{pmatrix} = 0$$

が得られる．係数行列が逆行列をもつならば，$x = y = 0$ となり，もたないならば $(x, y) \neq (0, 0)$ だから，$(x, y) \neq (0, 0)$ の解は，係数行列が逆行列をもたない場合，すなわち

$$\begin{vmatrix} 1-\lambda & 0 \\ 0 & -1-\lambda \end{vmatrix} = 0$$

に限られる．これより

$$(\lambda - 1)(\lambda + 1) = 0, \quad \lambda = \pm 1$$

である．

それぞれの λ で，x と y は

$$\lambda = 1, \quad x = 1, \quad y = 0$$

$$\lambda = -1, \quad x = 0, \quad y = 1$$

となり，ユニタリー行列

$$U = \begin{pmatrix} 1 & 0 \\ 0 & 1 \end{pmatrix}$$

で，σ_3 は

$$U^\dagger \sigma_3 U = \begin{pmatrix} +1 & 0 \\ 0 & -1 \end{pmatrix}$$

と対角形に変換される．σ_1 と σ_2 も，同じ方法で対角化される．

解答 2.5　問題 2.5 の左辺と右辺はそれぞれ，

$$\begin{cases} [A,BC] = ABC - BCA, \\ (AB-BA)C + B(AC-CA) = ABC - BAC + BAC - BCA \\ \qquad\qquad\qquad\qquad\qquad\quad = ABC - BCA \end{cases} \tag{A2.17}$$

となり，一致する．同様に，問題 2.5 の両辺は

$$\begin{cases} \{A,BC\} = ABC + BCA \\ (AB+BA)C - B(AC+CA) = ABC + BAC - BAC - BCA \\ \qquad\qquad\qquad\qquad\qquad\quad = ABC - BCA \end{cases} \tag{A2.18}$$

となり，一致する．

また a_i と $a_j^\dagger$ の間に次の交換関係，ならびに b_i と $b_j^\dagger$ の間に次の反交換関係

$$[a_i, a_j] = [a_i^\dagger, a_j^\dagger] = 0, \quad [a_i, a_j^\dagger] = \delta_{ij} \tag{A2.19}$$

$$\{b_i, b_j\} = \{b_i^\dagger, b_j^\dagger\} = 0, \quad \{b_i, b_j^\dagger\} = \delta_{ij} \tag{A2.20}$$

が成立しているとする．このとき，分配則を繰り返し使うことにより，以下の交換関係

$$[a_i^\dagger A_{ij} a_j, a_k^\dagger B_{kl} a_l] = a_i^\dagger [A,B]_{ij} a_j \tag{A2.21}$$

$$[b_i^\dagger A_{ij} b_j, b_k^\dagger B_{kl} b_l] = b_i^\dagger [A,B]_{ij} b_j \tag{A2.22}$$

が成立する．

解答 2.6　パラメーター t の関数をテイラー展開すると

$$f(t) = e^{-it\theta} L_z e^{it\theta} = L_z + ti[L_z, \theta] + \frac{t^2}{2!}[[L_z, i\theta]i\theta] + \cdots = L_z + t\hbar \tag{A2.23}$$

となる．最後の等式では交換関係 (2.151) を使った．$e^{i\theta}$ を左からかけて

$$\begin{cases} L_z e^{i\theta} = e^{i\theta} L_z + \hbar e^{i\theta} \\ [L_z, e^{i\theta}] = \hbar e^{i\theta} \end{cases} \tag{A2.24}$$

を得る．

解答 2.7　三角関数の積の積分を使う．

$$\text{例えば,}\ \int_{-l}^{l}\cos\frac{m\pi}{l}x\cos\frac{n\pi}{l}xdx=\begin{cases}2l, & m=n=0\\ l, & m=n\neq 0\\ 0, & m\neq n\end{cases}$$

解答 2.8　指数関数の積の積分を使う．

$$\text{例えば,}\ \int_{-l}^{l}e^{i\frac{m-n}{l}\pi x}dx=\begin{cases}2l & m=n\\ 0 & m\neq n\end{cases}$$

第 3 章

解答 3.1

$$\begin{cases}\psi=A_{+}e^{ikx}+A_{-}e^{-ikx} & (0\leq x\leq x_1)\\ \psi=B_{+}e^{|k'|x} & (x\leq 0)\\ \psi=C_{-}e^{-|k'|x} & (x_1\leq x)\end{cases}\tag{A3.1}$$

$$\frac{k^2}{2m}=\frac{k'^2}{2m}+V_1,\quad k\text{：実数},\ k'\text{：虚数}\tag{A3.2}$$

$x=0$, $x=x_1$ で関数と微係数が連続．

$$\begin{cases}A_{+}+A_{-}=B_{+}, & x=0,\\ C_{-}e^{-|k'|x_1}=A_{+}e^{ikx_1}+A_{-}e^{-ikx_1}, & x=x_1\\ A_{+}(ik)+A_{-}(-ik)=B_{+}(|k'|), & x=0,\\ C_{-}(-|k'|)e^{-|k'|x_1}=A_{+}(ik)e^{ikx_1}+A_{-}(-ik')e^{-ikx_1}, & x=x_1\end{cases}\tag{A3.3}$$

本文の式 (a) を満たすエネルギーがエネルギー固有値である．両辺の関数は，図のような振る舞いであり，2 つが交わるところが解である．

解答 3.2　高さ V_0，周期 $d=a+b$ の周期的な箱型ポテンシャル

$$V(x)=\begin{cases}0, & 0+nd<x<a+nd,\quad n\text{：整数}\\ V_0, & a+nd<x<a+b+nd\end{cases}\tag{A3.4}$$

中のエネルギー E をもつ固有状態のそれぞれの領域での運動量は

$$E=\frac{K^2}{2M}=-\frac{Q^2}{2M}+V_0\tag{A3.5}$$

である．さらに，周期性が

$$\psi(x+d)=e^{ikd}\psi(x)\tag{A3.6}$$

であるとき，波動関数は，定数 A,B,C,D を使い

$$\begin{cases} 0+nd<x<a+nd:\ \psi=\left\{Ae^{iK(x-nd)}+Be^{-iK(x-nd)}\right\}e^{iknd} \\ a+nd<x<a+b+nd:\psi=\left\{Ce^{-Q(x-(n+1)d)}+De^{+Q(x-(n+1)d)}\right\}e^{ik(n+1)d} \end{cases} \tag{A3.7}$$

と表される．$x=0$ と $x=a$ における関数と，その 1 階微分の連続性より，係数は

$$\begin{cases} A+B-C-D=0 \\ iK(A-B)+Q(C-D)=0 \\ Ae^{iKa}+Be^{-iKa}-(Ce^{Qb}+De^{-Qb})e^{ik(a+b)}=0 \\ iK(Ae^{iKa}-Be^{-iKa})+Q(Ce^{Qb}-De^{-Qb})e^{ik(a+b)}=0 \end{cases} \tag{A3.8}$$

を満たす．この関係式は，行列によって

$$\begin{cases} \begin{pmatrix} C_{11} & C_{12} & C_{13} & C_{14} \\ C_{21} & C_{22} & C_{23} & C_{24} \\ C_{31} & C_{32} & C_{33} & C_{34} \\ C_{41} & C_{42} & C_{43} & C_{44} \end{pmatrix}\begin{pmatrix} A \\ B \\ C \\ D \end{pmatrix}=\begin{pmatrix} 0 \\ 0 \\ 0 \\ 0 \end{pmatrix} \\ C_{11}=1,\ C_{12}=1,\ C_{13}=-1,\ C_{14}=-1 \\ C_{21}=iK,\ C_{22}=-iK,\ C_{23}=-iQ,\ C_{24}=iQ \\ C_{31}=e^{iKa},\ C_{32}=e^{-iKa},\ C_{33}=-e^{-Qb+ik(a+b)},\ C_{34}=-e^{Qb+ik(a+b)} \\ C_{41}=iKe^{iKa},\ C_{42}=-iKe^{-iKa},\ C_{43}=Qe^{-Qb+ik(a+b)},\ C_{44}=-Qe^{Qb+ik(a+b)} \end{cases} \tag{A3.9}$$

とまとめられる．係数行列式がゼロになるときのみ，$(A,B,C,D)\neq(0,0,0,0)$ の解が存在する．行列式がゼロになることより

$$\frac{Q^2-K^2}{2QK}\sinh Qb\sin Ka+\cosh Qb\cos Ka=\cos k(a+b) \tag{A3.10}$$

が得られる．

次の積 P を一定に保って幅 b が狭い極限

$$Q^2\frac{ab}{2}=P,\quad b\to 0 \tag{A3.11}$$

では，式 (A3.10) は

$$\frac{P}{Ka}\sin Ka+\cos Ka=\cos ka \tag{A3.12}$$

となる．この左辺は，図 3.13 のようになっている．右辺の絶対値は，1 か 1 より小さい．そのため，この方程式は，斜線部では解がない．解がある領域で，求めた K を式 (A3.5) に代入するとエネルギーが決定される．

なお，d の整数倍の平行移動を引き起こすユニタリー演算子は

$$U(nd)=e^{i\frac{pnd}{\hbar}},\quad [x,p]=i\hbar \tag{A3.13}$$

であり，異なる 2 つの演算子は

$$U(nd)U(md) = U((n+m)d) = U(md)U(nd) \tag{A3.14}$$

と交換可能である．そのため，固有値は

$$U(d)\psi(x) = e^{i\phi}\psi(x), \quad U(Nd)\psi(x) = e^{iN\phi}\psi(x) \tag{A3.15}$$

である．ここでは，$\phi = kd$ とした．

解答 3.3　$x > 0$ で一様な力 c ($c > 0$) を与えるポテンシャル

$$V(x) = \begin{cases} V_0 - cx, & x > 0 \\ 0, & x < 0 \end{cases} \tag{A3.16}$$

中のシュレディンガー方程式

$$\left\{\frac{p^2}{2m} + V(x)\right\}\Psi(x) = E\Psi(x) \tag{A3.17}$$

の解は，$x < 0$ と $0 < x$ で異なる形である．

$x < 0$ では，解は自由な波の線形結合

$$\Psi(x) = e^{ipx} + Ce^{-ipx} \tag{A3.18}$$

である．ここでは，第 1 項の数係数を 1 とし，C を定数とする．$x > 0$ における方程式

$$\left(-\frac{\hbar^2}{2m}\frac{\partial^2}{\partial x^2} + V_0 - E - cx\right)\Psi(x) = 0 \tag{A3.19}$$

は，変数を

$$\xi = r\left(x + \frac{E - V_0}{c}\right), \quad r = \left(\frac{2mc}{\hbar^2}\right)^{1/3} \tag{A3.20}$$

と変換して

$$\frac{\partial^2}{\partial \xi^2}\Psi + \xi\Psi = 0 \tag{A3.21}$$

となる．この方程式の解は，ベッセル関数を使って

$$\Phi(\xi) = \begin{cases} \sqrt{\dfrac{\xi}{3\pi}}K_{1/3}\left(\dfrac{2}{3}|\xi|^{3/2}\right), & \xi < 0 \\ \dfrac{1}{3}\sqrt{\pi|\xi|}\left\{J_{-1/3}\left(\dfrac{2}{3}|\xi|^{3/2}\right) + J_{1/3}\left(\dfrac{2}{3}|\xi|^{3/2}\right)\right\}, & \xi > 0 \end{cases} \tag{A3.22}$$

と表せ，シュレディンガー方程式の定常解は

$$\Psi(x) = B\Phi(\xi), \quad \Psi'(x) = rB\Phi'(\xi) \tag{A3.23}$$

である．

未定の係数 C と B は，$\Psi(x=0)$ と $\Psi'(x=0)$ が連続であることより決定される．変数の関係式より，$x = 0$ で $\xi = \xi_0$

$$\xi_0 = r\frac{E-V_0}{c} \tag{A3.24}$$

であり，関数とその微分は

$$\begin{cases} \Psi(0)=1+C, \quad \Psi'(0)=ip(1-C), \quad x\le 0 \\ \Psi(0)=B\Phi(\xi_0), \quad \Psi'(0)=Br\Phi'(\xi_0), \quad 0\le x \end{cases} \tag{A3.25}$$

である．よって，係数 B と C は，等式

$$\begin{cases} 1+C=B\Phi(\xi_0) \\ ip(1-C)=B\Phi'(\xi_0) \end{cases} \tag{A3.26}$$

を満たす．2 つの式より C を消去して，B が

$$\begin{cases} ip\left\{2-B\Phi(\xi_0)\right\}=B\Phi'(\xi_0) \\ i2p=B\left\{\Phi'(\xi_0)+ip\Phi(\xi_0)\right\} \\ B=\dfrac{2pi}{\Phi'(\xi_0)+ip\Phi(\xi_0)} \end{cases} \tag{A3.27}$$

となる．これより，C が

$$C=\frac{2pi\Phi(\xi_0)}{\Phi'(\xi_0)+ip\Phi(\xi_0)}-1=\frac{pi\Phi(\xi_0)-\Phi'(\xi_0)}{\Phi'(\xi_0)+ip\Phi(\xi_0)}$$

となる．

特別な場合として，

$$\begin{cases} \Phi(\xi_0)=0, \quad C=-1 \\ \Phi'(\xi_0)=0, \quad C=1 \end{cases} \tag{A3.28}$$

では完全反射であり，

$$\Phi'(\xi_0)=ip\Phi(\xi_0), \quad C=0 \tag{A3.29}$$

では完全透過である．

また，ξ_0 の符号で異なる振る舞いを示す．

解答 3.4　フーリエ変換を計算する．

$$f(x)=\exp\left(-\frac{|x|}{a}\right) \tag{A3.30}$$

$$\begin{aligned} \int_{-\infty}^{\infty} dx\, e^{ipx-\frac{|x|}{a}} &= \int_{-\infty}^{0} dx\, e^{\left(ip+\frac{1}{a}\right)x} + \int_{0}^{\infty} dx\, e^{\left(ip-\frac{1}{a}\right)x} \\ &= \frac{1}{ip+\frac{1}{a}}-\frac{1}{ip-\frac{1}{a}} \\ &= \frac{2}{a}\left(\frac{1}{p^2+\frac{1}{a^2}}\right) \end{aligned} \tag{A3.31}$$

解答 3.5　(I) $v = 0.5c$

$$\lambda = \frac{2\pi \times 200\,\mathrm{MeV\,fm}}{m_\mathrm{e} \times 0.5 \times c^2} = \frac{2\pi \times 200\,\mathrm{MeV\,fm}}{0.5 \times 0.5\,\mathrm{MeV}} = \frac{6 \times 200}{0.25}\,\mathrm{fm}$$
$$= 4.8 \times 10^3 \times 10^{-15}\,\mathrm{m} = 4.8 \times 10^{-12}\,\mathrm{m} \tag{A3.32}$$

(II) $v = 10^{-5}c = 3 \times 10^3\,\mathrm{m/s}$

$$\lambda = \frac{2\pi \times 200\,\mathrm{MeV\,fm}}{m_e \times 10^{-5} \times c^2} = \frac{2\pi \times 200\,\mathrm{MeV\,fm}}{10^{-5} \times 0.5\,\mathrm{MeV}} = \frac{6 \times 200}{0.5 \times 10^{-5}}\,\mathrm{fm}$$
$$= 2.4 \times 10^8 10^{-15}\,\mathrm{m} = 2.4 \times 10^{-7}\,\mathrm{m} \tag{A3.33}$$

解答 3.6　本文参照のこと．

解答 3.7　(1) 2 つの波動関数 ϕ_1 と ϕ_2 が，同じエネルギーをもつ解で

$$-\frac{\hbar^2}{2m}\frac{d^2}{dx^2}\phi_1 + V(x)\phi_1 = E_1\phi_1 \tag{A3.34}$$
$$-\frac{\hbar^2}{2m}\frac{d^2}{dx^2}\phi_2 + V(x)\phi_2 = E_1\phi_2 \tag{A3.35}$$

を満たすとする．式 (A3.34) に ϕ_2 と式 (A3.35) に ϕ_1 をかけることにより，

$$-\phi_2\frac{\hbar^2}{2m}\frac{d^2}{dx^2}\phi_1 + V(x)\phi_2\phi_1 = E_1\phi_2\phi_1 \tag{A3.36}$$
$$-\phi_1\frac{\hbar^2}{2m}\frac{d^2}{dx^2}\phi_2 + V(x)\phi_1\phi_2 = E_1\phi_1\phi_2 \tag{A3.37}$$

が得られる。次に辺々を引くと，

$$\phi_2\frac{d^2}{dx^2}\phi_1 - \phi_1\frac{d^2}{dx^2}\phi_2 = 0 \tag{A3.38}$$

となる．さらに，両辺を積分すると，

$$\phi_2\frac{d}{dx}\phi_1 - \phi_1\frac{d}{dx}\phi_2 = C \tag{A3.39}$$

となる．ここで，C は x に依存しない定数である．

$x \to \infty$ では $\phi_1, \phi_2 = 0$ であるので，$C = 0$ である．そのため，

$$\phi_2\frac{d}{dx}\phi_1 - \phi_1\frac{d}{dx}\phi_2 = 0 \tag{A3.40}$$

となり，両辺を $\phi_1\phi_2$ で割ると

$$\frac{1}{\phi_1}\frac{d}{dx}\phi_1 - \frac{1}{\phi_2}\frac{d}{dx}\phi_2 = 0 \tag{A3.41}$$
$$\log\frac{\phi_1}{\phi_2} = D, \quad \phi_1 = e^D\phi_2 \tag{A3.42}$$

となり，ϕ_1 と ϕ_2 は独立ではないことがわかる．

(2) e^{ipx} と e^{-ipx} は，同じエネルギーである．また，$C \neq 0$ である．

第 4 章

解答 4.1　関数の積の微分は

$$\begin{cases} \dfrac{\partial}{\partial x}H(x)e^{-\frac{x^2}{2R_0^2}} = H'(x)e^{-\frac{x^2}{2R_0^2}} - \dfrac{x}{R_0^2}H(x)e^{-\frac{x^2}{2R_0^2}} \\ \left(\dfrac{\partial}{\partial x}\right)^2 H(x)e^{-\frac{x^2}{2R_0^2}} = \dfrac{\partial}{\partial x}\left(H'(x)e^{-\frac{x^2}{2R_0^2}} - \dfrac{x}{R_0^2}H(x)e^{-\frac{x^2}{2R_0^2}}\right) \\ \qquad = \left(H''(x) - \dfrac{x}{R_0^2}H'(x) - \dfrac{1}{R_0^2}H(x) + \left(\dfrac{x}{R_0^2}\right)^2 H(x)\right)e^{-\frac{x^2}{2R_0^2}} \end{cases} \tag{A4.1}$$

である．よって，$H(x) = 1$

$$-\frac{\hbar^2}{2M}\left\{-\frac{1}{R_0^2} + \left(\frac{x}{R_0^2}\right)^2\right\}e^{-\frac{x^2}{R_0^2}} = \left(E - \frac{k}{2}x^2\right)e^{-\frac{x^2}{R_0^2}} \tag{A4.2}$$

から，

$$\frac{\hbar^2}{2M}\left(\frac{1}{R_0^2}\right)^2 = \frac{k}{2}, \quad \frac{\hbar^2}{2M}\frac{1}{R_0^2} = E \tag{A4.3}$$

となる．

解答 4.2　(1) $g(t,\xi)$ の両辺を t で微分して，恒等式を得る．

$$(-2t + 2\xi)e^{-t^2+2t\xi} = \sum_{n=0}^{\infty}\frac{H_n(\xi)}{n!}nt^{n-1} \tag{A4.4}$$

$$2(-t+\xi)\sum_{n=0}^{\infty}\frac{H_n(\xi)}{n!}t^n = \sum_{n=0}^{\infty}\frac{H_n(\xi)}{n!}nt^{n-1} \tag{A4.5}$$

(2) $g(t,\xi)$ の両辺を t でテイラー展開し，$t = 0$ を代入する．

(3) $g(t,\xi)$ の両辺に $e^{-\xi^2}$ をかけて，整理する．

(4) $g(t,\xi)$ を 2 乗して，積分する．

(5) (1) の関係をくり返し用い，エルミート方程式（II 巻の**付録 D** の D.16 節を参照）が得られる．

解答 4.3　励起状態のエネルギーは，等間隔に無限大まで並んでいる．

解答 4.4　式 (4.36) より

$$y = \frac{a + a^\dagger}{\sqrt{2}}, \quad \frac{\partial}{\partial y} = \frac{a - a^\dagger}{2i} \tag{A4.6}$$

を代入すると，下記のように

$$\langle m|y|n\rangle = \frac{1}{\sqrt{2}}\langle m|(a + a^\dagger)|n\rangle \tag{A4.7}$$

$$\left\langle m\left|\frac{\partial}{\partial y}\right|n\right\rangle = \frac{1}{\sqrt{2}i}\langle m|(a - a^\dagger)|n\rangle \tag{A4.8}$$

となる．さらに，生成・消滅演算子の行列要素

$$\langle m|a|n\rangle = \sqrt{n}\delta_{n\,m-1}, \quad \langle m|a^\dagger|n\rangle = \sqrt{n+1}\delta_{n\,m+1}$$

を代入して,

$$\langle m|y|n\rangle = \frac{1}{\sqrt{2}}\left(\sqrt{n}\delta_{n\,m-1} + \sqrt{n+1}\delta_{n\,m+1}\right) \tag{A4.9}$$

$$\left\langle m\left|\frac{\partial}{\partial y}\right|n\right\rangle = \frac{1}{\sqrt{2}i}\left(\sqrt{n}\delta_{n\,m-1} - \sqrt{n+1}\delta_{n\,m+1}\right) \tag{A4.10}$$

となる.

解答 4.5　ユニタリー演算子 $U(a) = e^{ipa/\hbar}$ は,

$$\begin{cases} U(a)xU(a)^\dagger = x - a \\ \dfrac{\partial}{\partial a}U(a)xU(a)^\dagger = U(a)\dfrac{i}{\hbar}[p,x]U(a)^\dagger = -1 \end{cases} \tag{A4.11}$$

を満たす演算子である. $\tilde{x}$ を演算子として, $\tilde{x}|x\rangle = x|x\rangle$ であるとき,

$$U(a)\tilde{x}U(a)^{-1}U(a)|x\rangle = (x-a)U(a)|x\rangle \tag{A4.12}$$

である.

解答 4.6　x 方向と y 方向のハミルトニアン

$$H_1 = \frac{p_x^2}{2m} + \frac{k}{2}x^2, \quad H_2 = \frac{p_y^2}{2m} + \frac{k}{2}y^2 \tag{A4.13}$$

の固有状態

$$H_1X(x) = E_1X(x), \quad H_2Y(y) = E_2Y(y) \tag{A4.14}$$

の積に, 両ハミルトニアンの和をかけると,

$$(H_1 + H_2)X(x)Y(y) = H_1X(x)Y(y) + X(x)H_2Y(y) = (E_1 + E_2)X(x)Y(y) \tag{A4.15}$$

となる. よって, 2 つの積は全ハミルトニアンの固有状態であり, 固有値はそれぞれの固有値の和である.

解答 4.7　2 変数が分離した波動関数

$$\Psi = R_m(r)e^{im\phi} \tag{A4.16}$$

にハミルトニアンを作用させると,

$$\begin{cases} HR_m(r)e^{im\phi} = e^{im\phi}\left\{\dfrac{(-i\hbar)^2}{2M}\left(\dfrac{\partial^2}{\partial r^2} + \dfrac{1}{r}\dfrac{\partial}{\partial r} - \dfrac{m^2}{r^2}\right) + \dfrac{k}{2}r^2\right\}R_m(r) \\ \qquad = e^{im\phi}(-E_0)\left(\dfrac{\partial^2}{\partial \xi^2} + \dfrac{1}{\xi}\dfrac{\partial}{\partial \xi} - \dfrac{m^2}{\xi^2} - \xi^2\right)R_m(r) \\ r = R_0\xi, \quad \dfrac{MkR_0^4}{\hbar^2} = 1, \quad E_0 = \dfrac{\hbar^2}{2MR_0^2} \end{cases} \tag{A4.17}$$

と表される.

さらに，$\xi = 0$ の近傍の振る舞いから，$R_m(r) = \xi^{|m|} v_m(\xi)$ とおいて，

$$\begin{aligned}
&\left(\frac{\partial^2}{\partial \xi^2} + \frac{1}{\xi}\frac{\partial}{\partial \xi} - \frac{m^2}{\xi^2} - \xi^2\right)\xi^{|m|} v_m(\xi) \\
&= \xi^{|m|}\left\{v_m''(\xi) + (2|m|+1)\frac{1}{\xi}v_m'(\xi) - \xi^2 v_m(\xi)\right\} \qquad \text{(A4.18)} \\
&= \xi^{|m|}\left\{4tf''(t) + 4(|m|+1)f'(t) - tf(t)\right\}
\end{aligned}$$

となる．ここで，変数を $t = \xi^2$ に変換して得られる

$$\frac{\partial}{\partial \xi} = 2\xi\frac{\partial}{\partial t}, \quad \frac{\partial^2}{\partial \xi^2} = 4t\frac{\partial^2}{\partial t^2} + 2\frac{\partial}{\partial t} \qquad \text{(A4.19)}$$

と，$v_m(\xi) = f(t)$ を使った．

次に，$f(t)$ の $t \to \infty$ での漸近形を使って，$f(t) = e^{-t/2}g(t)$ とおいた式

$$\begin{aligned}
&\left\{4t\frac{\partial^2}{\partial t^2} + 4(|m|+1)\frac{\partial}{\partial t} - t\right\}e^{-t/2}g(t) \\
&= e^{-t/2}\left\{4t\frac{\partial^2}{\partial t^2} + 4(|m|+1-t)\frac{\partial}{\partial t} - 2|m| - 2)\right\}g(t) \qquad \text{(A4.20)}
\end{aligned}$$

より，

$$\begin{aligned}
&He^{im\phi}\xi^{|m|}e^{-t/2}g(t) \\
&= e^{im\phi}\xi^{|m|}e^{-t/2}(-E_0)\left\{4t\frac{\partial^2}{\partial t^2} + 4(|m|+1-t)\frac{\partial}{\partial t} - 2(|m|+1)\right\}g(t)
\end{aligned} \qquad \text{(A4.21)}$$

が得られる．そのため，エネルギーは，方程式

$$\left\{4t\frac{\partial^2}{\partial t^2} + 4(|m|+1-t)\frac{\partial}{\partial t} - 2(|m|+1)\right\}g(t) = -eg(t) \qquad \text{(A4.22)}$$

の固有値 e より，

$$E = E_0 e \qquad \text{(A4.23)}$$

である．

式 (A4.22) はラゲール方程式であり，基底状態，第 1 励起状態では

$$\begin{cases} g_0(t) = 1, \quad e_{m,0} = 2(|m|+1) \\ g_1(t) = t + c_0, \quad e_{m,1} = 2(|m|+1) + 4 \end{cases} \qquad \text{(A4.24)}$$

である．$m \neq 0$ では，角運動量による斥力のために，励起状態になっている．

解答 4.8　パラメーター t の関数 $f(t)$ が簡単な微分方程式を満たすことを利用する．

$$\begin{cases} f(t) = e^{tA}e^{tB} \\ \dot{f}(t) = Ae^{tA}e^{tB} + e^{tA}Be^{tB} \\ \qquad = Ae^{tA}e^{tB} + e^{tA}Be^{-tA}e^{tA}e^{tB} \\ \qquad = (A + B(t))\,f(t), \ B(t) = e^{tA}Be^{-tA} \end{cases} \qquad \text{(A4.25)}$$

今の問題では，$[A,[A,B]]=[B,[A,B]]=0$ である．この場合

$$B(t)=B+t[A,B]+\frac{t^2}{2!}[A,[A,B]]+\cdots=B+t[A,B] \tag{A4.26}$$

となり，よって

$$\begin{cases} \dot{f}(t)=(A+B+t[A,B])\,f(t) \\ \dot{f}(t)(f(t))^{-1}=(A+B+t[A,B]) \\ \dfrac{\log f(t)}{f(0)}=t\,(A+B)+\dfrac{t^2}{2[A,B]} \end{cases} \tag{A4.27}$$

$$f(t)=\exp\left\{t\,(A+B)+\frac{t^2}{2[A,B]}\right\}f(0) \tag{A4.28}$$

式 (A4.25) より

$$f(0)=1 \tag{A4.29}$$

である．

よって，

$$f(1)=e^Ae^B=\exp\left\{(A+B)+\frac{1}{2[A,B]}\right\} \tag{A4.30}$$

A と B を入れて同様な関係式が得られ，

$$\begin{aligned} e^Ae^B &= e^{A+B+\frac{1}{2}[A,B]} \\ &= e^Be^Ae^{[A,B]} \end{aligned} \tag{A4.31}$$

$A=\boldsymbol{ca}$, $B=\boldsymbol{da}^\dagger$ では，$a_i|0\rangle=0$ より

$$\left\langle 0\middle|e^{\boldsymbol{ca}}e^{\boldsymbol{da}^\dagger}\middle|0\right\rangle=e^{\boldsymbol{cd}} \tag{A4.32}$$

となる．

解答 4.9　位置が原点 $x=0$ で，運動量が $p=0$ であるときにだけ，エネルギーはゼロである．量子力学では交換関係 $[x,p]=i\hbar$ が成り立つので，この条件が満たされることはない．

第 5 章

解答 5.1　式に代入して，

$$G(\boldsymbol{x},0)=\langle\boldsymbol{x}|0\rangle=\delta(\boldsymbol{x}) \tag{A5.1}$$

$$\begin{aligned} i\hbar\frac{\partial}{\partial t}G(\boldsymbol{x},t) &= \int d\boldsymbol{y}\left\langle\boldsymbol{x}\middle|e^{-i\frac{H_0}{\hbar}t}\middle|\boldsymbol{y}\right\rangle\langle\boldsymbol{y}|H_0|0\rangle \\ &= \int d\boldsymbol{y}\frac{(-i\hbar)^2}{2m}{\nabla_y}^2\delta(\boldsymbol{y})G(\boldsymbol{x}-\boldsymbol{y},t) \\ &= H_0G(\boldsymbol{x},t) \end{aligned} \tag{A5.2}$$

となる．

解答 5.2　(1) 波の $(\boldsymbol{x}, t)$ における波束の中心における位相は，群速度

$$\boldsymbol{v} = \frac{\boldsymbol{p}}{E(\boldsymbol{p})} \tag{A5.3}$$

を代入して，

$$E(p)t - \boldsymbol{p}\boldsymbol{x} = E(p)t - \boldsymbol{p}\boldsymbol{v}t \tag{A5.4}$$

$$= \left\{E(p) - \boldsymbol{p}\frac{\boldsymbol{p}}{E(p)}\right\}t = \frac{E(p)^2 - \boldsymbol{p}^2}{E(p)}t \tag{A5.5}$$

$$= \frac{m^2}{E(p)}t \tag{A5.6}$$

と，角速度 $\frac{m^2}{E(p)}$ である．

(2) ゼロ質量 $m = 0$ の場合は，角速度がゼロである．

解答 5.3　掛け算

$$\begin{pmatrix} 1 & 0 \\ 0 & -1 \end{pmatrix}\begin{pmatrix} 1 & 0 \\ 0 & -1 \end{pmatrix} = \begin{pmatrix} 1 & 0 \\ 0 & 1 \end{pmatrix}$$

$$\begin{pmatrix} 1 & 0 \\ 0 & -1 \end{pmatrix}\begin{pmatrix} 0 & 1 \\ 1 & 0 \end{pmatrix} = \begin{pmatrix} 0 & 1 \\ -1 & 0 \end{pmatrix}$$

$$\begin{pmatrix} 0 & 1 \\ 1 & -0 \end{pmatrix}\begin{pmatrix} 1 & 0 \\ 0 & -1 \end{pmatrix} = \begin{pmatrix} 0 & -1 \\ 1 & 0 \end{pmatrix}$$

他のものについても同様である．

解答 5.4　古典力学では，角運動量の 3 成分は交換する実数であり，任意の値をとることができる．しかし，量子力学では交換しない演算子であり，任意の値をとることはできない．また，交換関係から，大きさは $\hbar$ の整数倍か，半整数倍の大きさの飛びとびの値に変化する．$\frac{\delta L}{L}$ の大きさは，原子等のミクロな状態ではおおよそ 1 である．マクロな物体では 10^{-27} くらいである．

密度が $10\,\mathrm{g/cm^3}$ である固体の半径 $1\,\mathrm{cm}$ の球が，毎秒 10 回回転しているときの角運動量の大きさを計算すればよい．

$$L = r \times mv = 100 \times \pi\,\mathrm{cm^2/s} \tag{A5.7}$$

解答 5.5　(1) $\frac{dg(x,t)}{dt}$ や $\frac{dg(x,t)}{dx}$ を計算して，両辺を比較する．

(2) $t = 0$ の近傍でテイラー展開する．

(3) 略

(4) $\int dz\, g(z,t)^2$ を計算して，比較する．

解答 5.6　5.8.5 項で $l = 1$ を代入する．

解答 5.7　5.4 節で，任意の l について調べる．

解答 5.8　式 (3.32) の結果を，x, y, z 座標について適用する．エネルギーは，$E = E_x + E_y + E_z$ となる．

解答 5.9　有限のエネルギーをもち，節をもたない球対称な基底状態を仮定する．

(1) まず，クーロンポテンシャルを考察する．

$$V_1(r) = -V_0 r^{-1} \tag{A5.8}$$

球対称のシュレディンガー方程式

$$\left\{ \frac{(-i\hbar)^2}{2m} \left(\frac{\partial^2}{\partial r^2} + \frac{2}{r}\frac{\partial}{\partial r} \right) + V_1(r) \right\} R(r) = ER(r) \tag{A5.9}$$

が，原点近傍で

$$R(r) = r^\beta + c_1 r^{\beta+1} + \cdots \tag{A5.10}$$

となるベキ関数であるとしよう．仮定より，β は正ではない．これを方程式に代入して，

$$\begin{aligned} &\frac{(-i\hbar)^2}{2m} \left\{ \beta(\beta+1) r^{\beta-2} + (\beta+1)(\beta+2) c_1 r^{\beta-1} \right\} - V_0 \left(r^{\beta-1} + c_1 r^\beta \right) \\ &\quad = E(r^\beta + c_1 r^{\beta+1}) \end{aligned} \tag{A5.11}$$

が得られる．$r^{\beta-2}$ と $r^{\beta-1}$ の係数を比較して，

$$\begin{cases} \dfrac{(-i\hbar)^2}{2m} \beta(\beta+1) = 0 \\ \dfrac{(-i\hbar)^2}{2m} (\beta+1)(\beta+2) c_1 - V_0 = 0 \end{cases} \tag{A5.12}$$

よって，$\beta = 0$ であり，c_1 は

$$\frac{(-i\hbar)^2}{2m} 2c_1 - V_0 = 0 \tag{A5.13}$$

である．これより $c_1 = -\frac{mV_0}{\hbar^2}$ であり，解が存在することがわかる．

(2) 次に，

$$V(r) = -V_0 r^{-2} \tag{A5.14}$$

とする．これを方程式に代入して，

$$\begin{aligned} &\frac{(-i\hbar)^2}{2m} \left\{ \beta(\beta+1) r^{\beta-2} + (\beta+1)(\beta+2) c_1 r^{\beta-1} \right\} - V_0 \left(r^{\beta-2} + c_1 r^{\beta-1} \right) \\ &\quad = E(r^\beta + c_1 r^{\beta+1}) \end{aligned} \tag{A5.15}$$

が得られる．$r^{\beta-2}$ と $r^{\beta-1}$ の係数を比較して，

$$\begin{cases} \dfrac{(-i\hbar)^2}{2m} \beta(\beta+1) - V_0 = 0 \\ \dfrac{(-i\hbar)^2}{2m} (\beta+1)(\beta+2) c_1 - V_0 c_1 = 0 \end{cases} \tag{A5.16}$$

よって，

$$\begin{cases} \beta(\beta+1) + \dfrac{2mV_0}{\hbar^2} = 0, \quad c_1 = 0 \\ \beta = \dfrac{-1 \pm \sqrt{1 - \frac{8mV_0}{\hbar^2}}}{2} \end{cases} \tag{A5.17}$$

である．V_0 が

$$1-\frac{8mV_0}{\hbar^2}>0 \tag{A5.18}$$

を満たすとき，β は実数である．

(3) 次に，

$$V(r)=-V_0r^{-p}, \quad p>2 \tag{A5.19}$$

とする．これを，方程式に代入して，

$$\frac{(-i\hbar)^2}{2m}\left\{\beta(\beta+1)r^{\beta-2}+(\beta+1)(\beta+2)c_1r^{\beta-1}\right\}-V_0\left(r^{\beta-p}+c_1r^{\beta-p+1}\right)$$
$$=E(r^{\beta}+c_1r^{\beta+1}) \tag{A5.20}$$

が得られる．$r^{\beta-p}$ の係数から

$$V_0=0 \tag{A5.21}$$

が得られる．これは問題の条件を満たさないので，ここで仮定した解は存在しない．

第 6 章

解答 6.1　ポテンシャル $U(r)=-B\frac{1}{r}+A\frac{1}{r^2}$ の場合の動径座標 r の波動関数 R の満たす方程式は，

$$\frac{d^2R}{dr^2}+\frac{2}{r}\frac{dR}{dr}+\frac{2m}{\hbar^2}\left\{E-\frac{\hbar^2}{2m}l(l+1)\frac{1}{r^2}-\frac{A}{r^2}+\frac{B}{r}\right\}R=0 \tag{A6.1}$$

である．新たなパラメーター

$$\rho=\frac{2\sqrt{-2mE}r}{\hbar} \tag{A6.2}$$

$$s(s+1)=\frac{2mA}{\hbar^2}+l(l+1) \tag{A6.3}$$

$$n=\frac{B\sqrt{m/-2E}}{\hbar} \tag{A6.4}$$

を使うと，上の波動方程式は

$$\frac{d^2R}{dr^2}+\frac{2}{r}\frac{dR}{dr}+\left\{-\frac{1}{4}+\frac{n}{\rho}-\frac{s(s+1)}{\rho^2}\right\}R=0 \tag{A6.5}$$

となる．

原点近傍の振る舞い ρ^s と無限遠点での振る舞い $e^{-\rho/2}$ を取り出すと，関数 R は合流型超幾何級数で

$$R=\rho^s e^{-\rho/2}F(-n+2+1,2s+2,\rho) \tag{A6.6}$$

と表せる．ただし，関数 R が $\rho\to\infty$ で収束するためには，

$$p=n-s-1 \tag{A6.7}$$

となる p はゼロか正の整数でなければならない．よって，エネルギー固有値が

$$E_p = -\frac{2B^2m}{\hbar^2}\left(2p+1+\sqrt{(2l+1)^2+\frac{8mA}{\hbar^2}}\right)^{-2} \tag{A6.8}$$

となる．

エネルギー固有値は，純粋なクーロンポテンシャルの場合とは異なり，角運動量 l に依存する．クーロンポテンシャルの場合 $(A=0)$ に特徴的であった，エネルギー固有値が主量子数だけで表される縮退は，今のポテンシャルではない．基底状態のエネルギーは

$$E_0 = -\frac{2B^2m}{\hbar^2}\left(1+\sqrt{1+\frac{8mA}{\hbar^2}}\right)^{-2} \tag{A6.9}$$

第 1 励起状態のエネルギーは

$$E_1 = -\frac{2B^2m}{\hbar^2}\left(3+\sqrt{1+\frac{8mA}{\hbar^2}}\right)^{-2} \tag{A6.10}$$

となる．2 つのエネルギーの間隔は

$$\delta E = E_1 - E_0 \tag{A6.11}$$

$$= -\frac{2B^2m}{\hbar^2}\left\{\left(1+\sqrt{1+\frac{8mA}{\hbar^2}}\right)^{-2} - \left(3+\sqrt{1+\frac{8mA}{\hbar^2}}\right)^{-2}\right\} \tag{A6.12}$$

となる．特に質量 m が大きいとき，基底状態のエネルギーは

$$E_0 = -\frac{B^2}{4A} \tag{A6.13}$$

のように質量 m によらない値となり，またエネルギー間隔は

$$\Delta E = \frac{B^2}{2A}\frac{\hbar}{\sqrt{2mA}} \tag{A6.14}$$

となり，質量の平方根に逆比例する小さな値となる．波動関数の空間的な拡がりも，式 (A6.3) より，質量の平方根に逆比例する小さな値となる．

質量が大きい極限の振る舞いを，古典力学と比較しよう．古典力学では，質点の静止した運動は，ポテンシャルの最小値で実現する．ポテンシャル $U(r)$ の微分は，

$$U'(r) = -\frac{2A}{r^3} + \frac{B}{r^2} = \left(\frac{B}{r^3}\right)\left(r - \frac{2A}{B}\right) \tag{A6.15}$$

となるので，ポテンシャルは

$$r = \frac{2A}{B} \tag{A6.16}$$

で最小となる．ポテンシャルの最小値は

$$U_{\text{最小}} = -\frac{B^2}{4A} \tag{A6.17}$$

となり，静止しているので，運動エネルギーはゼロである．よって，これが全エネルギーであり，実際，量子論の結果 (A6.13) と一致する．

解答 6.2　略

解答 6.3　水素原子の基底状態のエネルギーで，

$$2\langle H_0\rangle = n\langle|V|\rangle \tag{A6.18}$$

を確認する．

無次元変数 $\rho = 2\frac{r}{a_0}$，$a_0 = \frac{\hbar^2}{m\alpha_{\mathrm{c}}}$ を使い，運動エネルギーとポテンシャルエネルギーの期待値を分けて計算する．運動エネルギーの期待値は，

$$\begin{aligned}
\langle H_0\rangle &= -\frac{4\pi}{2m}\int r^2 dr\, e^{-\frac{\rho}{2}}\left(\frac{d^2}{dr^2}+\frac{2}{r}\frac{d}{dr}\right)e^{-\frac{\rho}{2}} \\
&= -\frac{4\pi}{2m}\int r^2 dr\, e^{-\frac{r}{a_0}}\left(\frac{d^2}{dr^2}+\frac{2}{r}\frac{d}{dr}\right)e^{-\frac{r}{a_0}} \\
&= -\frac{4\pi}{2m}\int r^2 dr\, e^{-\frac{r}{a_0}}\left(\frac{1}{{a_0}^2}-\frac{2}{r}\frac{1}{a_0}\right)e^{-\frac{r}{a_0}} \\
&= -\frac{4\pi}{2m}\int dr\left(\frac{r^2}{{a_0}^2}-2\frac{r}{a_0}\right)e^{-2\frac{r}{a_0}} = -\frac{4\pi}{2m}a_0\left(\frac{1}{2}-1\right)
\end{aligned} \tag{A6.19}$$

である．同様に，ポテンシャルエネルギーの期待値は

$$\begin{aligned}
\langle|V|\rangle &= -4\pi\alpha_{\mathrm{c}}\int dr\, r e^{-2\frac{r}{a_0}} \\
&= -4\pi\alpha_{\mathrm{c}}a_0\int dr\frac{r}{a_0}e^{-2\frac{r}{a_0}} = -4\pi\alpha_{\mathrm{c}}a_0^2\times\frac{1}{2}
\end{aligned} \tag{A6.20}$$

である．ここで，積分公式

$$\int d\rho e^{-\rho} = 1, \quad \int d\rho\,\rho e^{-\rho} = 1, \quad \int d\rho\,\rho^2 e^{-\rho} = 2 \tag{A6.21}$$

を使った．

2 式 (A6.20) と (A6.19) を比較して，$n = -1$ がわかる．

解答 6.4　ミューオン原子のエネルギー準位，ミューオンの質量を $m_\mu c^2 = 100\,\mathrm{MeV}$ とする．陽子とミューオンの束縛状態は，換算質量

$$m_{\mathrm{r}} = \frac{m_{\mathrm{p}}m_\mu}{m_\mu + m_{\mathrm{p}}} = \frac{940\times 100}{1040} = 90.4\,\mathrm{MeV} = 180m_{\mathrm{e}} \tag{A6.22}$$

とクーロン波動関数で表される．水素原子の公式で，電子質量を換算質量で置き換え，エネルギー固有値は，

$$E = -\frac{m_{\mathrm{r}}\alpha_{\mathrm{c}}^2}{2\hbar^2}\frac{1}{n^2} = -180\times E_{\text{水素原子}} \tag{A6.23}$$

である．通常の水素原子のエネルギーの 180 倍になり，基底状態では，$13\times 180 = 2.35\,\mathrm{keV}$.

解答 6.5　リュードベリ原子とは，1 つの電子が極めて高い励起状態にある原子である．この電子を除いた原子は，有効電荷 $+e$，電荷分布 $\rho_{\mathrm{e}}(r)$，質量 M_{r} の原子のコアをなすと近似できる．また，$\rho_{\mathrm{e}}(r)$ の拡がりは，原子の大きさ程度である．

ポテンシャル

$$V(r) = e\rho_{\mathrm{e}}(r) \to \alpha_{\mathrm{c}}\frac{1}{r}, \quad r\to\infty \tag{A6.24}$$

中での電子の固有値方程式は,

$$\left\{\frac{\boldsymbol{p}^2}{2m}+V(r)\right\}\Psi(\boldsymbol{x})=E\Psi(\boldsymbol{x}) \tag{A6.25}$$

$n\to\infty$ では

$$E=-\frac{m\alpha_{\mathrm{c}}^2}{2\hbar^2}\frac{1}{n^2} \tag{A6.26}$$

$n=10^4$ では

$$E=-\frac{m\alpha_{\mathrm{c}}^2}{2\hbar^2}10^{-8}=1.3\times10^{-7}\,\mathrm{eV} \tag{A6.27}$$

となる.

解答 6.6　アルカリ金属の原子は，多電子の閉殻に 1 つの電子が加わった構造である．簡単なモデルで，電子状態を計算してみよう．(1) では，電子間相互作用を無視して電子状態を求める．(2) では，外殻電子を除いた原子が，有効電荷 $+e$，電荷分布 $\rho_{\mathrm{e}}(r)$，質量 M_{r} の原子のコアをなすと仮定して計算する．この際，$\rho_{\mathrm{e}}(r)$ の拡がりは，原子の大きさ程度であるとする．ナトリウム（$A=11$）を例にとってみる．

(1) $A=11$ 原子の主量子数 $n=3$ 状態のエネルギーは,

$$E=-(11)^2\frac{m\alpha_{\mathrm{c}}^2}{2\hbar^2}\frac{1}{3^2}=-13.4\frac{m\alpha_{\mathrm{c}}^2}{2\hbar^2} \tag{A6.28}$$

$A=11$ 原子の主量子数が $n=4$ のエネルギーは,

$$E=-(11)^2\frac{m\alpha_{\mathrm{c}}^2}{2\hbar^2}\frac{1}{4^2}=-7.56\frac{m\alpha_{\mathrm{c}}^2}{2\hbar^2} \tag{A6.29}$$

となる.

(2) ナトリウムは $n=1$，2 が占められた閉殻に 1 電子が加わった $A=11$ 原子である．閉殻の＋ 1 価イオンを点電荷と近似すると，電子が 1 つ加わった束縛状態の $n=1$ のエネルギーは,

$$E=-\frac{m\alpha_{\mathrm{c}}^2}{2\hbar^2}\frac{1}{1}=-\frac{m\alpha_{\mathrm{c}}^2}{2\hbar^2} \tag{A6.30}$$

である.

(1) と (2) で，10 倍ほど違うことがわかる.

実測されたナトリウムの第 1 イオン化エネルギー (励起エネルギー) は, およそ $E=\frac{1}{2}\frac{m\alpha_{\mathrm{c}}^2}{2\hbar^2}$ であり，他のアルカリ金属，リチウム，カリウム等も，ほぼ同じイオン化エネルギーである．これらの実測値が (2) の結果の約半分であることは，このモデルは何らかの効果を考えていないことを表す.

解答 6.7　陽電子と電子は同じ質量であり，換算質量は $\frac{1}{2}m_{\mathrm{e}}$ である．エネルギーは

$$E=-\frac{m_{\mathrm{r}}\alpha_{\mathrm{c}}^2}{2\hbar^2}\frac{1}{n^2}=-\frac{1}{2}\times E_{\text{水素原子}} \tag{A6.31}$$

である.

解答 6.8　ミューオニウムの換算質量は

$$m_{\mathrm{r}} = \frac{1}{2}m_{\mu} = 50m_{\mathrm{e}} \tag{A6.32}$$

であり，エネルギー準位は

$$E = -\frac{m_{\mathrm{r}}\alpha_{\mathrm{c}}^2}{2\hbar^2}\frac{1}{n^2} = -50 \times E_{\text{水素原子}} \tag{A6.33}$$

である．

解答 6.9　水素原子の高励起状態の波動関数，エネルギー E_n，縮退度 ρ_n を使うと，分配関数は

$$\mathrm{Tr}\, e^{-\beta H} = \sum_n e^{-E_n}\rho_n = \sum_n e^{-R_0\frac{1}{n^2}}n^2 = \infty \tag{A6.34}$$

と表せる．ここで，

$$E_n = -R_0\frac{1}{n^2}, \quad \rho_n = \sum_{l=0}^{n}\sum_{m=-l}^{l} = \sum_{l=0}^{n}(2l+1) = n^2$$

を使った．分配関数は，$n \to \infty$ で $E_n \to 0$ となるため，発散する．発散の起源は，$E = 0$ に集積する無限個の状態にある．では，水素原子の熱学的な物理量は発散するだろうか．

クーロン波動関数は

$$\psi_n = \frac{1}{2\sqrt{2}}\sqrt{\frac{1}{\pi r_n^3}}e^{-\frac{r}{r_n}}, \quad r_n = a_0 n$$

に比例し，拡がり r_n は $n \to \infty$ で発散し，無限に拡がる．有限の領域で起こる物理現象は，有限サイズの波動関数が関与する．そのため，無限に拡がった波動は，この物理現象にそのまま関与するわけではなく，この空間領域における成分が寄与する．有限サイズの空間は，波束で表すことができる．

このように，波束に射影したクーロン固有状態の分配関数

$$\begin{aligned} Z_{\text{波束}} &= \mathrm{Tr}\, P_{\text{波束}}e^{-\beta H}, \quad P_{\text{波束}} = |\psi_{\text{波束}}\rangle\langle\psi_{\text{波束}}| \\ &= \sum_n e^{-\beta E_n}\langle\psi_n|P_{\text{波束}}|\psi_n\rangle = \sum_n e^{-\beta R_0\frac{1}{n^2}}\frac{1}{n^3}\left[1 + \sum_{l=1}^{n}\left\{\frac{1}{n^{2l}}(2l+1)\right\}\right] \end{aligned} \tag{A6.35}$$

で記述される．ここで，拡がり R のガウス波束

$$|\psi_{\text{波束}}\rangle = (\pi)^{-3/4}(R)^{-3/2}\exp\left(-\frac{r^2}{2R^2}\right) \tag{A6.36}$$

を使った．$Z_{\text{波束}}$ は収束し，物理現象を記述する．

第 7 章

解答 7.1　x 方向の電場と，面に垂直方向の磁場があるとき，ベクトルポテンシャルを，

$$A_x = 0, \quad A_y = xB \tag{A7.1}$$

と選ぶと，スカラーポテンシャル

$$A_0 = xE_{\text{電}} \tag{A7.2}$$

と同様に変数 x だけが含まれ，ハミルトニアンは解きやすい形

$$H = \frac{1}{2m}\left\{p_x^2 + (p_y - eBx)^2\right\} + eE_{\text{電}}x \tag{A7.3}$$

となる．そのため，固有関数を変数分離形

$$\psi = e^{ip_y y}u(x) \tag{A7.4}$$

で表せて，固有値方程式

$$\left[\frac{1}{2m}\left\{p_x^2 + (p_y - eBx)^2\right\} + eE_{\text{電}}x\right]u(x) = Eu(x) \tag{A7.5}$$

が得られる．

ここで，座標 x について平方完成して

$$\frac{1}{2m}(p_y - eBx)^2 + eE_{\text{電}}x = \frac{1}{2m}e^2B^2(x - x_0)^2 + E_0 \tag{A7.6}$$

と表しておく．なお，定数 x_0 と E_0 は

$$x_0 = \frac{p_y}{eB} - \frac{e_{\text{電}}}{2eB^2} \tag{A7.7}$$

$$E_0 = \frac{E_{\text{電}}}{B}p_y - \frac{E_{\text{電}}^2}{4B^2} \tag{A7.8}$$

である．E_0 が p_y に依存するので，エネルギー固有値 E は，ランダウ準位のエネルギー E_l と E_0 の和

$$E = E_0(E_{\text{電}}, B) + E_l(B) \tag{A7.9}$$

$$E_l(B) = \hbar\omega\left(l + \frac{1}{2}\right), \quad \omega = \frac{eB}{m} \tag{A7.10}$$

になり，p_y に依存することになる．そのため，異なる p_y の状態は異なるエネルギーをもち，ランダウ準位の縮退が解ける．

また，

$$v_y = \frac{\partial E(p_y)}{\partial p_y} = \frac{E_{\text{電}}}{B} \tag{A7.11}$$

は，x 方向の電場があるときの電子の y 方向の速度を表す．電場と垂直方向の運動の速度なので，外場は仕事をしない．

解答 7.2　2 次元デカルト座標から 2 次元円座標への変数変換より，微分演算子は，

$$\left\{\begin{array}{l} x = r\cos\theta, \quad y = r\sin\theta, \quad r = \sqrt{x^2 + y^2}, \quad \tan\theta = \dfrac{y}{x} \\ \dfrac{\partial}{\partial x} = \cos\theta\dfrac{\partial}{\partial r} - \dfrac{\sin\theta}{r}\dfrac{\partial}{\partial\theta}, \quad \dfrac{\partial}{\partial y} = \sin\theta\dfrac{\partial}{\partial r} + \dfrac{\cos\theta}{r}\dfrac{\partial}{\partial\theta} \\ \dfrac{\partial^2}{\partial x^2} = \left(\cos\theta\dfrac{\partial}{\partial r} - \dfrac{\sin\theta}{r}\dfrac{\partial}{\partial\theta}\right)^2, \quad \dfrac{\partial^2}{\partial y^2} = \left(\sin\theta\dfrac{\partial}{\partial r} + \dfrac{\cos\theta}{r}\dfrac{\partial}{\partial\theta}\right)^2 \end{array}\right. \tag{A7.12}$$

となる．よって，

$$\left\{\begin{array}{l} y\dfrac{\partial}{\partial x}-x\dfrac{\partial}{\partial y}=-\dfrac{\partial}{\partial \theta} \\ \dfrac{\partial^2}{\partial x^2}+\dfrac{\partial^2}{\partial y^2}=\dfrac{\partial^2}{\partial r^2}+\dfrac{1}{r}\dfrac{\partial}{\partial r}+\dfrac{1}{r^2}\dfrac{\partial^2}{\partial \theta^2} \end{array}\right. \tag{A7.13}$$

である．これらを代入すると，ハミルトニアンは

$$H=\frac{1}{2M}\left\{-\hbar^2\left(\frac{\partial^2}{\partial x^2}+\frac{\partial^2}{\partial y^2}\right)+eBi\hbar\left(y\frac{\partial}{\partial x}-x\frac{\partial}{\partial y}\right)+\left(\frac{eB}{2}\right)^2(x^2+y^2)\right\} \tag{A7.14}$$

$$=\frac{1}{2M}\left\{-\hbar^2\left(\frac{\partial^2}{\partial r^2}+\frac{1}{r}\frac{\partial}{\partial r}+\frac{1}{r^2}\frac{\partial^2}{\partial \theta^2}\right)+\left(\frac{eB}{2}\right)^2 r^2-i\hbar eB\frac{\partial}{\partial \theta}\right\}$$

となる．変数分離型の解 $v(r)e^{im\theta/\hbar}$ では，$v(r)$ は

$$\frac{1}{2M}\left[-\hbar^2\left\{\frac{\partial^2}{\partial r^2}+\frac{1}{r}\frac{\partial}{\partial r}-\frac{1}{r^2}\left(\frac{m}{\hbar}\right)^2\right\}+\left(\frac{eB}{2}\right)^2 r^2+eBm\right]v(r)=Ev(r) \tag{A7.15}$$

を満たす．

$r\to\infty$ と $r\to 0$ での振る舞いから，

$$v(r)=N_0 g(r)r^m e^{-r^2/2r_0^2},\quad r_0^2=\left(\sqrt{2M}\frac{eB}{2\hbar}\right)^{-1} \tag{A7.16}$$

とおく．ここでは，$m=0$ の場合の $g(r)$ の満たす方程式を求める．

$$v'(r)=\frac{-r}{r_0^2}e^{-r^2/2r_0^2}g(r)+e^{-r^2/2r_0^2}g'(r) \tag{A7.17}$$

$$v''(r)=\left(\frac{-r}{r_0^2}\right)^2 e^{-r^2/2r_0^2}g(r)+2\frac{-r}{r_0^2}e^{-r^2/2r_0^2}g'(r)+e^{-r^2/2r_0^2}g''(r) \tag{A7.18}$$

を式 (A7.15) に代入すると，

$$-\hbar^2\left\{g''(r)+2g'(r)\left(-\frac{r}{r_0^2}\right)+\frac{1}{r}g'(r)-\frac{1}{r_0^2}g(r)\right\}=2MEg(r) \tag{A7.19}$$

を得る．このとき，定数解は

$$g(r)=g_0,\quad -\hbar^2\left(-\frac{1}{r_0^2}g_0\right)=2MEg_0 \tag{A7.20}$$

である．一般の場合も，同様に求められる．

解答 7.3　$(A_x,A_y,A_z)=e(By,0,0)$ のゲージで，

$$H=\frac{(p_x+eA_x)^2}{2m}+\frac{p_y^2}{2m}+\frac{p_z^2}{2m} \tag{A7.21}$$

の解を求める．

x 方向と z 方向は自由運動であるので，関数は

$$u(x,y,z) = e^{ik_z z} e^{ik_x x} u(y) \tag{A7.22}$$

とおける．ハミルトニアンをかけると

$$\begin{aligned} Hu(x,y,z) &= \left\{ \frac{(p_x + eA_x)^2}{2m} + \frac{p_y^2}{2m} + \frac{p_z^2}{2m} \right\} e^{ik_z z} e^{ik_x x} u(y) \\ &= e^{ik_z z} e^{ik_x x} \left\{ \frac{(k_x + eBy)^2}{2m} + \frac{p_y^2}{2m} + \frac{k_z^2}{2m} \right\} u(y) \end{aligned} \tag{A7.23}$$

となる．よって，固有値方程式は

$$\left\{ \frac{(k_x + eBy)^2}{2m} + \frac{p_y^2}{2m} + \frac{k_z^2}{2m} \right\} u(y) = Eu(y) \tag{A7.24}$$

であり，固有値と固有関数は，調和振動子の固有値 $\hbar\omega(l + 1/2)$ と固有関数 $h_l(y)$ で

$$E = \hbar\omega \left(l + \frac{1}{2} \right) + \frac{k_z^2}{2} \tag{A7.25}$$

$$u_l(y) = h_l \left(y + \frac{k_x}{eB} \right) \tag{A7.26}$$

と表せる．

解答 7.4　無限に細い磁束を表すベクトルポテンシャルは

$$\boldsymbol{A} = B\frac{1}{r}\boldsymbol{e}_\theta, \quad A_x = \frac{y}{x^2 + y^2}, \quad A_y = -\frac{x}{x^2 + y^2} \tag{A7.27}$$

である．これが導く磁場は，z 軸上を除いて

$$\frac{\partial}{\partial y} A_x - \frac{\partial}{\partial x} A_y = B \left(\frac{\partial}{\partial y} \frac{y}{x^2 + y^2} + \frac{\partial}{\partial x} \frac{x}{x^2 + y^2} \right) = 0, \quad x^2 + y^2 \neq 0 \tag{A7.28}$$

とゼロであるが，ストークスの定理で全磁束を計算すると，

$$\oint d\boldsymbol{l}\boldsymbol{A} = B \int d\theta = 2\pi B \tag{A7.29}$$

と有限な値である．これは，無限に細い磁束を表す．ハミルトニアンは，

$$\begin{aligned} H = \frac{(\boldsymbol{p} + e\boldsymbol{A})^2}{2m} &= \frac{1}{2M} \left\{ p_x^2 + p_y^2 + e^2(A_x^2 + A_y^2) + \frac{2e}{r}(yp_x - xp_y) \right\} \\ &= -\hbar^2 \left(\frac{\partial^2}{\partial r^2} + \frac{1}{r}\frac{\partial}{\partial r} \right) + \frac{e^2 B^2}{r^2} - \frac{\hbar^2}{r^2}\frac{\partial^2}{\partial \theta^2} + \frac{i\hbar 2eB}{r}\frac{\partial}{\partial \theta} \end{aligned} \tag{A7.30}$$

である．

解答 7.5　2 変数で対称なベクトルポテンシャル

$$A_x = -eB\frac{y}{2}, \quad A_y = eB\frac{x}{2} \tag{A7.31}$$

を使うと，円座標 (r, θ) で解が求められる．または

$$H_{\xi,\eta} = \frac{\omega^2}{2m}(\xi^2 + \eta^2), \quad [\xi, \eta] = -i\bar{\hbar}, \quad \bar{\hbar} = \frac{\hbar}{eB} \tag{A7.32}$$

のように，調和振動子のハミルトニアンとして表す．固有値と固有状態は

$$E_n = \hbar\omega\left(n + \frac{1}{2}\right), \quad |n\rangle \tag{A7.33}$$

X, Y の空間は非可換座標の空間であり，縮退度を表す．

ゲージ変換

$$\boldsymbol{A}_2 = \boldsymbol{A}_1 + \nabla\lambda, \quad \lambda = -eB\frac{xy}{2} \tag{A7.34}$$

$$\boldsymbol{A}_2 = \frac{B}{2}(-y, x), \quad \boldsymbol{A}_1 = B(0, x) \tag{A7.35}$$

においてベクトルポテンシャルは関係している．

第 8 章

解答 8.1　行列式 $|H - \lambda I| = 0$ から，固有値を求める．

$$(\lambda - E_3)\left\{(\lambda - E_1)(\lambda - E_2) - \epsilon^2\right\} = 0 \tag{A8.1}$$

$$(\lambda - E_3)\left\{\lambda^2 - \lambda(E_1 + E_2) + E_1E_2 - \epsilon^2\right\} = 0 \tag{A8.2}$$

$$\lambda = E_3, \quad \lambda = \frac{1}{2}\left\{E_1 + E_2 \pm \sqrt{(E_1 + E_2)^2 - 4E_1E_2 + 4\epsilon^2}\right\} \tag{A8.3}$$

式 (A8.3) の後者は

$$\lambda = \frac{1}{2}\left\{E_1 + E_2 \pm \sqrt{(E_1 - E_2)^2 + 4\epsilon^2}\right\} \tag{A8.4}$$

である．

$\frac{\epsilon}{E_1 - E_2}$ が小さいとき，テイラー展開すると

$$\lambda = \frac{1}{2}\left\{E_1 + E_2 \pm \sqrt{(E_1 - E_2)^2 + 4\epsilon^2}\right\} \tag{A8.5}$$

$$= \frac{1}{2}\left\{E_1 + E_2 \pm (E_1 - E_2)\sqrt{1 + 4\frac{\epsilon^2}{(E_1 - E_2)^2}}\right\} \tag{A8.6}$$

$$= \frac{1}{2}\left[E_1 + E_2 \pm (E_1 - E_2)\left\{1 + 2\frac{\epsilon^2}{(E_1 - E_2)^2} + O(\epsilon^4)\right\}\right] \tag{A8.7}$$

となる．ここで，$E_1 - E_2 = 0$ のとき

$$\lambda = \frac{1}{2}\left\{E_1 + E_2 \pm \sqrt{(E_1 - E_2)^2 + 4\epsilon^2}\right\} \tag{A8.8}$$

$$= E_1 \pm \epsilon \tag{A8.9}$$

である．

固有ベクトルは，固有値方程式から決定される．

解答 8.2　調和振動子にゆっくり振動する外場がはたらく系のハミルトニアン

$$\begin{cases} H = H_0 + H_{\text{int}} \\ H_0 = \hbar\omega_0\left(a^\dagger a + \dfrac{1}{2}\right), \quad H_{\text{int}} = e^{i\omega t}a + e^{-i\omega t}a^\dagger \end{cases} \tag{A8.10}$$

の固有状態を求める．対角化を行うために，新たな演算子を導入して H を

$$H = \hbar\omega_0\left(A^\dagger A + \frac{1}{2}\right) + C, \quad A = a + e^{-i\omega t}, \quad A^\dagger = a^\dagger + e^{i\omega t}$$

と表す．このハミルトニアンの固有状態は

$$A|\tilde{0}\rangle = 0, \quad |\tilde{n}\rangle = N(A^\dagger)^n|\tilde{0}\rangle \tag{A8.11}$$

であり，

$$\begin{cases} H|\tilde{0}\rangle = E_0|\tilde{0}\rangle, \quad E_0 = \hbar\omega \\ H|\tilde{n}\rangle = E_n|\tilde{n}\rangle, \quad E_n = \hbar\omega\left(n + \dfrac{1}{2}\right) \end{cases} \tag{A8.12}$$

を満たしている．

ユニタリー演算子

$$U(t) = e^{-a^\dagger e^{-i\omega t} + a e^{i\omega t}}, \quad U(t)^\dagger = e^{-a e^{i\omega t} + a^\dagger e^{-i\omega t}} = U(t)^{-1} \tag{A8.13}$$

は，変換

$$\begin{cases} U(t)aU(t)^\dagger = a + e^{-i\omega t}, \quad U(t)a^\dagger U(t)^\dagger = a^\dagger + e^{i\omega t} \\ |\tilde{0}\rangle = U(t)|0\rangle \end{cases} \tag{A8.14}$$

を引き起こす．T では，$\Delta = \omega T$

$$U(T) = e^{-a^\dagger e^{-i\Delta} + a e^{i\Delta}} \tag{A8.15}$$

である．

解答 8.3　電子間の相互作用をゼロとしたハミルトニアン

$$H_0 = \frac{\boldsymbol{p}_1^2 + \boldsymbol{p}_2^2}{2m} - \frac{\alpha_c}{r_1} - \frac{2\alpha_c}{r_1}, \quad \alpha_c = \frac{e^2}{4\pi\epsilon_0} \tag{A8.16}$$

の固有状態は，原子核の電荷を $2|e|$ とした水素原子の波動関数の直積である (II 巻の第 11 章で議論する同種粒子効果は，ここでは考えない)．

$$\Psi_0 = \psi_1(r_1, \theta_1, \phi_1)\psi_2(r_2, \theta_2, \phi_2) \tag{A8.17}$$

これらが，H_0 の基底状態

$$\begin{cases} \psi_{1,0,0}(r_1, \theta_1, \phi_1) = Ne^{-\rho_1/2}, \quad \rho_1 = \dfrac{4}{a_0}r_1 \\ \psi_{1,0,0}(r_2, \theta_2, \phi_2) = Ne^{-\rho_2/2}, \quad \rho_2 = \dfrac{4}{a_0}r_2 \\ a_0 = \dfrac{\hbar^2}{m\alpha_c} \end{cases} \tag{A8.18}$$

であるとき，電子間の相互作用 $\frac{\alpha_c}{r_{12}}$ についての 1 次の摂動エネルギーは

$$\begin{aligned} \Delta E &= \left\langle \Psi_p \middle| \frac{\alpha_c}{r_{12}} \middle| \Psi_0 \right\rangle \\ &= \alpha_c \int dr_1 dr_2 d\Omega_1 d\Omega_2\, r_1^2 r_2^2 N^2 e^{-2(r_1+r_2)/a_0} \frac{1}{r_{12}} \end{aligned} \tag{A8.19}$$

となる．

この計算における角度 (θ,ϕ) と (θ',ϕ') についての積分は

$$\begin{cases} \displaystyle\int d\Omega_1\,\Omega_2\frac{1}{r_{12}} = (4\pi)^2\frac{1}{r_1}, & r_1 > r_2 \\ \displaystyle\int d\Omega_1\,\Omega_2\frac{1}{r_{12}} = (4\pi)^2\frac{1}{r_2}, & r_2 > r_1 \end{cases} \tag{A8.20}$$

である．

（証明） ルジャンドル関数による展開公式より，$\xi = \frac{r_2}{r_1} < 1$ では

$$\frac{1}{r_{12}} = \frac{1}{r_1\sqrt{1+2\xi\cos\Theta+\xi^2}} = \frac{1}{r_1}\sum_l P_l(\cos\Theta)\xi^l \tag{A8.21}$$

である．これに，2 つの位置ベクトルの角度 Θ の余弦についての球面調和関数の加法定理，

$$P_l(\cos\Theta) = \frac{4\pi}{2l+1}\sum_{m=-l}^{m=l}\left\{Y_l^m(\theta',\phi')\right\}^* Y_l^m(\theta,\phi) \tag{A8.22}$$

の両辺をそれぞれの立体角で積分して得られる

$$\begin{aligned} \int d\Omega_1\,\Omega_2 P_l(\cos\Theta) &= \frac{4\pi}{2l+1}\sum_{m=-l}^{m=l}\int d\Omega_1\{Y_l^m(\theta',\phi')\}^* d\Omega_2 Y_l^m(\theta,\phi) \\ &= (4\pi)^2\delta_{l0} \end{aligned} \tag{A8.23}$$

を代入すると

$$\int d\Omega_1\,\Omega_2\frac{1}{r_{12}} = (4\pi)^2\frac{1}{r_1}, \quad r_1 > r_2 \tag{A8.24}$$

が得られる．$\xi = \frac{r_2}{r_1} > 1$ も同様である．あとは，残りの動径座標の積分を行う．

解答 8.4 水素原子に，摂動項

$$H_1 = \lambda z \tag{A8.25}$$

が加わった系における，基底状態と第 1 励起状態のエネルギーと波動関数の摂動項の行列要素は，次の通りである．

基底状態 $n=0,\ l=0$

$$\begin{cases} \langle\psi_{0,s}|H_{\text{int}}|\psi_{0,s}\rangle = 0 \\ \langle\psi_{0,s}|H_{\text{int}}|\psi_{1,p,0}\rangle = 0 \end{cases} \tag{A8.26}$$

第 1 励起状態 $n=1,\ l=0$ と $n=1,\ l=1$

$$\begin{cases} \langle\psi_{1,s}|H_{\text{int}}|\psi_{1,s}\rangle = 0 \\ \langle\psi_{1,s}|H_{\text{int}}|\psi_{1,p,0}\rangle = 3e\lambda a_0 \\ \langle\psi_{1,s}|H_{\text{int}}|\psi_{1,p,\pm1}\rangle = 0 \end{cases} \tag{A8.27}$$

第 1 励起状態 $n=1, l=1$ と $n=1, l=0$

$$\begin{cases} \langle \psi_{1,s}|H_{\text{int}}|\psi_{1,s}\rangle = 0 \\ \langle \psi_{1,p,0}|H_{\text{int}}|\psi_{1,s}\rangle = 3e\lambda a_0 \\ \langle \psi_{1,p,\pm 1}|H_{\text{int}}|\psi_{1,s}\rangle = 0 \end{cases} \tag{A8.28}$$

これを使って 2×2 行列の対角化を行う．

解答 8.5　物理系を記述するハミルトニアンは

$$\begin{cases} H = H_0 + H_{\text{int}}, \quad H_0 = \dfrac{\boldsymbol{p}^2}{2m} + V(r) \\ V(r) = \begin{cases} V_0, & r \le R \\ 0, & R < r \end{cases} \end{cases} \tag{A8.29}$$

であり，球形のポテンシャルの変形を表す摂動項 H_{int} は，

$$\begin{cases} H_{\text{int}}(r,\theta,\phi) = \theta\{aY_2(\theta,\phi)\}H_{\text{int}}(r,\theta,\phi)^{(+)} + \theta\{-aY_2(\theta,\phi)\}H_{\text{int}}(r,\theta,\phi)^{(-)} \\ H_{\text{int}}(r,\theta,\phi)^{(+)} = V_0\theta\{R + aY_2(\theta,\phi) - r\}\theta(r-R) \\ H_{\text{int}}(r,\theta,\phi)^{(-)} = -V_0\theta\{-R - aY_2(\theta,\phi) + r\}\theta(-r+R) \end{cases} \tag{A8.30}$$

である．主量子数 n，角運動量の大きさ L，並びに z 成分 M をもつ状態 H_0 の固有状態は

$$H_0|\psi_\alpha\rangle = E_\alpha^0|\psi_\alpha\rangle, \quad \alpha = (n, L, M) \tag{A8.31}$$

と表される．これを代入した行列要素は，

$$\begin{aligned} &\langle \psi_\alpha(r,\theta,\phi)|H_{\text{int}}|\psi_\beta(r,\theta,\phi)\rangle \\ &= \int r^2 dr\, d\cos\theta\, d\phi\, \psi_\alpha^*(r,\theta,\phi) H_{\text{int}}(r,\theta,\phi)\psi_\beta(r,\theta,\phi) \\ &= \int_R^{R+aY_2(\theta,\phi)} \theta\{aY_2(\theta,\phi)\}\, r^2 dr\, d\cos\theta\, d\phi\, \psi_\alpha^*(r,\theta,\phi) V_0 \psi_\beta(r,\theta,\phi) \\ &\quad + \int_{R+aY_2(\theta,\phi)}^{R} \theta\{-aY_2(\theta,\phi)\}\, r^2 dr\, d\cos\theta\, d\phi\, \psi_\alpha^*(r,\theta,\phi)(-V_0)\psi_\beta(r,\theta,\phi) \\ &= \int_R^{R+aY_2(\theta,\phi)} [\theta\{aY_2(\theta,\phi)\} + \theta\{-aY_2(\theta,\phi)\}] r^2 dr\, d\cos\theta\, d\phi\, \psi_\alpha^*(r,\theta,\phi) V_0 \psi_\beta(r,\theta,\phi) \\ &= V_0 \int_R^{R+aY_2(\theta,\phi)} r^2 dr\, d\cos\theta\, d\phi\, \psi_\alpha^*(r,\theta,\phi)\psi_\beta(r,\theta,\phi) \langle \psi_\alpha(r,\theta,\phi)|H_{\text{int}}|\psi_\beta(r,\theta,\phi)\rangle \end{aligned} \tag{A8.32}$$

ここで，$a \ll R$ として，r 積分を行う．

$$\begin{aligned} &\langle \psi_\alpha(r,\theta,\phi)|H_{\text{int}}|\psi_\beta(r,\theta,\phi)\rangle \\ &\quad = V_0 R^2 a \int d\cos\theta\, d\phi\, \langle \psi_\alpha(R,\theta,\phi)|Y_2(\theta,\phi)|\psi_\beta(R,\theta,\phi)\rangle \end{aligned} \tag{A8.33}$$

これは，角運動量合成の CG 係数に比例する．ゼロでないのは $|L_\beta - L_\alpha| = 2, 1, 0$ のときである．

解答 8.6　交換関係

$$\left[x, \frac{p^2}{2m} + V(x)\right] = \frac{1}{2m}\left([x,p]p + p[x,p]\right) = \frac{i\hbar}{2m}p \tag{A8.34}$$

は，任意のポテンシャルで成立し，さらに

$$\left[x, \left[x, \frac{p^2}{2m} + V(x)\right]\right] = \left[x, \frac{1}{2m}([x,p]p + p[x,p])\right]$$
$$= \frac{i\hbar}{2m}[x,p] = \frac{(i\hbar)^2}{2m} \tag{A8.35}$$

が成り立つ．

H の固有状態をはさんで，

$$\left\langle \alpha \middle| \left[x, \left[x, \frac{p^2}{2m} + V(x)\right]\right] \beta \right\rangle = \left\langle \alpha \middle| \frac{(i\hbar)^2}{2m} \middle| \beta \right\rangle \tag{A8.36}$$

さらに，H の固有状態の完全系ではさんで，

$$\sum_\gamma \left\{ \langle\alpha|x|\gamma\rangle \left\langle \gamma \middle| \left[x, \frac{p^2}{2m} + V(x)\right] \middle| \beta \right\rangle - \left\langle \alpha \middle| \left[x, \frac{p^2}{2m} + V(x)\right] \middle| \gamma \right\rangle \langle\gamma|x|\beta\rangle \right\}$$
$$= \sum_{\gamma,\beta'} \left(\langle\alpha|x|\gamma\rangle\langle\gamma|x|\beta'\rangle\langle\beta'|H|\beta\rangle - \langle\alpha|x|\gamma\rangle\langle\gamma|H|\beta'\rangle\langle\beta'|x|\beta\rangle \right)$$
$$- \sum_{\gamma',\gamma} \left(\langle\alpha|x|\gamma'\rangle\langle\gamma'|H|\gamma\rangle\langle\gamma|x|\beta\rangle + \langle\alpha|H|\gamma'\rangle\langle\gamma'|x|\gamma\rangle\langle\gamma|x|\beta\rangle \right)$$
$$= \sum_\gamma \{\langle\alpha|x|\gamma\rangle\langle\gamma|x|\beta\rangle(E_\beta + E_\alpha - 2E_\gamma)\} \tag{A8.37}$$

よって，

$$\left\langle \alpha \middle| \frac{(i\hbar)^2}{2m} \middle| \beta \right\rangle = \sum_\gamma \langle\alpha|x|\gamma\rangle\langle\gamma|x|\beta\rangle(E_\beta + E_\alpha - 2E_\gamma) \tag{A8.38}$$

$\alpha = \beta$, $\langle\alpha|\alpha\rangle = 1$ では，

$$\frac{(i\hbar)^2}{2m} = 2\sum_\gamma \langle\alpha|x|\gamma\rangle\langle\gamma|x|\alpha\rangle(E_\alpha - E_\gamma) \tag{A8.39}$$

となる．

索引

タ行

ナ行

ハ行

マ行

ヤ行

ラ行

アルファベット・記号

著者略歴

石川健三（いしかわ けんぞう）

1948年 群馬県に生まれる．1971年 東京工業大学理工学部卒業，1976年 東北大学大学院理学研究科原子核理学専攻博士課程修了，日本学術振興会研究員となる．1977年4月 東北大学原子核研究施設研究員，同9月よりカリフォルニア大学ロスアンジェルス校研究員，1978年より同准助教授併任．1980年 ドイツ DESY，1982年 ニューヨーク市立大学を経て，1983年より北海道大学助手，助教授，1989年 教授，2011年 特任教授，2013年 名誉教授．現在，北海道大学名誉教授並びに慶應義塾大学訪問教授．理学博士．専攻は，素粒子物理学，凝縮系物理学．

主な著書：「場の量子力学」（培風館），「解析力学入門」（培風館）

レクチャー　量子力学（Ⅰ）－4つの基本原理から学ぶ－

2019年12月15日　第1版1刷発行

検印省略

定価はカバーに表示してあります．

著作者	石川健三
発行者	吉野和浩
発行所	東京都千代田区四番町8-1 電話 03-3262-9166（代） 郵便番号 102-0081 株式会社 裳華房
印刷所	三美印刷株式会社
製本所	牧製本印刷株式会社

一般社団法人
自然科学書協会会員

ISBN 978-4-7853-2265-6